全国电力出版指导委员会出版规划重点项目

全国电力工人公用类培训教材

2014年版

应用力学基础(第二版)

程　宜　刘根发　编

中国电力出版社
CHINA ELECTRIC POWER PRESS

内容提要

本书是《全国电力工人公用类培训教材（第二版）》之一，全书是以《中华人民共和国职业技能鉴定规范·电力行业》为依据进行编写的。

全书共十章，第一至第六章为静力学部分，主要讲述静力学基础知识，静力学基本定理，平面力系的合成与平衡、摩擦，重心，静力学在工程中的应用等；第七至第十章为材料力学部分，主要讲述直杆的拉伸与压缩，剪切与挤压，圆轴扭转，弯曲，压杆稳定计算等。为巩固和加深对课文内容的理解，各章之后均附有复习题，书后附有习题答案。

为便于自学、培训和考核，各章后均有复习题，书末备有复习题答案。

本书适用火力发电、水力发电、供用电、火电建设、水电建设、电力机械修造和城镇（农村）工矿企业电气7大部分18个专业58个工种的初级、中级、高级工人培训考核。

图书在版编目（CIP）数据

应用力学基础/程宜主编. –2版. —北京：中国电力出版社，2004.9（2015.4重印）
全国电力工人公用类培训教材
ISBN978-7-5083-2376-3

Ⅰ. 应...　Ⅱ. 程...　Ⅲ. 应用力学–技术培训–教材　Ⅳ. 039

中国版本图书馆CIP数据核字（2004）第100224号

中国电力出版社出版、发行
（北京市东城区北京站西街19号 100005 http://www.cepp.sgcc.com.cn）
汇鑫印务有限公司印刷
各地新华书店经售
*
1994年12月第一版
2004年9月第二版　2015年4月北京第十六次印刷
850毫米×1168毫米　32开本　8.5印张　222千字
印数58221—59220册　定价**28.00**元

努力搞好教材建設
為提高電業職工
素質服務

史大楨
一九九三年十一月

出版说明

《全国电力工人公用类培训教材》自1994年出版以来，已用于电力行业工人培训10余年，得到了广大电力工人和培训教师的一致好评，为提高电力职工素质、使电力职工达到相应岗位的技术要求奠定了基础。

近年来，随着国家职业技能标准体系的完善，《中华人民共和国职业技能鉴定规范·电力行业》已在电力行业正式实施。随着电力工业的高速发展，电力行业的职业技能标准水平已有明显提高，为满足职业技能鉴定规范对电力行业各有关工种鉴定内容中共性和通用部分的要求，我们对《全国电力工人公用类培训教材》重新组织了编写出版。本次编写出版的原则是：以《中华人民共和国职业技能鉴定规范·电力行业》为依据，以满足电力行业对从业技术工人基本知识结构的要求为目标，兼顾提高电力从业人员的综合素质。本次编写出版的教材共14种，即：

电力工人职业道德与法律常识　　应用机械基础(第二版)
电力生产知识(第二版)　　应用力学基础(第二版)
电力安全知识(第二版)　　应用水力学基础(第二版)
应用电工基础(第二版)　　实用热工基础
应用电子技术基础(第二版)　　应用计算机基础
电力工程识绘图　　电力工程常用材料(第二版)
应用钳工基础(第二版)　　电力市场营销基础

本教材此次编写出版得到了以上各册新老作者的大力支持，在此表示由衷的感谢！同时，欢迎使用本教材的广大师生和读者对其不足之处批评指正。

中国电力出版社

2004.6

前　言

全国电力工人公用类培训教材《应用力学基础》（第二版）与读者见面了。本书是在《应用力学基础》与《应用力学基础习题解答》两本书（以下简称原书）的基础上修编而成的。在修编过程中，保留了原书的结构和章节，对原书的缺陷和不足进行了精细的修改。力求使本书的叙述更深入浅出，公式、定理的应用概念更清楚、计算更简便。因此，修订后的《应用力学基础》（第二版）特色更加鲜明，主要表现在：

第一，对原书中的语言进行了提炼和加工，叙述更加确切、通俗、易懂。

第二，修改并增加了部分插图，使插图更能反映文字所叙述的内容，图中的线条更加清晰，各种线条所表达的意思更加明确。

第三，增加了附表《杆件基本变形和强度条件》，对第七章至第十章中讲述的杆件的四种基本变形进行了小结和变形对比，以便学员从中掌握杆件各种变形的特点和强度条件，以及解决力学问题的思路和一般规律。

第四，对原书中有些偏难的习题进行了修改或删除。

本书由中国超高压输变电建设公司程宜主编，刘根发参编，西北电力建设第一工程公司汤毛志主审，中国超高压输变电建设公司刘锐参审。

由于时间仓促，水平有限，书中难免有疏漏和谬误之处，请读者批评指正。

作者

2004 年 8 月

目 录

静力学基础知识

物体在空间的位置随时间的改变，称为机械运动。机械运动是最简单的一种运动形式。然而自然界还有一种特殊的机械运动，即物体的平衡。如房屋、桥梁、输电线杆等，这些物体虽然同地球一起运动，但它们相对于地球来说，仍是处于静止状态。力学上把物体相对于地球处于静止或做匀速直线运动的状态称为平衡状态。

通常，当物体处于平衡状态时，并不是只受到一个力的作用，而是受到一群力的作用，如图 1－1 中的水桶、混凝土杆和小车。因此，把作用在同一个物体上的一群力，叫做力系。要使物体在力系的作用下平衡，力系必须满足一定的条件。静力学就是研究物体处于平衡状态时作用在物体上的力系的合成、分解，以及平衡的条件，从而解决生产中有关力学的问题。

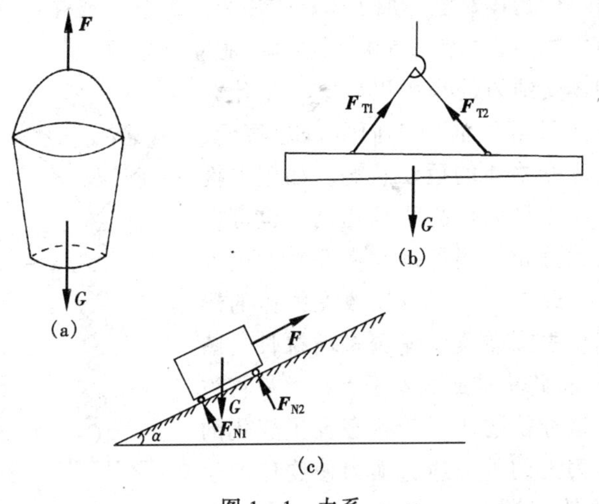

图 1－1　力系

第一节 力的基本概念

一、力

什么是力？力是怎样产生的？初学者往往会提出这些问题。最初，力这个概念是人们从日常生活和生产中感受到它的存在而产生的。如人推车前进，手提重物或拉弓射箭，都要用力气，这些日常的推、提、拉等活动使肌肉紧张收缩，人们体会到了力的存在。后来，随着生产的发展，人们对力的认识又有所发展，认识到了物体与物体之间也同样可以产生力。如图 1-2（a）所示用绳子悬挂一个重物，绳子给重物一个向上的力 F，同时重物也给绳子一个向下的力 F'，见图 1-2（b）。这说明力是物体与物体之间的相互作用，当一个物体受到了力的作用时，必定有另一个物体对它施加了这种作用力。每个力都有它的受力物体与施力物体，力是不能脱离物体而独立存在的。

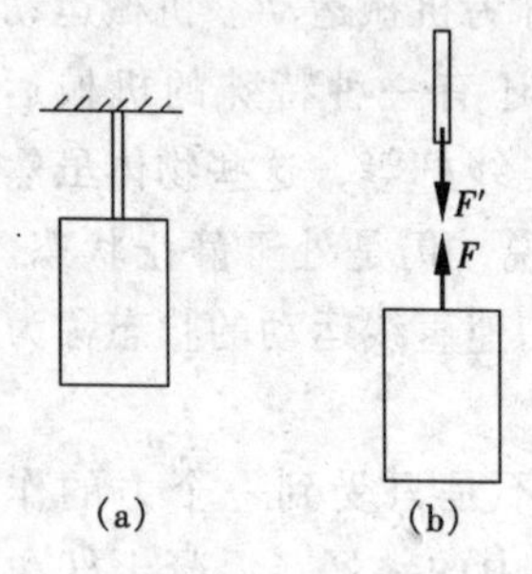

图 1-2 力是物体之间的相互作用

物体受到力的作用以后会产生什么效果？从日常生活中人们可以观察到，力可以改变物体的运动状态。如用力推小车，小车可以从静止到运动，也可以从运动到静止，还可以改变原来的速度和方向。此外，力还可以改变物体的形状。如用手拉弹簧，弹簧将被拉长（图 1-3）；将砖块推放在木板上，木板将被压弯。这种使物体运动状态发生变化的效应称为力的外效应，而力使物体产生变形的效应称为力的内效应。在工程

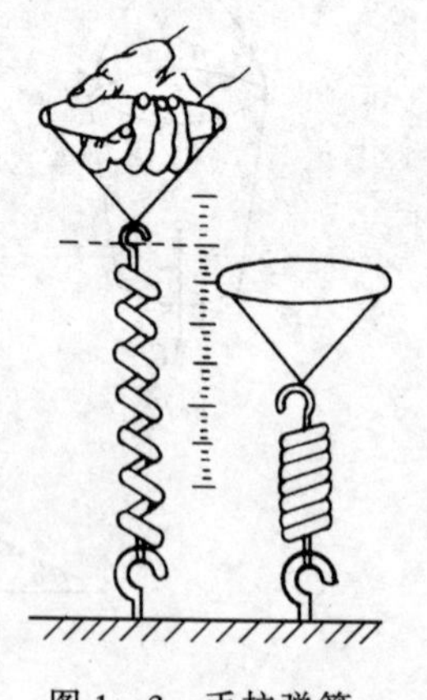
图 1-3 手拉弹簧

中，一般物体的变形是很小的，因此在研究物体的平衡问题时，暂时就认为物体受力后保持原来的几何形状和尺寸不变，即把物体看成是刚体（刚体是指在任何外力作用下都不发生变形的物体)，从而使平衡问题的研究得以简化；当需要研究物体在力作用下的变形和破坏规律时，则应把物体看成是变形体。

二、力的三要素及图示法

力对物体的作用效果由哪些因素决定，现举一个用扳手拧紧螺母的例子来说明之。由图 1－4 可以看出：力 F 越大，拧紧螺母的效果越好；力 F 垂直于扳手柄作用时，效果比力 F 倾斜于扳手柄作用时要好；使用长柄的扳手比使用短柄的省力。以上三种情况说明，力是矢量，力对物体的作用效果取决于力的大小、方向和作用点的位置，并且其中任一因素发生了改变，力对物体的作用效果也就跟着改变。这三个因素在力学上叫做力的三要素。

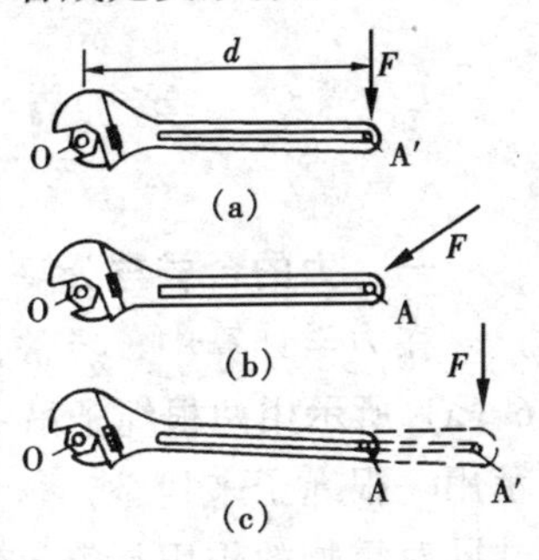

图 1－4　力的三要素

为了明确而简便地把力的三要素表示出来，通常采用力的图示法，即用一根带箭头的线段来表示对物体的作用力。线段的长度按一定的比例画出，表示力的大小；箭头的指向表示力的方向；线段的起点或终点表示力的作用点。通过力的作用点沿力的方向所画的直线叫做力的作用线。图 1－5 是力 F 的图示。它表示力 F 的大小为 30N(牛)，作用在 A 点，方向与水平线成 45°夹角。

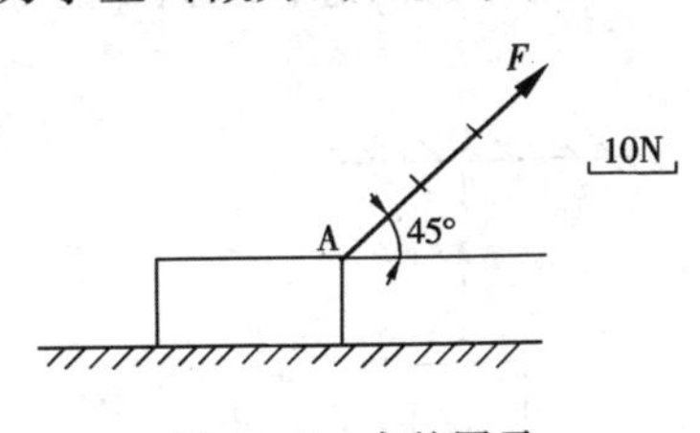

图 1－5　力的图示

在书写或印刷时，为了表示力是矢量，一般用黑体字母 $\boldsymbol{F}$、$\boldsymbol{G}$ 等表示，相应非黑体字母 F、G 等则表示力的大小。

三、力的单位

为了度量力的大小，必须确定力的单位与数值。在法定计量单位中，力的单位为 N（牛）或 kN（千牛）。旧工程计量单位中，力的单位为 kgf（千克力）或（tf）吨力，习惯写成 kg（千克）或 t（吨）。N 与 kgf 的换算关系为

$$1\text{kgf}=9.807\text{N}$$

$$1\text{N}=0.102\text{kgf}$$

第二节　力的基本性质

一、力的合成与分解

在力学计算中，经常会碰到求解合力和分力的问题。图 1－6（a）所示用两根绳子吊一重物的情况，也可用图 1－6（b）所示用一根绳子来代替。这里，绳 AD 对重物的作用与绳 AB、AC 共同对重物的作用是等效的。这就是说，作用在同一物体上的力系，如果用一个力来代替，可以不改变对物体的作用效果，这个力就叫做力系的合力，力系中各个力则叫做合力的分力。图 1－6 中 $\boldsymbol{F}_R$ 是 $\boldsymbol{F}_1$、$\boldsymbol{F}_2$ 的合力，$\boldsymbol{F}_1$ 和 $\boldsymbol{F}_2$ 就是 $\boldsymbol{F}_R$ 的分力。由分力求解合力的过程叫做力的合成，由合力求解分力的过程叫做力的分解。

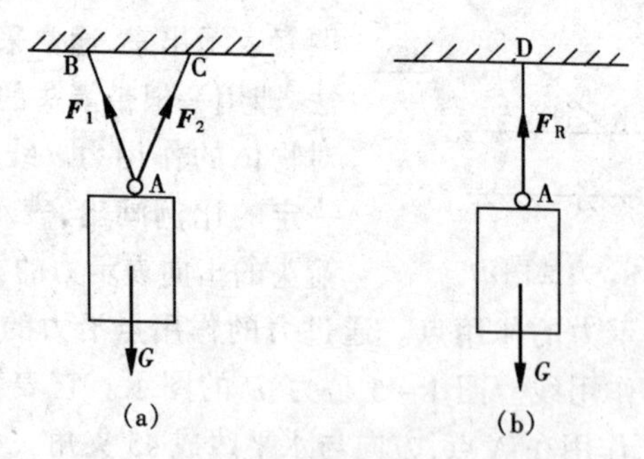

图 1－6　分力与合力

1. 力的合成

(1) 力的平行四边形法则。由于力是矢量，既有大小又有方向，因此求解合力时，决不能只是数量绝对值之间的相加减。通

过实验得知，作用在刚体上的两个力如果汇交于一点，则它们的合力与分力之间存在着平行四边形的关系，即这两个汇交力的合力的作用线通过两力交点，合力的大小和方向可以用以这两个分力为邻边的平行四边形的对角线来表示。如图 1－7（a）中的线段 OC 即代表 $\boldsymbol{F}_1$、$\boldsymbol{F}_2$ 两力的合力 $\boldsymbol{F}_\mathbf{R}$ 的大小和方向。这种作平行四边形求解合力的方法，叫做力的平行四边形法则。

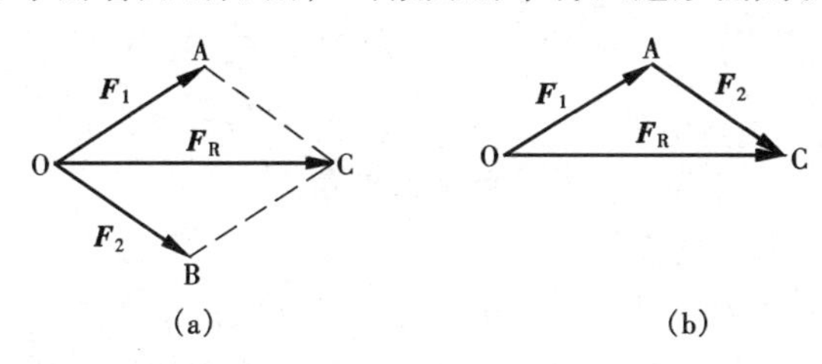

图 1－7　力的平行四边形法则和三角形法则

（2）力的三角形法则。求合力时，可以只画平行四边形的一半，如图 1－7（b）所示，先从 O 点作 $\boldsymbol{F}_1$，在 $\boldsymbol{F}_1$ 的终点 A 再作 $\boldsymbol{F}_2$，连接 $\boldsymbol{F}_1$ 的起点 O 与 $\boldsymbol{F}_2$ 的终点 C 两点成矢量，便得合力 $\boldsymbol{F}_\mathbf{R}$。由力 $\boldsymbol{F}_1$、$\boldsymbol{F}_2$、$\boldsymbol{F}_\mathbf{R}$ 构成的三角形，叫做力三角形。这种求合力的作图法，叫做力三角形法则，写成公式为

$$\boldsymbol{F}_\mathbf{R} = \boldsymbol{F}_1 + \boldsymbol{F}_2 \tag{1-1}$$

式（1－1）中 $\boldsymbol{F}_\mathbf{R}$ 是 $\boldsymbol{F}_1$ 和 $\boldsymbol{F}_2$ 的矢量和。它不仅决定于两个分矢量 $\boldsymbol{F}_1$ 和 $\boldsymbol{F}_2$ 的大小，而且与它们的方向有关。

2. 力的分解

力的分解与力的合成相反，力的分解是依据力的平行四边形法则（或三角形法则），用表示已知力的线段为平行四边形的对角线，作表示分力大小和方向的平行四边形的两邻边。由此可以作出无数多个平行四边形，如图 1－8 所示。合力 $\boldsymbol{F}_\mathbf{R}$ 可以分解为 $\boldsymbol{F}_1$ 和 $\boldsymbol{F}_2$，也可以分解为 $\boldsymbol{F}_3$ 和 $\boldsymbol{F}_4$ 或 $\boldsymbol{F}_5$ 和 $\boldsymbol{F}_6$ 等等。

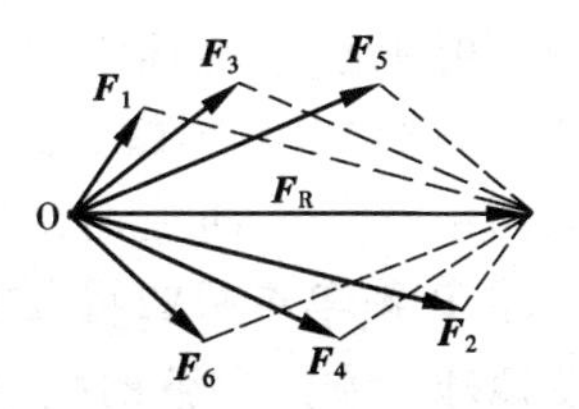

图 1－8　力的分解

因此，合力分解时要得到唯一的解答，就必须给出其他限制条件，如给出两个分力的大小或方向，或一个分力的大小和方向。进行力的分解时，往往是有目的的，通常是将一个已知力沿直角坐标轴 x、y 分解为两个互相垂直的分力 $\boldsymbol{F}_x$、$\boldsymbol{F}_y$（图 1－9）。$\boldsymbol{F}_x$、$\boldsymbol{F}_y$ 的大小可用三角公式求得

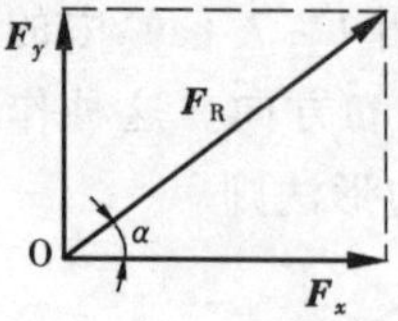

图 1－9　力的垂直分力

$$\left.\begin{array}{l} F_x = F_R\cos\alpha \\ F_y = F_R\sin\alpha \end{array}\right\} \qquad (1-2)$$

式中　α——$\boldsymbol{F}_\mathbf{R}$ 与 $\boldsymbol{F}_x$ 之间所成的夹角。

二、二力平衡条件

如果一个刚体受两个力的作用，且处于平衡状态，则此二力必须是大小相等（$F_1 = F_2$），方向相反，作用在同一直线上（图 1－10），这就是二力平衡的条件。

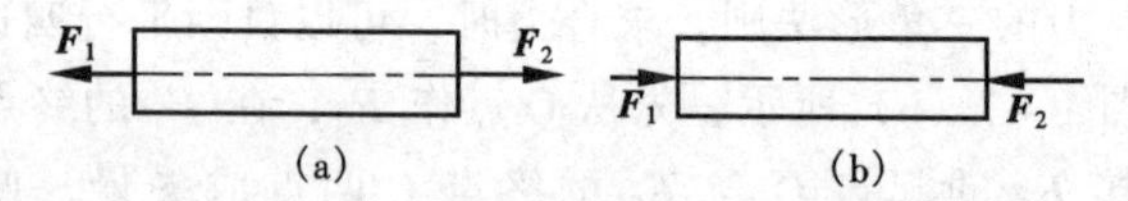

图 1－10　二力平衡条件

二力平衡条件是力系的平衡条件中最简单的一个条件，在分析实际结构的受力中有着广泛的应用。如图 1－11（a）所示，挂在桌面上的雨伞倾斜到一定角度时才静止不动，现用二力平衡条件来分析这个现象。雨伞挂在桌面上，共受两个力的作用。在 A 点受到桌面给它一个向上的支持力 $\boldsymbol{F}_\mathbf{N}$，在雨伞本身的重心 C 点受地球对它的向下的吸引力，即重力 G，见图 1－11（b），伞要维持平衡，只有 $\boldsymbol{F}_\mathbf{N}$ 与 G 这两个力大小相等方向相反，

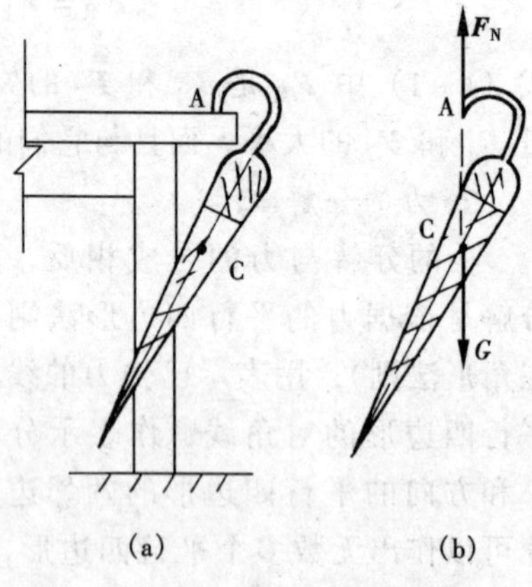

图 1－11　二力平衡实例

作用在同一直线上，所以伞要倾斜，直到力 $\boldsymbol{F}_N$ 与力 G 在同一铅垂线上为止，且 $\boldsymbol{F}_N = G$。

工程中常见的铁塔、构架等是用一些杆件组合起来的，杆的两端用螺栓连接或焊接、铆接而成。若不考虑杆件的自重影响，那么只有两端受力。为了简化计算，往往当作二力平衡情况来处理。这种构件工程上叫做二力构件，如图 1－12 中的杆 BC、CD 和 EF 所示。

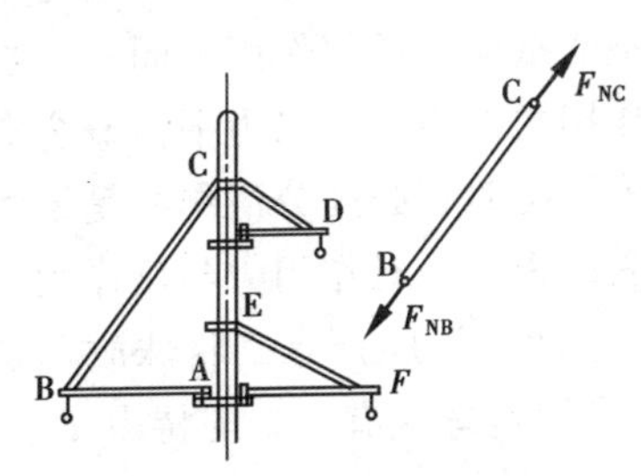

图 1－12　二力构件

三、三不平行力平衡汇交定律

如果刚体受到互不平行的三个力作用而平衡时，那么这三个力的作用线必汇交于一点。这就是三不平行力平衡汇交定律。

四、力的可传性

力的可传性就是作用在物体上某点的力，可以沿着它的作用线移动到物体内的任意一点而不改变力对物体的作用效果。如图 1－13 所示，人在车的后面用力 F 推车，与在车的前面用力 F 拉车，两者对车的作用效果是相同的。

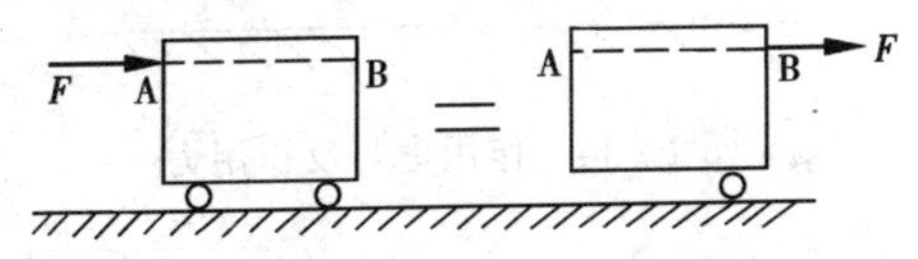

图 1－13　力的可传性

五、作用力与反作用力

力是物体间的相互作用，当甲物体对乙物体有力的作用时，乙物体也同样对甲物体有力的作用。图 1－2 中，绳子给重物一个向上的拉力 $\boldsymbol{F}$，同时重物也给绳子一个向下的拉力 $\boldsymbol{F}'$。$\boldsymbol{F}$ 与 $\boldsymbol{F}'$ 这一对力就叫做作用力与反作用力。作用力与反作用力总是同时存在、大小相等、方向相反，并且沿同一直线分别作用在两个物体上。如果在绳的两端分别装上两个弹簧测力计，就会测到两端的读数是相等的。

必须强调两点：第一，作用力和反作用力是分别作用在两个物体上的，所以不能抵消。任何作用在同一个物体上的两个力都不是作用力与反作用力，不要与二力平衡概念混淆。第二，在分析一个物体的受力情况时，必须分清哪些是该物体所受的力，哪些不是该物体所受的力。一对作用力与反作用力中，只有一个力作用在该物体上。如图 1－14 所示，将球放在桌面上，球对桌面有一个压力 $\boldsymbol{F}_N$，桌面对球就有一个支持力 $\boldsymbol{F}'_N$，力 $\boldsymbol{F}_N$ 作用在桌面上，力 $\boldsymbol{F}'_N$ 作用在球上，大小相等、方向相反，且沿同一直线，故 $\boldsymbol{F}_N$ 与 $\boldsymbol{F}'_N$ 是一对作用力与反作用力。再分析球上的受力情况，球上受两个力的作用，即球的重力 G 与桌面对球的支持力 $\boldsymbol{F}'_N$，这两个力大小相等、方向相反，且沿同一直线同时作用在球上，故是一对平衡力。

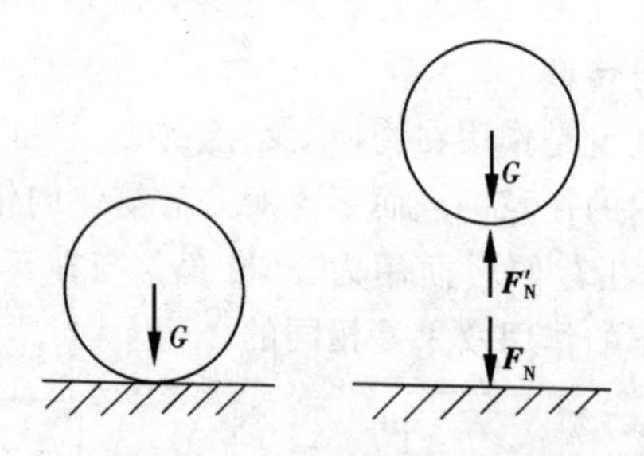

图 1－14　作用力与反作用力

第三节　力矩与力偶

在施工生产中，人们经常用到扳手、撬杠（图 1－15）、滑轮（图 1－16）、绞磨（图 1－17）和汽车起重机（图 1－18）等施工工具和器具。这些简单工器具的一个共同特点，就是它们在工作时，总是绕一个支点或轴转动，以小力克服大力。要知道其中的道理，必须掌握力矩和力偶的概念。

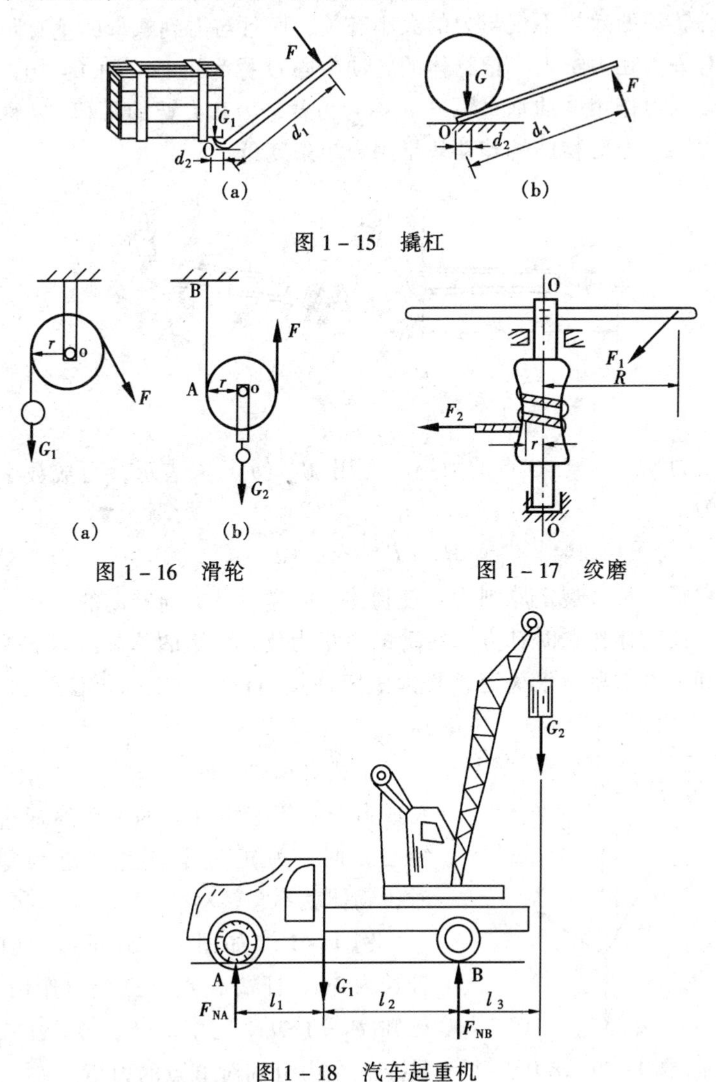

图 1－15　撬杠

图 1－16　滑轮

图 1－17　绞磨

图 1－18　汽车起重机

一、力矩

以扳手拧紧螺母为例，如果用同样大小的力作用在扳手柄上，力 F 距螺母中心较远时就比距螺母中心较近时更省力；力垂直于扳手柄比倾斜于扳手柄效果更好。可见，使螺母绕其自身中心转动的效果不仅与力的大小有关，而且与力到螺母的垂直距离有关。在力学上，把物体的转动中心 O 称为矩心（图 1-19），矩心到力作用线的垂直距离 d 称为力臂，力和力臂的乘积 Fd 称为力矩。力对物体的转动效果用力矩来度量。

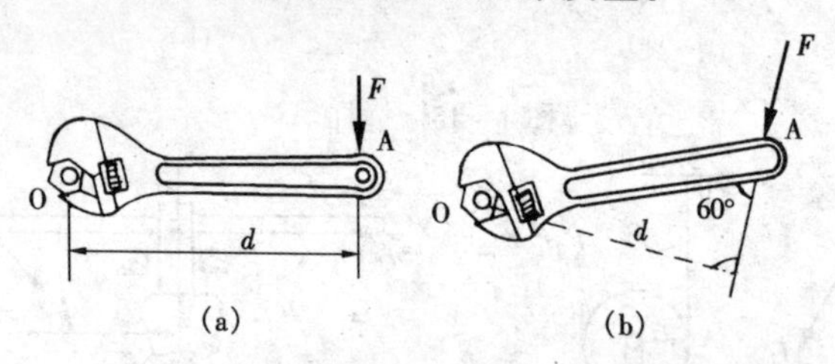

图 1-19　力矩

力 F 对矩心 O 点的力矩，常用 $M_o(F)$ 来表示，写成数学式为

$$M_o(F) = \pm Fd \tag{1-3}$$

式中正、负号规定原则为：使物体产生逆时针方向转动的力矩为正；使物体作顺时针方向转动的力矩为负。力矩的单位由力的单位和力臂的单位来决定，我国法定计量单位中力矩的单位为 N·m（牛米）、kN·m（千牛米）。

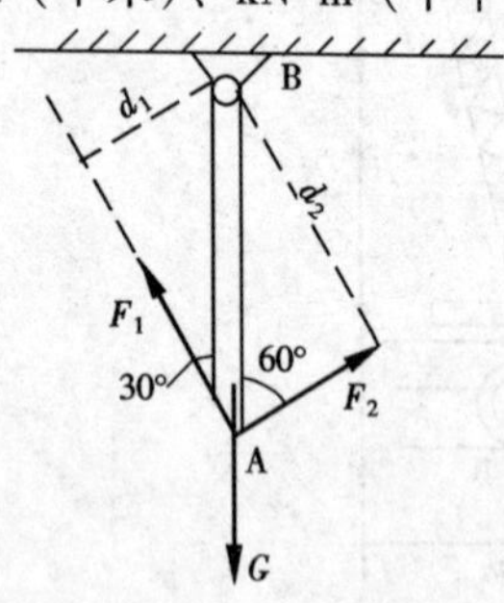

图 1-20　求力矩

由式（1-3）可知，当力 F 等于零或力臂 d 等于零（力的作用线通过矩心）时，力矩为零。当力矩为零时，物体就不会转动。

例 1-1　如图 1-20 所示，AB 杆长为 2m，杆端 A 点有三个力作用，已知 $F_1 = 1.7\text{kN}$，$F_2 = 1\text{kN}$，$G = 2\text{kN}$，试求三个力分别对 B 点的力矩。

解 由式（1-3）得

$$
\begin{aligned}
M_B(F_1) &= -F_1 d_1 \\
&= -F_1 \cdot AB \cdot \sin 30° \\
&= -1.7 \times 2 \times \frac{1}{2} \\
&= -1.7\ (\text{kN·m}) \\
M_B(F_2) &= F_2 d_2 \\
&= F_2 \cdot AB \cdot \sin 60° \\
&= 1 \times 2 \times \frac{\sqrt{3}}{2} \\
&= 1.7\ (\text{kN·m}) \\
M_B(G) &= G \times 0 = 2 \times 0 = 0
\end{aligned}
$$

二、力偶

1. 力偶的概念

力偶在日常生活和生产中是经常碰到的。如司机转动方向盘（图1-21）时，或钳工用丝锥在铁件上铝螺纹时，如图1-22所示，方向盘和丝锥架的手柄上通常受到两个等值、反向、不共线的平行力作用。由于这对平行力不在同一直线上，所以不能平衡，它们的作用效果是使物体发生转动。力学上，把这种大小相等、方向相反、作用线不在同一直线上的两个平行力叫做力偶。力偶中，两力作用线决定的平面称为力偶作用面，两力作用线之间的垂直距离 d 称为力偶臂，力偶用（F，F'）表示。

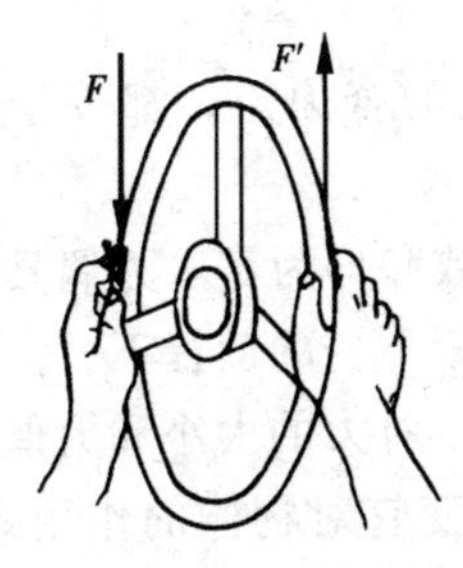

图1-21　力偶作用于方向盘

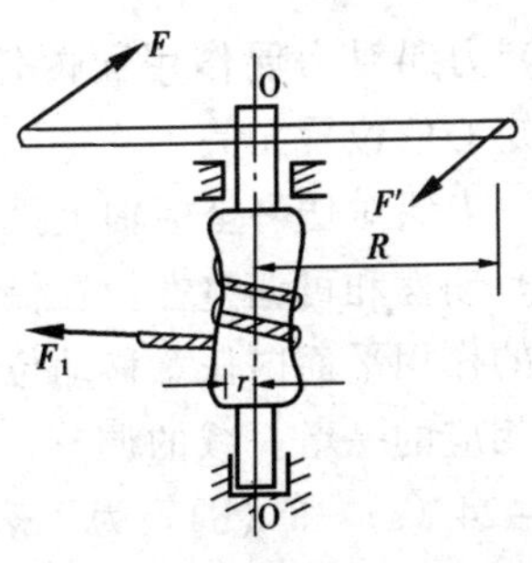

图1-22　力偶作用于丝锥架

2. 力偶矩

力偶对物体的转动效果，不仅取决于组成力偶的力的大小，而且还取决于力偶臂的长短。力偶对物体的转动效果是用力偶中的一个力与力偶臂的乘积的大小来量度的。这个乘积叫做力偶矩，即

$$T = \pm Fd \tag{1-4}$$

式中 T——力偶矩；

F——力偶中的一个力；

d——力偶臂。

正负号的规定为逆时针转向的力偶矩为正，见图 1-23 (a)，顺时针转向的力偶矩为负，见图 1-23 (b)。

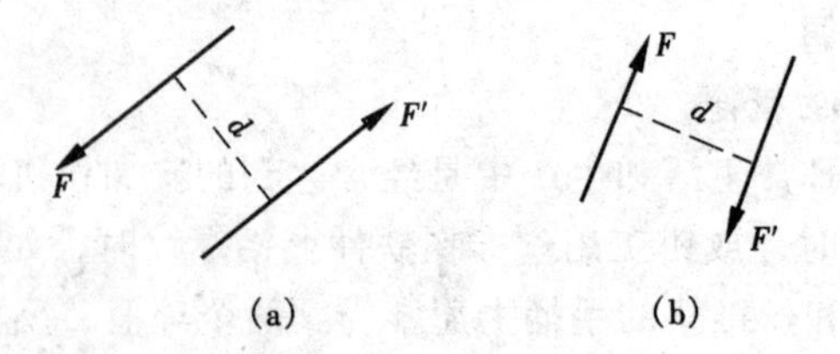

图 1-23 力偶的转向

力偶矩的单位与力矩的单位相同，即为 N·m（牛米）或 kN·m（千牛米）。

3. 力偶的特点

(1) 力偶是不能用一个单独的力来平衡的，而只能用力偶来平衡。

(2) 力偶对力偶作用面内任何一点的合力矩，都等于力偶矩，与矩心的位置无关。

(3) 力偶对任一坐标轴上投影的代数和均为零。力偶具有可移（转）动性和可调整性。在保持力偶矩不变的前提下，力偶可以在它的作用平面内任意移动位置，可以对力的大小和力偶臂的长短作相应的一增一减的调整，而不改变它对物体的作用效果，见图 1-24 (a) 和 (b)。为了表示力偶矩，可以画一个表示转向的弯箭头并注明力偶矩的大小，如图 1-24 (c) 所示。

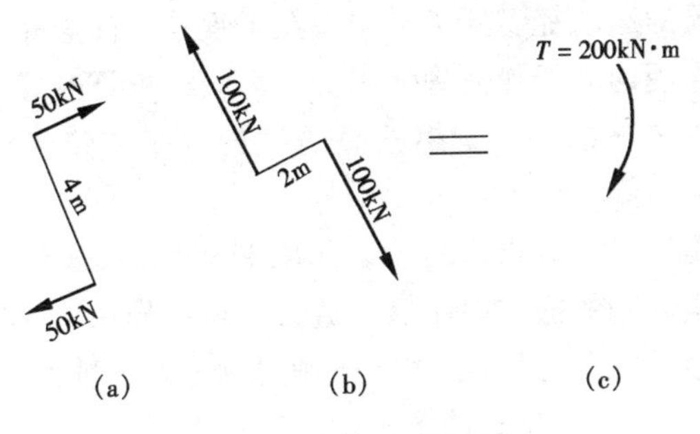

图 1－24　力偶的可调整性

第四节　约束与约束反力

一、约束与约束反力

一个构件或一台设备总是由很多零部件互相连接，互相支承而组成的，各零部件的运动都受到一定的限制。如图 1－25 中，电灯悬挂在绳子上、混凝土电杆立在地上、组成铁塔的角铁用螺栓连在一起、大梁支承在砖墙上等。这里，电灯、混凝土电杆、

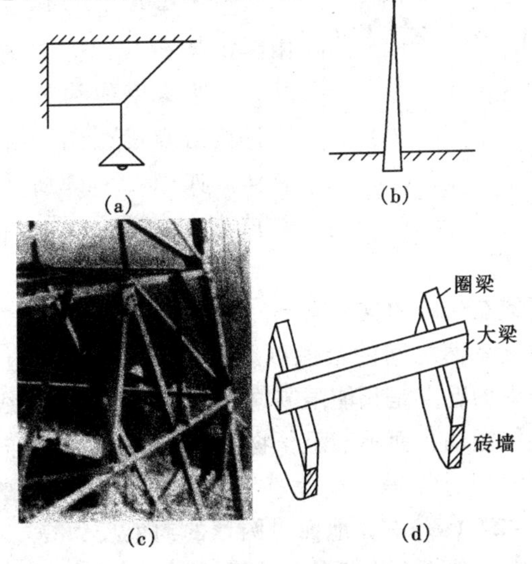

图 1－25　约束

角铁和大梁的运动都受到了限制。在工程中，把这种对物体的运动起限制作用的周围其他物体叫做约束。绳子是电灯的约束，地面是混凝土电杆的约束，螺栓是角铁的约束，砖墙是大梁的约束。

约束是通过力对物体的运动起限制作用的，这种力的方向总是和物体运动趋势的方向相反。通常把这种作用力叫作约束反力或简称反力。除此之外，物体上还作用有另外一种力，这种力使物体产生运动（或产生运动趋势），称为主动力，如物体的重力以及加在物体上的负载等。在分析一个物体的受力情况时，一般主动力是已知的，约束反力则是未知的，需要用一定的方法求出。约束反力的方向总是与约束所阻碍物体运动的方向相反，根据这条基本原则，总可以确定出约束反力的方向或作用线的位置。

二、工程中常见的几种约束

1. 柔性约束

用柔软的绳索、皮带、链条、导线等构成的约束称为柔性约束。这类约束的特点是只能限制物体沿柔索中心线离开，而不能限制物体在其他方向的运动。因此，柔性约束的约束反力只能是通过接触点沿柔索中心线而离开物体。如图 1－26 所示，钢丝绳对重物的约束反力为 F_{TA}、F_{TB}。

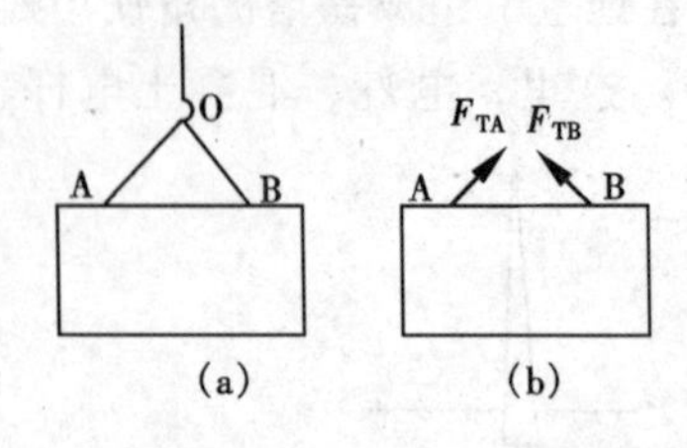

图 1－26　柔性约束

2. 光滑面约束

物体搁置在光滑的支承面上，当它们之间的摩擦力可以忽略时，物体与支承面之间的接触可以看成是具有光滑接触面的约束。这类约束的特点是只能限制物体沿接触面的公法线方向并指向约束内部的运动，而不能阻止物体沿接触面切线方向滑移，所以反力作用线通过接触点而垂直于接触面，并指向被约束的物体。如图 1－27（a）中，地面对圆球的约束反力 F_{NA}、F_{NB}；图 1－27（b）中，地面对木杆的约束反力 F_{NC}、F_{ND}、F_{NE}。

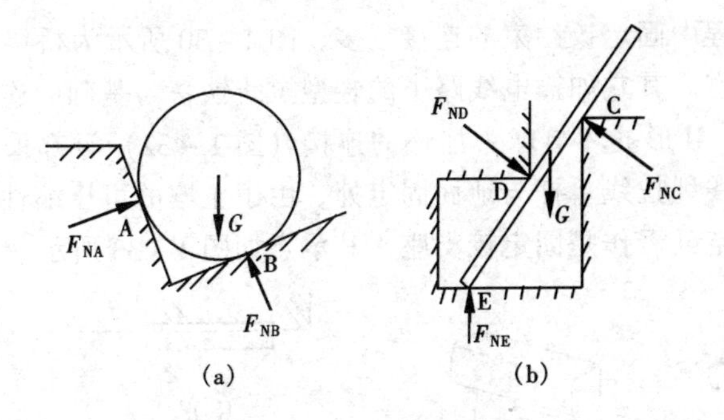

图 1－27　光滑面约束

图 1－28 为用撬杠撬重物，如果不考虑摩擦，则重物与地面之间、重物与撬杠之间、撬杠与垫木之间都可以看作为具有光滑接触面的约束。

3. 固定铰约束

图 1－29（a）表示起重机动臂的转轴。起吊重物时动臂可以绕着圆轴的中心旋转，但不能在任何方向发生移动，这就是固定铰约束。这种约束的约束反力 F_R 的作用线一定通过铰的中心，但大小和方向都是未知（待定）的，见图 1－29（b）。为了解题方便，一般把这种约束反力分解为垂直反力 F_y 和水平反力 F_x，其简图如图 1－29（c）所示。

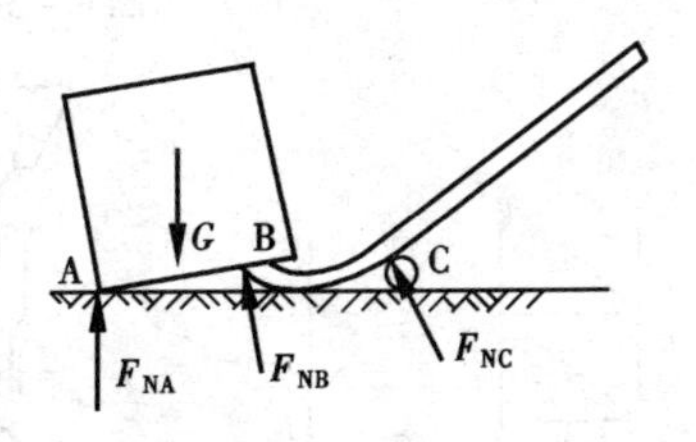

图 1－28　撬杠撬重物

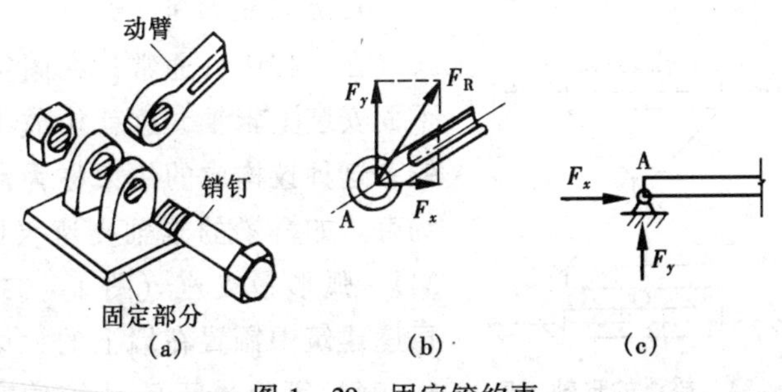

图 1－29　固定铰约束

工程中固定铰约束的连接很多，图 1-30 所示为桥梁结构用的铰支座。其它如输电线路中的轻型拉线铁塔与基础的连接（图 1-31）、U 形挂环与球头挂环的连接（图 1-32）等都采用了固定铰。浅埋拉线单杆与地面固定处，由于土壤的可压缩性，也可将其固定处看作是固定铰支座，其示意如图 1-33 所示。

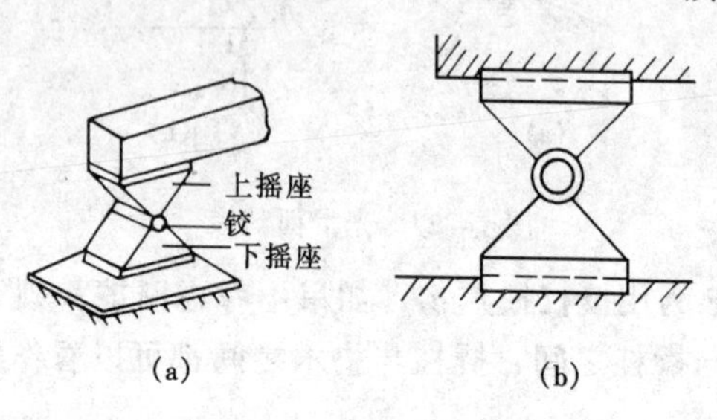

图 1-30　桥梁铰支座

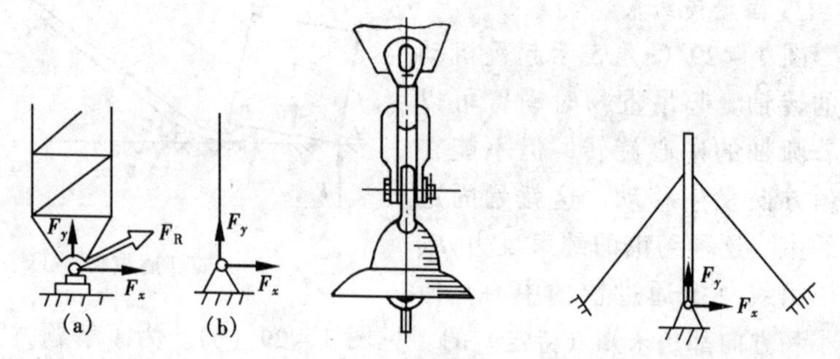

图 1-31　轻型拉线铁塔与基础连接　图 1-32　U 形挂环与球头挂环的连接　图 1-33　浅埋拉线单杆

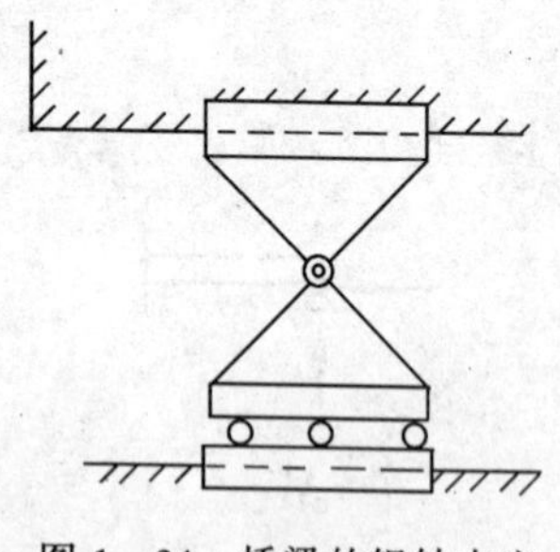

图 1-34　桥梁的辊轴支座

4. 活动铰约束

在工程中，通常，在固定铰的下面安装上辊轴，这就构成了活动铰，这种铰构成的约束称为活动铰约束。如桥梁的辊轴支座（图 1-34）、弧形板支座（图 1-35）、在房屋建筑中搁置在墙上的大梁（图 1-36）等都属于活动铰约束。这种约束不能阻止构件绕铰心转动，也不能阻止构件沿着支承面移动，只能限制构件沿支承面的法线方向并指向约束内部的运动。所以，活动铰对被约束物体的约束反力 F 过铰中心，且垂直于支承面。其示意图如图 1－37 所示。

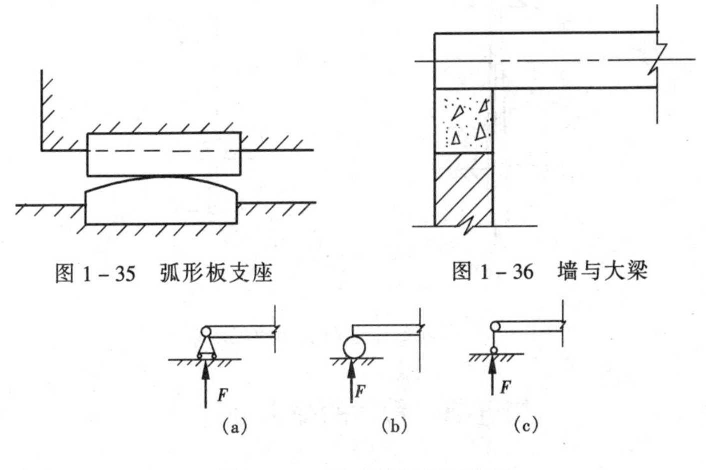

图 1－35　弧形板支座

图 1－36　墙与大梁

图 1－37　活动铰约束示意图

5. 固定端约束

图 1－38（a）表示嵌在墙里的钢筋混凝土的雨篷，图 1－39（a）表示输电线路上深埋的单柱电杆。这种把构件和支承物完全连接成一体的约束叫固定端约束。图中构件的固定端 A 既不能沿任何方向移动，也不能转动，所以构件受荷载作用时，固定端

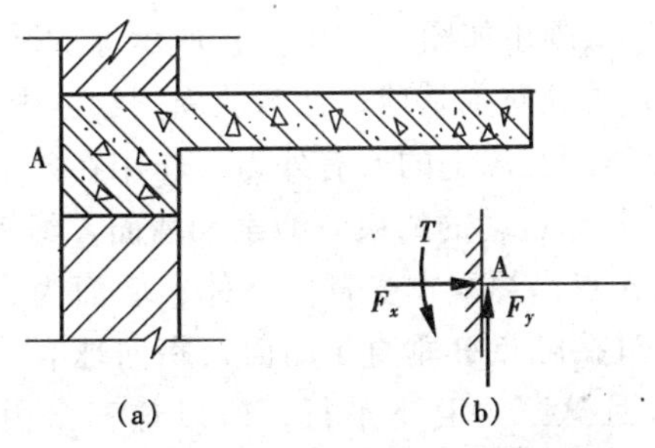

图 1－38　雨篷固定端及其约束示意图

约束除了产生水平反力 F_x 和垂直反力 F_y 外，还将产生一个阻止构件 A 端转动的反力偶矩 T，其约束示意图如图 1－38（b）和图 1－39（b）所示。

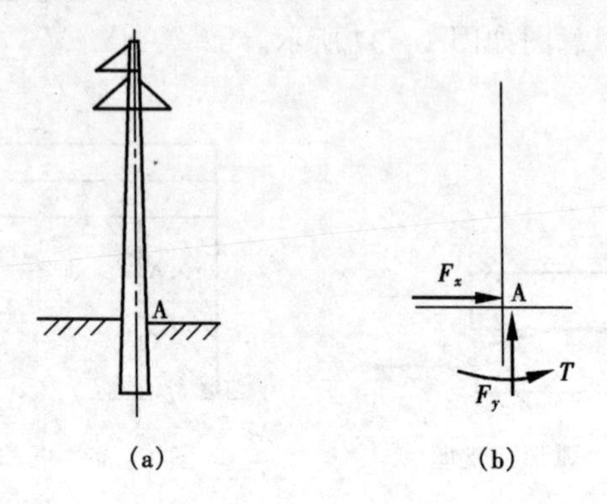

图 1－39　深埋单柱电杆及其约束示意图

第五节　物体的受力分析

在很多情况下，一个物体上往往同时有几个力作用。为了对物体进行受力分析，有必要把所研究的物体从与它有接触的其他物体中分离出来，单独画出所研究的物体的简单外形，并在上面画出它所受的全部力。这种被分离出来的研究对象就叫做分离体，表示分离体受力情况的图形就叫做受力图。下面通过几个例题来说明物体受力图的具体画法。

例 1－2　试画出如图 1－40（a）所示球的受力图。

解　（1）研究对象是球，把球从周围物体中分离出来。

（2）画出作用在球上的所有外力。作用在球上的主动力是球的重力 G，限制球运动的约束有绳索和墙面。绳索为柔索，其约束反力 F_T 过 A 点沿绳索本身背向球体；墙面为光滑面约束，其约束反力 F_N 过接触点 B 垂直于墙面，指向球心。由于球上只受三个力作用，且这三力互不平行，所以这三个力必汇交于球心 O，受力如图 1－40（b）所示。

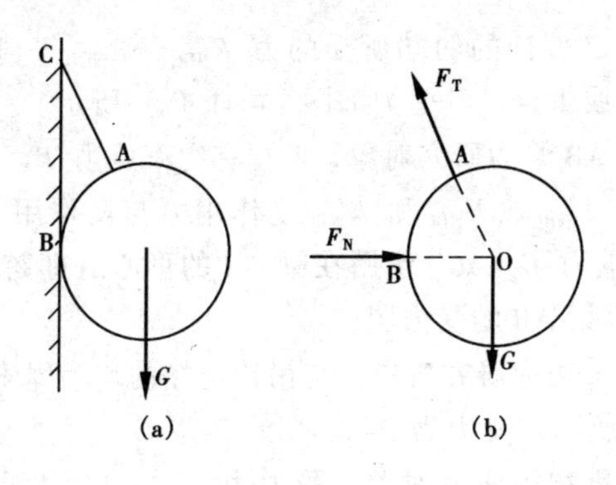

图 1－40　小球及其受力

例 1－3　图 1－41（a）所示为单臂吊车，试画出各部分的受力图。

解　A、C 都是固定铰支座，B 是连接横梁 AB 和斜杆 BC 的铰链。设起重设备及重物的重力为 G_1，横梁重力为 G_2，其余部分的重力不计。图 1－41（b）是单臂吊车的示意图。

（1）取 BC 杆为研究对象，画它的受力图。由于 BC 杆本身的重力不计，两端用铰链与其他物体连接，故 BC 杆是二力杆。

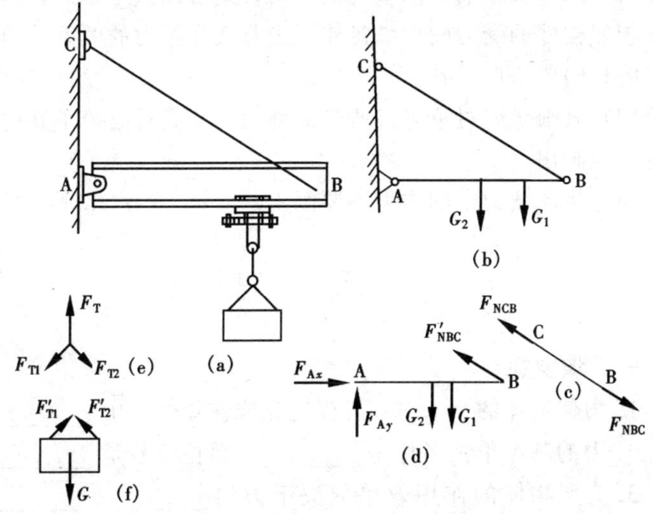

图 1－41　单臂吊车受力分析

前已叙述，二力杆的两端所受的力 F_{NBC}、F_{NCB} 等值、反向、作用线与杆轴线重合。其受力如图 1－41（c）所示。

（2）取 AB 梁为研究对象，A 端有约束反力 F_{Ax}、F_{Ay}，B 端有约束反力 F'_{NBC}（F_{NBC} 和 F'_{NBC} 是作用力与反作用力），中间有荷载 G_1 与重力 G_2。G'_2 作用在梁 AB 的形心（即跨中处）。图 1－41（d）是梁 AB 的受力图。

（3）取吊钩为研究对象，与吊钩连接的均为绳索，受力如图 1－41（e）所示。受力为 F_T、F_{T1}、F_{T2}。

（4）取重物为研究对象，受力为 F'_{T1}、F'_{T2} 和重物的重力 G（F_{T1} 与 F'_{T1}、F_{T2} 与 F'_{T2} 为两对作用力与反作用力），图 1－41（f）为重物的受力分析。

综上所述,可以归纳出画物体受力图的步骤及应注意的事项:

（1）确定研究对象，取分离体（取分离体时必须将研究对象与周围的其他物体全部割断）。

（2）画出研究对象所受的全部外力（包括主动力和约束反力）。一般先画主动力，然后根据约束类型确定相应反力的位置和方向。如果反力的指向不能确定时，则可以假定方向，但要注意在相邻构件的受力图中满足作用力与反作用力的关系，前后约束力的指向要协调一致。

（3）只画研究对象本身所受的外力，研究对象给予其他物体的力不应画出。

（4）物体结构中的内力不要画出。

复 习 题

一、填空题

1. 力使物体的________发生变化或使物体产生________。

2. 力的基本单位名称是________，单位符号是________。

3. 力对物体的作用效果取决于力的________、________和作用点三个要素。

4. 若力 $\boldsymbol{F}_\mathrm{R}$ 对某刚体的作用效果与一个力系对该刚体的作用效果相同，则称 $\boldsymbol{F}_\mathrm{R}$ 为该力系的________，力系中的每个力都是 $\boldsymbol{F}_\mathrm{R}$ 的________。

5. 平衡力系是____为零的力系。物体在平衡力系作用下，总是保持______或__________状态。

6. 刚体是__________化的力学模型，指受力后大小和______均不变的物体。

7. 力的平行四边形法则说明，共点二力的合力是__________和。

8. 作用力和反作用力是两物体间的相互作用力，它们必然______、______、______。

9. 对受力物体的运动起限制作用的周围其他物体叫做______。

10. 约束是一种______作用。约束反力方向总是与约束所阻碍物体运动的方向______。

11. 力矩等于零的条件是：__________为零或者______为零。

12. 力偶是大小相等方向______，作用线不在同一直线上的两个______力。

二、判断题（在题末括号内作记号："√"表示对，"×"表示错）

1. 工人手推小车前进时，手和小车之间只存在手对车的作用力。（　　）

2. 作用力和反作用力是等值、反向、共线的一对力；（　　）
作用力和反作用力平衡而相互抵消。（　　）

3. 力矩和力偶都是描述受力物体转动效果的物理量；（　　）
力矩和力偶的含义和性质完全相同。（　　）

4. 在图 1－42 中，圆盘在力偶矩 T 和力 $\boldsymbol{F}$ 作用下保持静止，

说明力偶矩可用一个力来平衡。（　）

*5. 用丝锥单手攻丝时，丝锥尾部有横向外力作用而易断裂。（　）

（注：题号左上角加“*”符号的题为有一定难度的题，下同。）

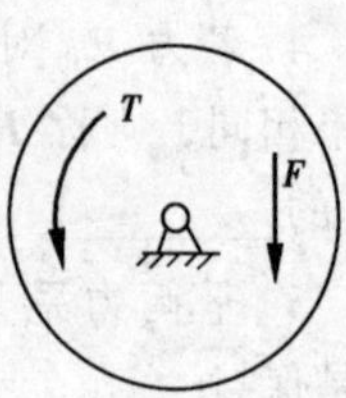

图 1-42　题二-4

6. 活动铰约束的约束反力垂直于支座支承面，方向指向被约束物体。（　）

7. 在一个物体的受力图上，不但应画出全部外力，而且也应画出与之相联系的其他物体。（　）

8. 力对物体的转动效果用力矩来度量，其常用单位符号为N·m。（　）

9. 力矩使物体绕定点转动的效果只取决于力的大小和力臂的大小两个方面。（　）

10. 受力物体上的外力一般可分为重力和约束反力两大类。（　）

11. 五种基本约束类型是：柔性约束、光滑面约束、活动铰约束、固定铰约束和固定端约束。（　）

12. 固定铰约束的约束反力方向不确定，故常用 $\boldsymbol{F}_x$、$\boldsymbol{F}_y$ 来表示。（　）

三、选择题（含多项选择题）

1. 物体的机械运动是指物体的________随时间而发生的改变。

（1）相对位置；（2）形状和尺寸；（3）材料性质。

2. 物体的受力效果取决于力的________。

（1）大小；（2）方向；（3）作用点。

3. 静力学研究的对象主要是________。

（1）受力物体；（2）施力物体；（3）运动物体；（4）平衡物体。

4. 在法定计量单位和废止的工程计量单位间，力的单位换算关系为________。

（1）$1N = 9.8kgf$；（2）$1N = \frac{1}{9.8}kgf$；（3）$1N = 1kgf$。

5. 在静力学中，将受力物体视为刚体，________。

（1）是为了简化研究分析；（2）是因为物体本身就是刚体；（3）没有特别必要的理由。

6. 某刚体上在同一平面内作用了汇交于一点且互不平行的三个力，则刚体________状态。

（1）一定处于平衡；（2）一定处于不平衡；（3）不一定处于平衡。

7. 作用力和反作用力是________。

（1）平衡二力；（2）物体间的相互作用力；（3）约束反力。

8. 力偶可以用另一个________来平衡。

（1）力；（2）力矩；（3）力偶。

9. 约束反力的方向必与________的方向相反。

（1）主动力；（2）物体被限制运动；（3）重力。

10. 光滑面约束的约束反力总是沿接触面的________方向，并指向被约束的物体。

（1）任意；（2）铅垂；（3）公切线；（4）公法线。

11. 若要物体在 xy 平面内静止不动，则需________个固定端约束。

（1）1；（2）2；（3）3

12. 力使物体绕定点转动的效果用________来量度。

（1）力矩；（2）力偶矩；（3）力的大小和方向。

13. 图 1－43 中的________正确表示了力 $\boldsymbol{F}$ 对 A 点之矩为 $M_A(\boldsymbol{F}) = 2Fl$。

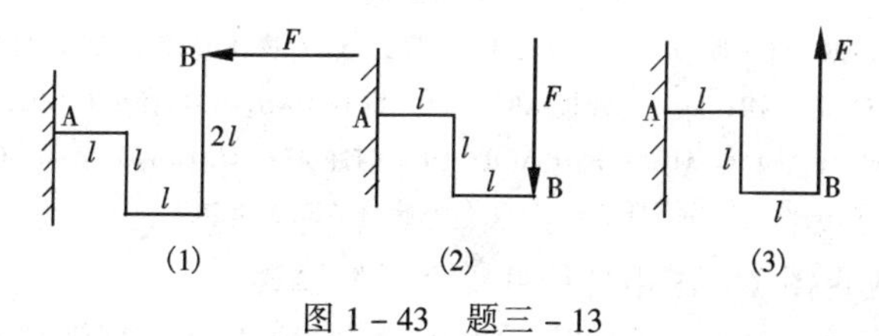

图 1－43　题三－13

四、识图与绘图题

1. 画出图 1－44 中各指定物体的受力图。

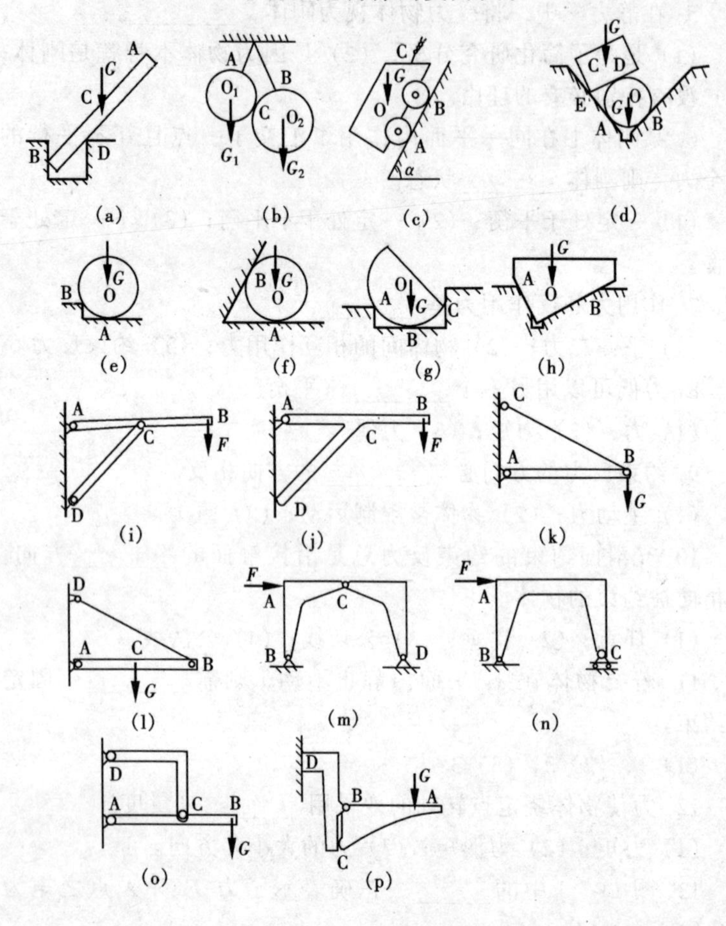

图 1－44　题四－1

(a) 杆 ACB；(b) 球 O_1、O_2；(c) 小车 ABC；(d) 物体 OAB、CDE；(e) 球 OAB；(f) 球 OAB；(g) 半圆板 ABC；(h) 滑块 OAB；(i) 杆 AB、CD；(j) 刚架 ABCD；(k) 杆 AB；(l) 杆 ACB；(m) 构件 ABC、CD；(n) 刚架 ABC；(o) 杆 AB、CD；(p) 构件 ABC、BCD

2. 改正图 1－45 中各构件受力图的错误。

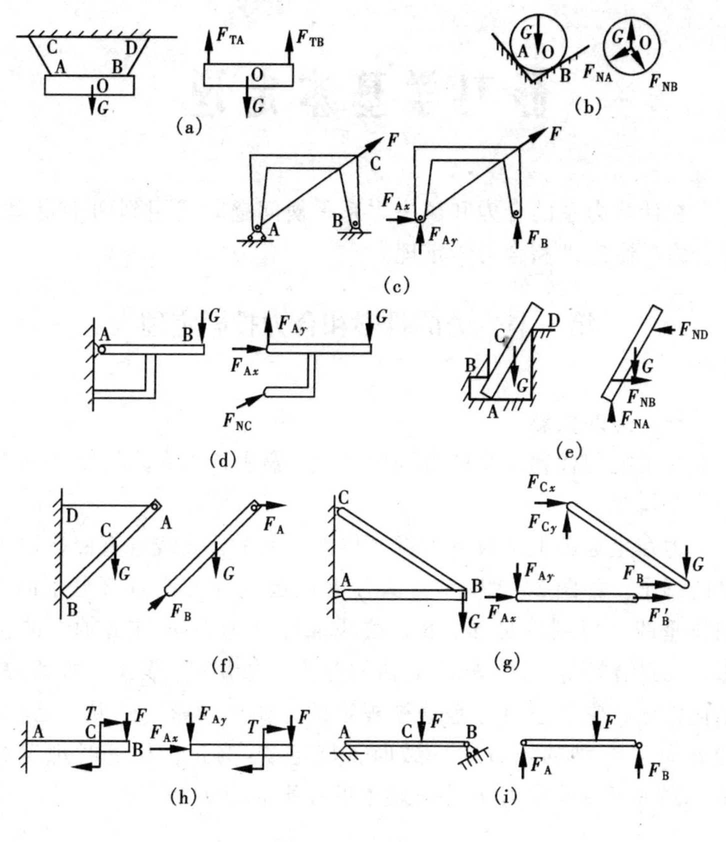

C
D
A
B
O
G
F_{TA}
F_{TB}
(a)
G
A
O
B
F_{NA}
F_{NB}
(b)
F
C
A
B
F_{Ax}
F_{Ay}
F_B
(c)
A
B
G
F_{Ay}
F_{Ax}
F_{NC}
(d)
C
D
B
A
G
F_{ND}
F_{NB}
F_{NA}
(e)
D
C
A
B
G
F_A
F_B
(f)
C
A
B
G
F_{Cx}
F_{Cy}
F_{Ay}
F_{Ax}
F_B
F'_B
(g)
A
T
C
F
B
F_{Ax}
F_{Ay}
(h)
A
C
F
B
F_A
F_B
(i)

图 1－45　题四－2

第二章

静力学基本定理

在计算力系的合力和解决力系平衡问题时需用到两个定理，即合力投影定理和合力矩定理。

第一节　力的投影和合力投影定理

一、力的投影

为了能用代数计算的方法求合力，需引入力在坐标轴上的投影这个概念。

力在坐标轴上的投影就像物体被一束平行光线垂直照在地面上的影子。如图 2－1 所示，从力 $\boldsymbol{F}$ 的起点 A 和终点 B 分别向 x 轴作垂线，得到垂足 a_1、b_1，线段 a_1b_1 即为力 $\boldsymbol{F}$ 在 x 轴上的投影，a_1b_1 恰好等于力 $\boldsymbol{F}$ 沿 x 轴的分力，故用 F_x 表示。投影 F_x 是代数量，它的正负号是这样规定的：如果投影 a_1b_1 从 a_1 到 b_1 的方向与 x 轴的正方向一致时，规定 F_x 为正，相反时规定为负。同理可以确定力 $\boldsymbol{F}$ 在 y 轴上的投影 F_y。

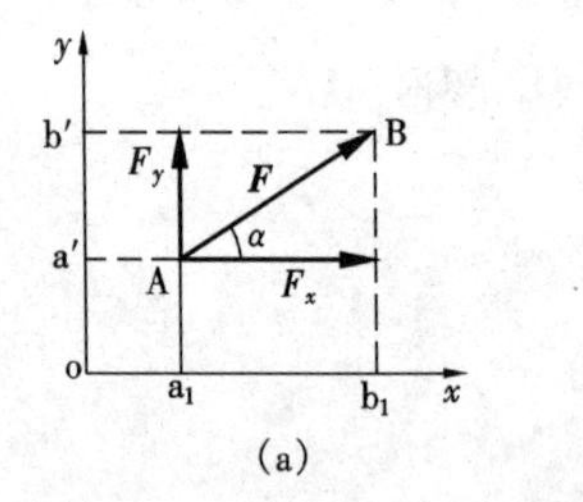

(a)

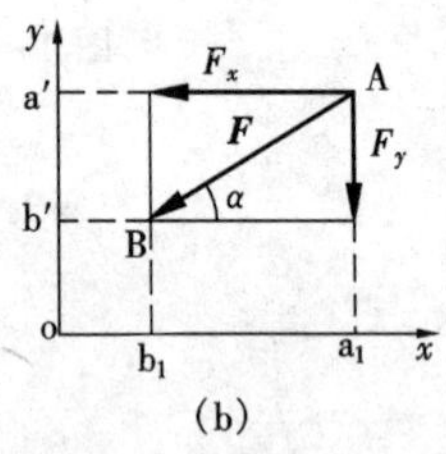

(b)

图 2－1　力在坐标轴上的投影

从图 2－1 还可以得出投影的计算公式为

$$\left.\begin{aligned} F_x &= \boldsymbol{F}\cos\alpha \\ F_y &= \boldsymbol{F}\sin\alpha \end{aligned}\right\} \qquad (2-1)$$

式中　α——力 $\boldsymbol{F}$ 与 x 轴所夹的锐角。

投影 F_x、F_y 的正负号由力的指向与坐标轴的关系确定，如图 2-2 所示。力 $\boldsymbol{F}$ 的投影单位与力的单位相同，即 N 或 kN。

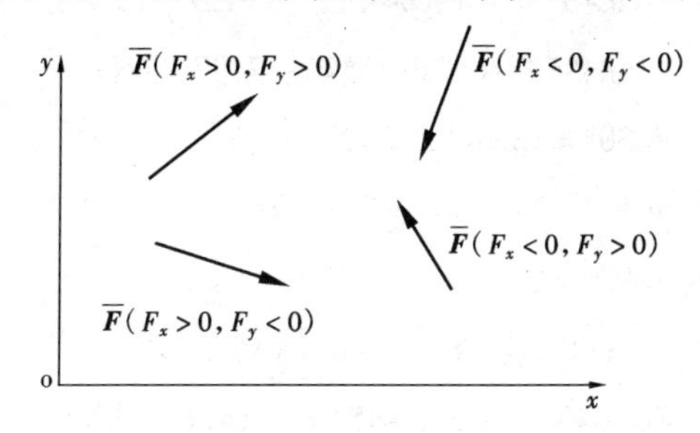

图 2-2　力投影正负号的确定

若已知某力 $\boldsymbol{F}$ 在直角坐标轴上的两个投影为 F_x、F_y，则力 $\boldsymbol{F}$ 的大小及它与 x 轴所夹的锐角 α 可按下式确定：

大小
$$F=\sqrt{F_x^2+F_y^2} \tag{2-2}$$

与 x 轴夹角
$$\alpha=\mathrm{tg}^{-1}\left|\frac{F_y}{F_x}\right| \tag{2-3}$$

指向由 F_x、F_y 二者的正负号综合判断。

例 2-1　试求图 2-3 中各力在 x 轴和 y 轴上的投影。已知 $F_1=F_2=10\mathrm{kN}$，$F_3=15\mathrm{kN}$，$F_4=F_6=8\mathrm{kN}$，$F_5=20\mathrm{kN}$。

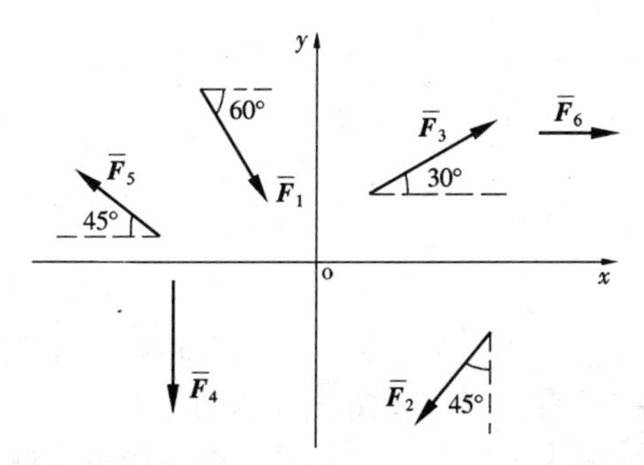

图 2-3　求力的投影

解　由式（2-1）得

$F_{1x} = F_1\cos60° = 10\cos60° = 5$（kN）

$F_{1y} = -F_1\sin60° = -10\sin60° = -8.66$（kN）

$F_{2x} = -F_2\cos45° = -10\cos45° = -7.07$（kN）

$F_{2y} = -F_2\sin45° = -10\sin45° = -7.07$（kN）

$F_{3x} = F_3\cos30° = 15\cos30° = 12.99$（kN）

$F_{3y} = F_3\sin30° = 15\sin30° = 7.5$（kN）

$F_{4x} = F_4\cos90° = 0$

$F_{4y} = -F_4\sin90° = -F_4 = -8$（kN）

$F_{5x} = -F_5\cos45° = -20\cos45° = -14.14$（kN）

$F_{5y} = F_5\sin45° = 20\sin45° = 14.14$（kN）

$F_{6x} = F_6\cos0° = F_6 = 8$（kN）

$F_{6y} = F_6\sin0° = 0$

计算结果表明，当力的作用线与某坐标轴平行时，它在该轴上投影的绝对值等于这个力的大小，而当力的作用线与某坐标轴垂直时，它在该轴上的投影必等于零。

例 2-2 已知作用在 o 点的力 $\boldsymbol{F}$ 的投影 $F_x = 16$kN，$F_y = -12$kN，试求该力。

解 由式（2-2）求力的大小，即

$$F = \sqrt{F_x^2 + F_y^2} = \sqrt{16^2 + (-12)^2} = 20 \text{（kN）}$$

再由式（2-3）求力的方位，即

$$\alpha = \text{tg}^{-1}\left|\frac{F_y}{F_x}\right| = \text{tg}^{-1}\left|\frac{-12}{16}\right| = 36°49'$$

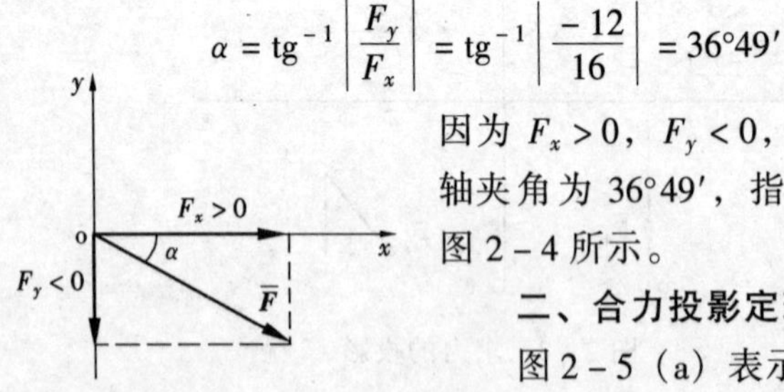

图 2-4 求力的大小和方向

因为 $F_x > 0$，$F_y < 0$，所以力 $\boldsymbol{F}$ 与 x 轴夹角为 36°49′，指向右下方，如图 2-4 所示。

二、合力投影定理

图 2-5（a）表示物体上作用有两个相交的力 $\boldsymbol{F}_1$ 和 $\boldsymbol{F}_2$，用力的三

角形法则求出它们的合力为 $\boldsymbol{F}_{\mathrm{R}}$，见图 2-5（b）。为了能用公式表达这个合力的大小，在力的平面内通过 o 点作直角坐标轴 xoy，观察分力与合力在坐标轴上的投影关系。图中 F_{1x}、F_{2x} 和 $F_{\mathrm{R}x}$ 分别为 $\boldsymbol{F}_1$、$\boldsymbol{F}_2$ 和合力 $\boldsymbol{F}_{\mathrm{R}}$ 在 x 轴上的投影，而 F_{1y}、F_{2y} 和 $F_{\mathrm{R}y}$ 则分别为 $\boldsymbol{F}_1$、$\boldsymbol{F}_2$ 和 $\boldsymbol{F}_{\mathrm{R}}$ 在 y 轴上的投影。所有这些投影都按规定取正负号。从图中的几何关系可以看出

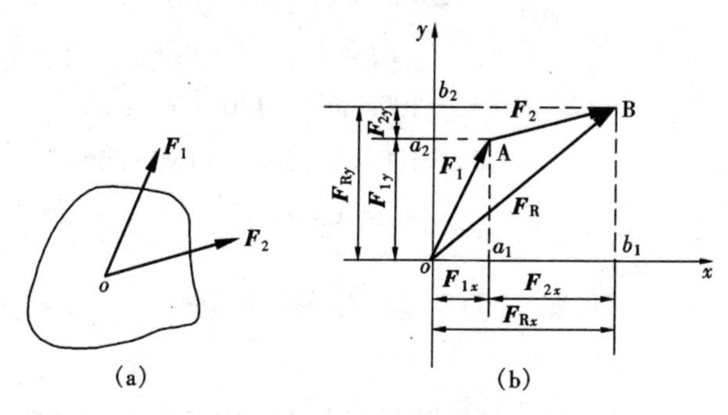

图 2-5　合力投影

$$\left.\begin{aligned}F_{\mathrm{R}x}&=ob_1=oa_1+a_1b_1=F_{1x}+F_{2x}\\F_{\mathrm{R}y}&=ob_2=oa_2+a_2b_2=F_{1y}+F_{2y}\end{aligned}\right\}$$

虽然上式是针对两个分力进行分析的，但是这是普遍规律，可推广到具有任意个分力的情况。当有 n 个分力时，即为

$$F_{\mathrm{R}x}=F_{1x}+F_{2x}+\cdots+F_{nx}$$

$$F_{\mathrm{R}y}=F_{1y}+F_{2y}+\cdots+F_{ny}$$

或写成

$$\left.\begin{aligned}F_{\mathrm{R}x}&=\Sigma F_x\\F_{\mathrm{R}y}&=\Sigma F_y\end{aligned}\right\}\qquad(2-4)$$

式中　Σ——总和的符号。

式（2-4）说明合力在某一坐标轴上的投影等于各个分力在同一坐标轴上的投影的代数和。这就是合力投影定理。

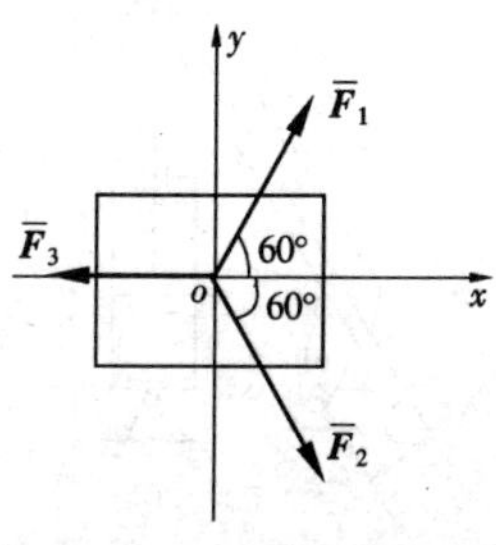

图 2-6　求合力的投影

例 2-3　如图 2-6 所示，o 点作用有三个力，$\boldsymbol{F}_1=100\text{kN}$，$\boldsymbol{F}_2=140\text{kN}$，$\boldsymbol{F}_3=80\text{kN}$，试求它们的合力在 x，y 两轴上的投影。

解　取直角坐标轴 xoy，由式（2-4）可知

$$\begin{aligned}F_{Rx}&=\Sigma F_x=F_{1x}+F_{2x}+F_{3x}\\&=100\cos60°+140\cos60°-80\cos0°\\&=40\ (\text{kN})\end{aligned}$$

$$\begin{aligned}F_{Ry}&=\Sigma F_y=F_{1y}+F_{2y}+F_{3y}\\&=100\sin60°-140\sin60°+0°\\&=100\times0.866-140\times0.866\\&=-34.64\ (\text{kN})\end{aligned}$$

第二节　合力矩定理

根据合力对物体的作用效果等于力系中各分力对物体作用效果的总和,以及力对物体的转动效果是由力矩来度量这两条规律,可以推断出,合力对某矩心的力矩一定等于各分力对该矩心力矩的代数和(证明从略)。这就是合力矩定理,用数学式表示为

$$M_o(\boldsymbol{F}_R)=M_o(\boldsymbol{F}_1)+M_o(\boldsymbol{F}_2)+\cdots+M_o(\boldsymbol{F}_n)$$

或写成 $M_o(\boldsymbol{F}_R)=\Sigma M_o(\boldsymbol{F})$ (2-5)

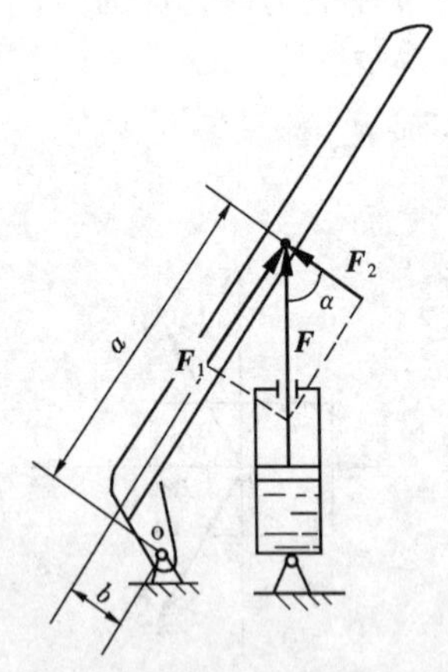

图 2-7　起重机吊臂示意

例 2-4　图 2-7 为一液压驱动的起重机吊臂示意图。试求油缸推力 $\boldsymbol{F}$ 对铰链支座 o 点的力矩。

解　本例用合力矩定理解题最为方便。将力 $\boldsymbol{F}$ 分解为互相垂直的两个力 $\boldsymbol{F}_1$ 和 $\boldsymbol{F}_2$（图 2-7），由此得

$$M_o(\boldsymbol{F}_1)=-F_1b=-F\sin\alpha b$$

$$M_o(\boldsymbol{F}_2)=F_2a=F\cos\alpha a$$

由合力矩定理得

$$
\begin{aligned}
M_o(\boldsymbol{F}) &= M_o(\boldsymbol{F}_1) + M_o(\boldsymbol{F}_2) \\
&= -F\sin\alpha b + F\cos\alpha a \\
&= F(a\cos\alpha - b\sin\alpha)
\end{aligned}
$$

复习题

一、填空题

1. 合力在某坐标轴上的投影，等于各分力在________轴上投影的________。

2. 力的投影的正负号由力的________确定。

3. 用力的投影计算力的大小和方向的计算公式为________和________。

4. 合力对某矩心的力矩一定等于________________________________。

二、计算题

1. 试求图 2－8 中各力在 x 轴和 y 轴上的投影。已知 $F_1 = F_2 = F_4 = 100\text{N}$，$F_3 = F_5 = 150\text{N}$，$F_6 = 200\text{N}$。

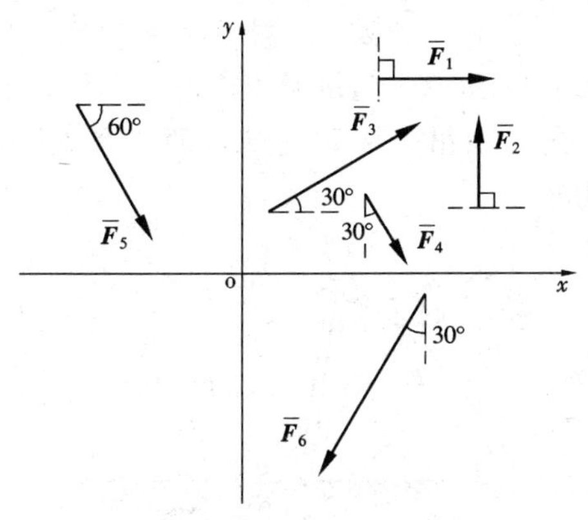

图 2－8　题二－1

2. 作用在物体上同一点的四个力，如图 2－9 所示，$F_1 = F_2 = 100\text{N}$，$F_3 = 50\text{N}$，$F_4 = 200\text{N}$，试求四个力在 x 轴和 y 轴上的投

影。

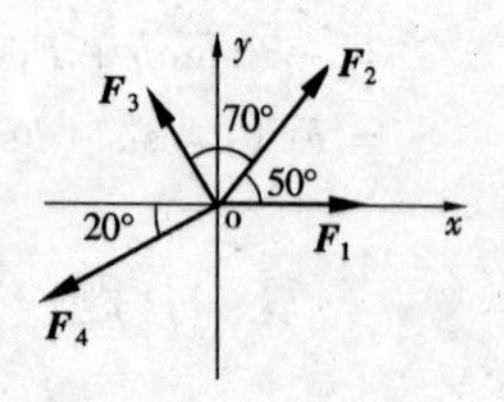

图 2－9　题二－2

3. 试求图 2－10 中各力分别对 o 点和对 A 点的力矩。

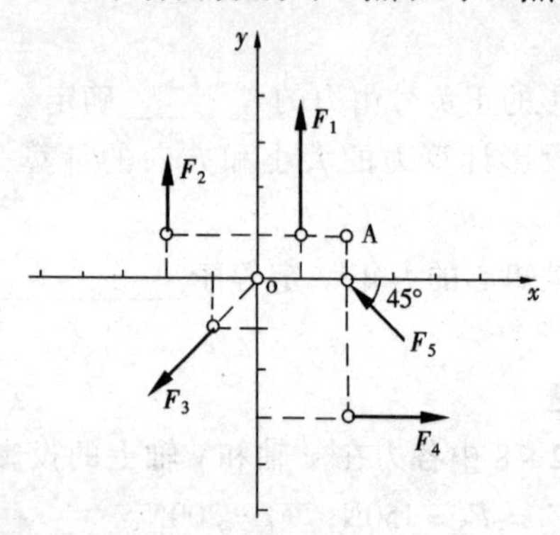

图 2－10　题二－3

4. 如图 2－11 所示，起吊混凝土电杆，已知吊绳拉力 $\boldsymbol{F}_T$，吊绳与杆的夹角 α 及吊点 A 到支点 O 的长度 l，试求吊绳拉力 $\boldsymbol{F}_T$ 对O点的力矩。

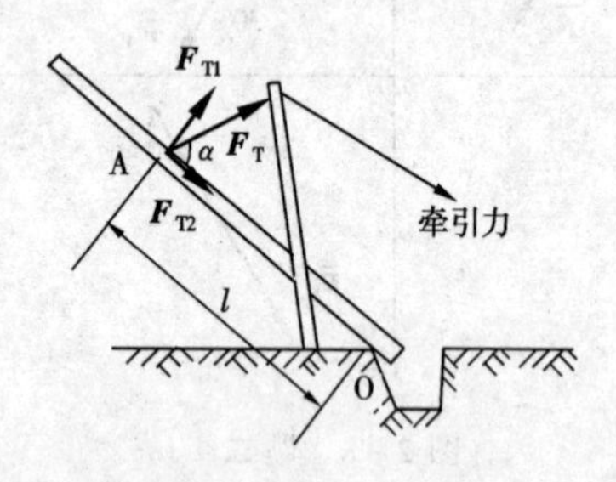

图 2－11　题二－4

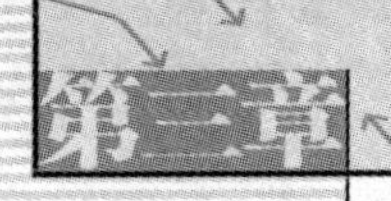

平面力系的合成与平衡

当物体受到力系作用时，可能产生运动，也可能仍处于静止状态。如果物体产生运动，在对物体进行受力分析时，有时需要将力系进行合成，求出力系的合力或合力矩；如果物体仍处于静止状态，则需要总结出使物体保持静止状态时力系应满足的条件，并运用力系的这些条件求出力系中的未知力。

在工程中，作用在物体上的力系往往有多种形式。如果力系中各力作用在同一个平面内，则称为平面力系。平面力系中又分共线力系、平面汇交力系、平面平行力系和平面一般力系。如果力系中各力不是作用在同一平面内，则称为空间力系。空间力系有时候可以简化为平面力系来计算。

第一节　共线力系的合成与平衡

共线力系是力的作用线在同一条直线上的力系。如图 3-1 所示，$\boldsymbol{F}_1$、$\boldsymbol{F}_2$、$\boldsymbol{F}_3$ 和 $\boldsymbol{F}_4$ 为作用在同一条直线上的共线力系。如果规定某一方向（如 x 轴的正方向）为正，反之为负，则共线

图 3-1　共线力系

力系的合力的大小为各力沿作用线方向的代数和。合力的指向取决于代数和的正负值：正值，合力指向与 x 轴同向；负值，合力指向与 x 轴反向，用公式表示为

$$F_R = F_1 - F_2 + F_3 - F_4$$

或写成

$$F_R = \Sigma F \tag{3-1}$$

式（3-1）即为共线力系的合成公式。

当合力 $\boldsymbol{F}_{\mathbf{R}}=0$ 时，就表明各分力的作用相互抵消，物体处于平衡状态。因此，物体在共线力系作用下，平衡条件为各力沿作用线方向的代数和等于零。

第二节　平面汇交力系合成与平衡的图解法

如果平面力系中的各力作用线都能汇交于一点，则这样的力系称为平面汇交力系。研究平面汇交力系的合成与平衡问题，一般有图解法和数解法。本节主要讲述图解法，下节讲述数解法。

一、平面汇交力系合成的图解法

作用在物体上的两个力如果汇交于一点，则它们的合力可以按平行四边形法则或三角形法则几何相加。由此可以推出，如果两个以上的力汇交于一点，则连续应用平行四边形法则或三角形法则，可以求出它们的合力。

例如，在图 3－2（a）所示的吊环 O 上，作用一平面汇交力系 $\boldsymbol{F}_1$、$\boldsymbol{F}_2$、$\boldsymbol{F}_3$、$\boldsymbol{F}_4$，可连续作三角形求出合力 $\boldsymbol{F}_{\mathbf{R}}$

如图 3-2（b）所示，先作△OAB 求出 $\boldsymbol{F}_1$ 与 $\boldsymbol{F}_2$ 的合力 $\boldsymbol{F}_{\mathbf{R}12}$，再作△OBC 求出 $\boldsymbol{F}_{\mathbf{R}12}$ 与 $\boldsymbol{F}_3$ 的合力 $\boldsymbol{F}_{\mathbf{R}123}$，最后作△OCD，求出 $\boldsymbol{F}_{\mathbf{R}123}$ 与 $\boldsymbol{F}_4$ 的合力 $\boldsymbol{F}_{\mathbf{R}}$，即力系的合力。事实上，在作图过程中，

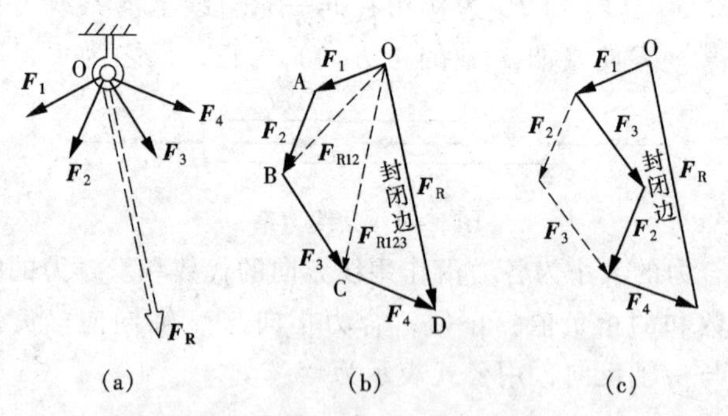

图 3－2　图解法求合力

$\boldsymbol{F}_{\mathbf{R}12}$、$\boldsymbol{F}_{\mathbf{R}123}$（用虚线表示的）是没有用的，因此只要将各已知

力首尾相接，就可直接画出多边形 OABCD。这个多边形一般称为力多边形，封闭边就代表此力系的合力。这种求合力的作图方法称为力多边形法则。用矢量式表示为

$$\boldsymbol{F}_{\mathbf{R}} = \boldsymbol{F}_1 + \boldsymbol{F}_2 + \boldsymbol{F}_3 + \boldsymbol{F}_4$$

或写成

$$\boldsymbol{F}_{\mathbf{R}} = \Sigma \boldsymbol{F} \tag{3-2}$$

画力多边形时，改变各分力相加的次序，将得到形状不同的力多边形，但最后求得的合力不变，如图 3－2（c）所示。

由此得出结论：平面汇交力系的合力等于力系中各力的矢量和，它的作用线通过力系的汇交点，其大小和方向可由力多边形的封闭边来表示。

例 3－1 用力多边形法则求 $\boldsymbol{F}_1$、$\boldsymbol{F}_2$、$\boldsymbol{F}_3$ 三个力的合力。已知 $F_1 = 40\text{kN}$，$F_2 = 60\text{kN}$，$F_3 = 80\text{kN}$。各力方向如图 3－3（a）所示。

解 （1）选力比例尺，以 1cm 代表 20kN。

（2）在适当的位置选取 A 点。如图 3－3（b）所示，过 A 点作平行于 $\boldsymbol{F}_1$ 的直线，截取 AB＝2cm，过 B 点作平行于 $\boldsymbol{F}_2$ 的直线，截取 BC＝3cm，过 C 点作平行于 $\boldsymbol{F}_3$ 的直线，截取 CD＝4cm，画出开口的多边形 ABCD。此多边形的边 AB、BC、CD 分别代表力 $\boldsymbol{F}_1$、$\boldsymbol{F}_2$、$\boldsymbol{F}_3$。连封闭边 AD，AD 即代表合力 $\boldsymbol{F}_{\mathrm{R}}$。

（3）量得 AD＝1.4cm，即合力 $F_{\mathrm{R}} = 28\text{kN}$。

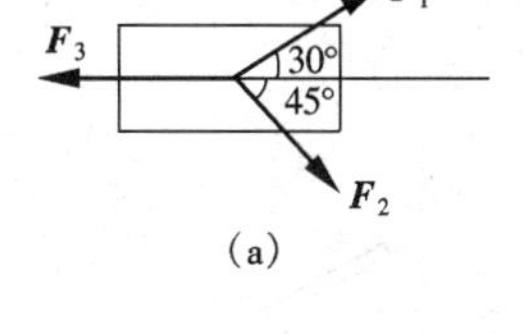

（a）

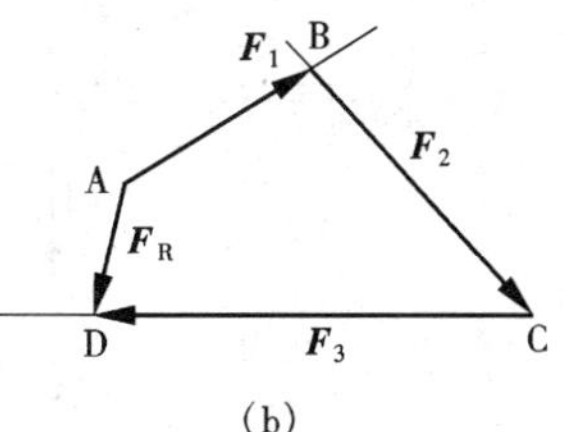

（b）

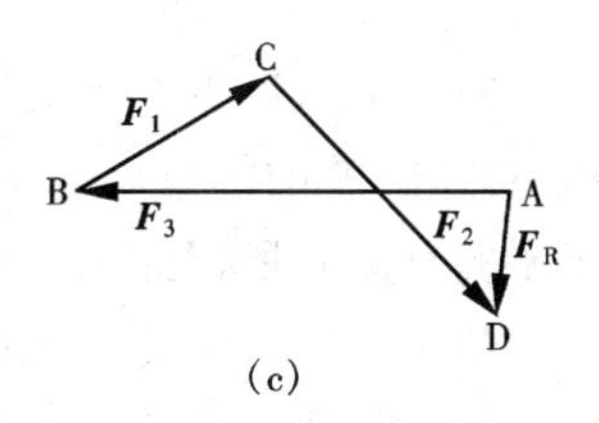

（c）

图 3－3 力多边形法则

若改变各分力相加次序，最终求得的合力的大小和方向都不改变，如图 3－3（c）所示。

二、平面汇交力系平衡的图解法

当作用在物体上的共线力系的合力为零时，物体就处于平衡状态。这也适用于平面汇交力系。因此，合力等于零也是平面汇交力系的平衡条件。即

$$\boldsymbol{F}_{\mathbf{R}}=0$$

或 $$\Sigma \boldsymbol{F}=0 \tag{3-3}$$

对图解法来说，当合力等于零时，力多边形的各分力将首尾相接，自行封闭，力多边形不需再加封闭边。这个条件就是平面汇交力系平衡的几何条件。

例 3-2 图 3-4（a）所示三角架中，A、B、C 三点均为铰链连接，杆 AB、BC 自重不计，已知荷载 $\boldsymbol{F}=4$kN。试求杆 AB 和 BC 所受的力。

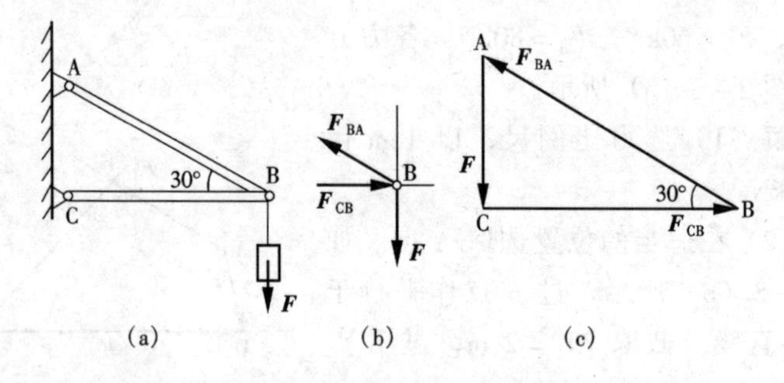

图 3-4 图解法求三角架未知力

解 取铰链 B 为研究对象，铰链 B 受到主动力 $\boldsymbol{F}$、杆 AB 和 BC 对铰链 B 的约束反力 $\boldsymbol{F}_{\mathrm{BA}}$、$\boldsymbol{F}_{\mathrm{BC}}$共三个力的作用。由于铰链处于平衡状态，所以此三个力所作的力三角形必自行闭合。

（1）选取 1cm 长的线段代表 2kN。

（2）任选一点 A，从 A 点画出代表已知力 $\boldsymbol{F}$ 的线段 AC，取 AC = 2cm，然后分别过 A 点和 C 点作出平行于杆 AB 和 BC 的两条直线，此两直线相交于 B 点，得出自行封闭的力三角形 ACB。线段 BA 和 CB 分别代表力 $\boldsymbol{F}_{\mathrm{BA}}$和 $\boldsymbol{F}_{\mathrm{CB}}$，按比例尺量得 BA = 4cm，CB = 3.5cm 即 $F_{\mathrm{BA}}=8$kN，$F_{\mathrm{CB}}=7$kN。

根据已知条件，杆 AB、BC 自重不计，故 AB、BC 杆为二力构件。由作用力与反作用力的关系可知，杆 AB 受 8kN 的拉力，杆 BC 受 7kN 的压力。

例 3－3 用钢丝绳起吊一汽轮机上盖，上盖的重力 $\boldsymbol{G}$ = 240kN，钢丝绳与铅垂线所夹之角 $\alpha = 20°$，$\beta = 30°$，如图 3－5（a）所示。试求钢丝绳所受的拉力。

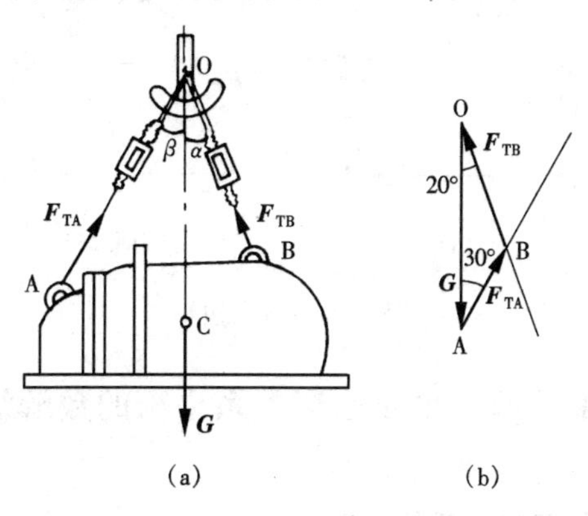

图 3－5 图解法求钢丝绳拉力

解 以汽轮机上盖为研究对象，并作出其受力图。如图 3－5（a）所示，汽轮机上盖在 $\boldsymbol{F}_{TA}$、$\boldsymbol{F}_{TB}$、$\boldsymbol{G}$ 三力作用下平衡，此三力必汇交于一点。

（1）选取 1cm 长的线段代表 100kN 的力。

（2）在图上任取一点 O，作为画力三角形的始点，过 O 点画出代表重力 $\boldsymbol{G}$ 的矢量 OA，取 OA = 2.4cm，然后过 A 点作 $\boldsymbol{F}_{TA}$的平行线，过 O 点作 $\boldsymbol{F}_{TB}$的平行线，此二线的交点为 B，得自行封闭的三角形 OAB，线段 AB 就代表 $\boldsymbol{F}_{TA}$，线段 BO 就代表 $\boldsymbol{F}_{TB}$，量得 AB = 1.1cm，BO = 1.6cm，所以 $\boldsymbol{F}_{TA}$ = 110kN，$\boldsymbol{F}_{TB}$ = 160kN。

从以上讨论中，可以看出用图解法求合力与解平衡问题是有区别的。求合力是已知力系中的各分力由各分力所作的力多边形是开口的多边形，合力为这个多边形的封闭边，它的指向是从第一分力的始点指向最后一个分力的终点，见图 3－6（a）。而解平衡问题是已知力系是平衡的，但力系中某些力是未知的。因为力系是平衡的，所以合力必等于零，由力系中各分力所作的力多边形一定是一个自行闭合的多边形，即各分力首尾相接，见图3-6（b）。在作力多边形时，应先从已知力画起，根据力多边形是闭合的这一条件，把力系中的未知力求出。

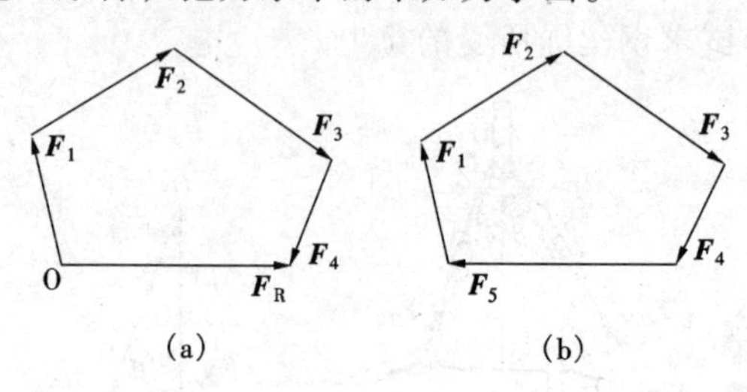

图3-6　力多边形

第三节　平面汇交力系平衡的数解法

一、平面汇交力系的平衡方程

根据合力投影定理，合力在某一坐标轴上的投影等于各个分力在同一坐标轴上的投影的代数和，即

$$\left.\begin{aligned} F_{Rx} &= \Sigma F_x \\ F_{Ry} &= \Sigma F_y \end{aligned}\right\}$$

合力的大小

$$F_R = \sqrt{(F_{Rx})^2 + (F_{Ry})^2}$$

即

$$F_R = \sqrt{(\Sigma F_x)^2 + (\Sigma F_y)^2}$$

由此可知：只有当ΣF_x和ΣF_y都等于零时，合力F_R的大小才等于零。所以平面汇交力系平衡的解析条件是：力系中所有各力在两个相互垂直的坐标轴上投影的代数和都等于零。即

$$\left.\begin{aligned} \Sigma F_x = 0 \\ \Sigma F_y = 0 \end{aligned}\right\} \qquad (3-4)$$

式（3-4）称为平面汇交力系的平衡方程。应用此方程可以

解决构件在平面汇交力系作用下，具有两个未知量的平衡问题。

二、平面汇交力系平衡方程的应用

利用平衡方程解决实际问题是学习静力学的重点，现举例说明。

例 3－4 试用数解法求例 3－3 中（图 3－5）钢丝绳所受的拉力。

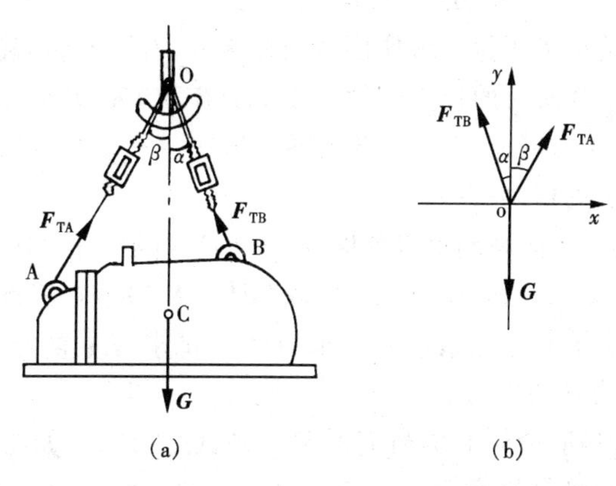

图 3－7　数解法求钢丝绳拉力

解 取汽轮机上盖为研究对象，并作其受力图[图 3－7(b)]。此力系为平面汇交力系。现在汇交点 O 建立直角坐标系。根据平面汇交力系的平衡方程

$$\Sigma F_x = 0$$

得
$$F_{TA}\sin\beta - F_{TB}\sin\alpha = 0 \quad ①$$

由
$$\Sigma F_y = 0$$

得
$$F_{TA}\cos\beta + F_{TB}\cos\alpha - G = 0 \quad ②$$

由式①得

$$F_{TA} = F_{TB}\frac{\sin\alpha}{\sin\beta} = F_{TB}\frac{\sin 20^\circ}{\sin 30^\circ} = 0.6840F_{TB} \quad ③$$

将式③代入式②得

$$0.6840F_{TB}\cos\beta + F_{TB}\cos\alpha - G = 0$$

所以
$$F_{TB} = \frac{G}{0.6840\cos\beta + \cos\alpha}$$

$$= \frac{240}{0.6840\cos30° + \cos20°}$$

$$= \frac{240}{1.532}$$

$$= 156.7 \text{（kN）（拉力）}$$

$$F_{TA} = 0.6840F_{TB} = 0.6840 \times 156.7$$

$$= 107.2 \text{（kN）（拉力）}$$

计算结果为正值，说明图中所画未知力的指向正确。所以钢丝绳 OA、OB 所受的拉力分别为 107.2kN 和 156.7kN。

例 3－4 与例 3－3 为一题的两种解法，一般数解法的计算结果比图解法更精确一些。

例 3－5　简易起重机如图 3－8（a）所示。吊起的重物 $G=5$kN。滑轮 C 尺寸较小，可以忽略不计。A、B、C 三点按光滑铰链考虑。水平起重绳索连在铰车 D 上，试求在重物匀速上升时，AC 和 BC 两杆的受力。

解　(1)取滑轮 C 为研究对象，画其受力图，如图 3－8（b）所示。不计滑轮的摩擦力，$\boldsymbol{F}_T = G = 5$kN。$\boldsymbol{F}_{AC}$、$\boldsymbol{F}_{BC}$为未知力，可以先假定方向如图，设 $\boldsymbol{F}_{AC}$为压力，指向 C 点，$\boldsymbol{F}_{BC}$为拉力，离开 C 点。

(2) 选坐标轴 xcy，列平衡方程。

1）通常设水平方向为 x 轴，垂直方向为 y 轴。

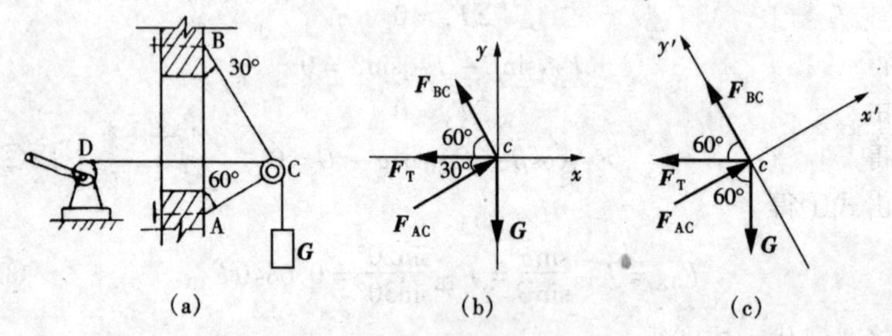

图 3－8　数解法求未知力

由
$$\begin{cases}\Sigma F_x = 0 \\ \Sigma F_y = 0\end{cases}$$

得 $$\begin{cases} F_{AC}\cos30° - F_{BC}\cos60° - F_T = 0 & ① \\ F_{AC}\sin30° + F_{BC}\sin60° - G_T = 0 & ② \end{cases}$$

由式① × sin60° + 式② × cos60°，得

$$F_{AC}\cos30°\sin60° + F_{AC}\sin30°\cos60° - F_T\sin60° - G\cos60° = 0$$

即 $$F_{AC}(\cos^2 30° + \sin^2 30°) - F_T\sin60° - G\cos60° = 0$$

$$F_{AC} \times 1 - 5 \times (0.866 + 0.5) = 0$$

得 $$F_{AC} = 6.83(\text{kN})(\text{压力})$$

将 F_{AC}值代入式①，得

$$6.83 \times 0.866 - F_{BC} \times 0.5 - 5 = 0$$

$$F_{BC} = 1.83(\text{kN})(\text{拉力})$$

2）如果把坐标轴选得与某一未知力作用线垂直，那么该未知力在坐标轴的投影将为零，这样避免解联立方程组。现取图3－8（c)所示坐标轴列方程求解：

由 $$\Sigma F_x = 0$$

得 $$F_{AC} - G\cos60° - F_T\cos30° = 0$$

所以 $$F_{AC} = G\cos60° + F_T\cos30°$$

$$= 5 \times (0.5 + 0.866)$$

$$= 6.83\ (\text{kN})\ (\text{压力})$$

由 $$\Sigma F_y = 0$$

得 $$F_{BC} + F_T\cos60° - G\cos30° = 0$$

所以 $$F_{BC} = G\cos30° - F_T\cos60°$$

$$= 5 \times (0.866 - 0.5)$$

$$= 1.83(\text{kN})(\text{拉力})$$

两种解法，结果相同。

用数解法计算，结果为正值，表明原来假设的未知力的指向与实际情况相符；若得负值，则表明假设的未知力的指向与实际情况相反。在答案中应注明杆件的受力性质。

例 3－6 图 3－9（a）为检修高压电线时人攀登绳梯在电线上工作的简图。人和绳梯的重力为 1000N，不计电线本身的重

力，当 $\alpha = 15°$、$\beta = 7.5°$时，试求电线 AC 和 BC 所受的拉力。

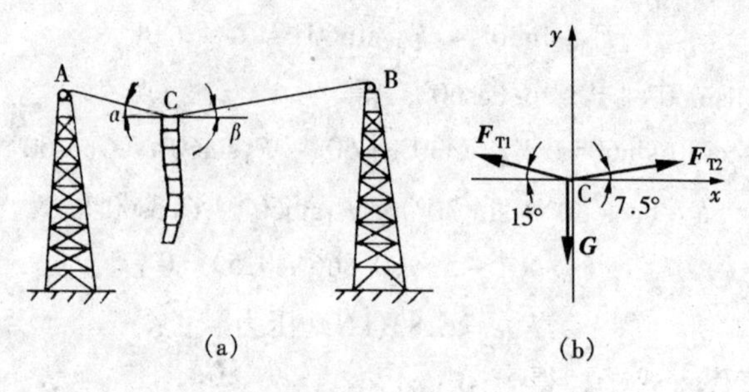

图 3－9　数解法求电线拉力

解　取 C 点为研究对象，并作其受力图。如图 3-9（b）所示，此力系为平面汇交力系。在汇交点 C 建立直角坐标，列平衡方程。

由
$$\Sigma F_x = 0$$
得
$$-F_{T1}\cos15° + F_{T2}\cos7.5° = 0 \quad ①$$
由
$$\Sigma F_y = 0$$
得
$$F_{T1}\sin15° + F_{T2}\sin7.5° - G = 0 \quad ②$$
将式① × sin15° + 式② × cos15°，得
$$F_{T2}\cos7.5°\sin15° + F_{T2}\sin7.5°\cos15° - G\cos15° = 0$$
$$F_{T2} = \frac{G\cos15°}{\cos7.5°\sin15° + \sin7.5°\cos15°}$$
$$= \frac{1000 \times 0.9659}{0.9914 \times 0.2588 + 0.1305 \times 0.9659}$$
$$= 2525\ (\text{N})\ (\text{拉力})$$
将 F_{T2}值代入式①，得
$$F_{T1} = \frac{F_{T2}\cos7.5°}{\cos15°} = \frac{2525 \times 0.9914}{0.9659}$$
$$= 2592\ (\text{N})\ (\text{拉力})$$

由计算结果得知电线 AC 段受拉力 2592N，BC 段受拉力 2525N，均比人和绳梯的总重力大。若导线拉得很紧，人攀登上

去后，α 和 β 角则更小，导线承受的拉力将更大。因此，在输电线路架设中，导线应按设计要求架设，保持一定的垂度，以免在自重、冰雪和风力作用下产生过大的拉力而拉断导线。

通过以上几例的分析计算，可以总结出用数解法解决平面汇交力系平衡问题的解题步骤：

（1）根据题意选取适当的研究对象。

（2）分析研究对象的受力情况，画出它的受力图。如果约束反力的指向不能预先确定，可先任意假定，然后由计算结果的正负值判断反力的指向。

（3）选取适当的坐标轴。选取的原则是以解题方便为主，不一定要按水平和垂直两个方向选取。

（4）列平衡方程，求解未知力，最后写出答案。

第四节　平面平行力系的平衡

一、平面平行力系的平衡方程

如果作用在物体同一平面内的力系的作用线彼此平行，则称此力系为平面平行力系。物体在平面平行力系的作用下，如果发生运动，则只能是沿着作用力方向移动或在力系所在平面内转动。如图 3－10 所示，用秤称物体时，秤杆受到平面平行力系作用，$\boldsymbol{F}_1$ 为物体的重力，$\boldsymbol{F}_2$ 为秤锤重力，$\boldsymbol{F}_3$ 为手对秤钮的提力。由生活经验得知，只有当向上的提力等于物体和秤锤向下的重力之和时（$\boldsymbol{F}_3=\boldsymbol{F}_1+\boldsymbol{F}_2$），也就是作用在秤杆上的各力的代数和等于零时（$\Sigma F=0$），整个秤杆才不会发生移动；当物体对提钮 O 点的力矩等于秤锤对 O 点的力矩时，秤杆才不发生转动，因此，物体在平面平行力系作用下，不发生移动的条件为各力的代数和等于零。不发生转动的条件为顺时针转向的力矩和等于逆时针转向的力矩和，或者说，作用在物体上所有的力对某点的力矩的代数和等于零。只有当这两个条件同时存在时，平面平行力系才处于平衡状态。取 y 轴与力系中各力平行，将以上两个条件用平

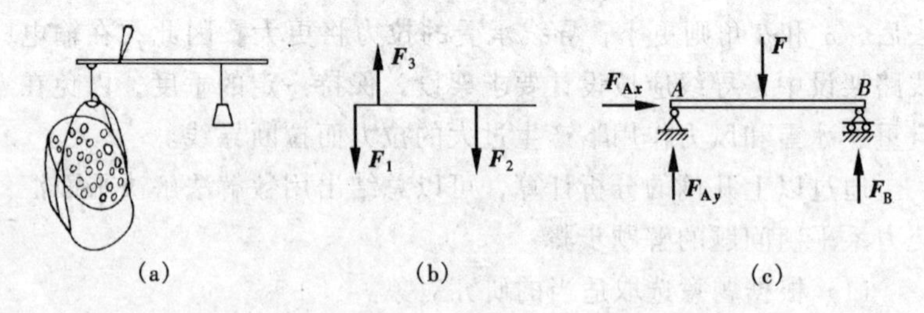

图 3－10　平面平行力系

衡方程式表示为

$$\left.\begin{aligned}\Sigma F_y &= 0\\ \Sigma M_o(F) &= 0\end{aligned}\right\}\qquad(3\text{-}5a)$$

根据两个平衡方程，可以求解两个未知力。

如图 3－10（c）所示，在求解双支座梁的支座反力时，平面平行力系的平衡方程常采用另一种形式表示：

$$\left.\begin{aligned}\Sigma M_A(F) &= 0\\ \Sigma M_B(F) &= 0\end{aligned}\right\}\qquad(3\text{-}5b)$$

即力系所有各力对平面内任意两点的合力矩均等于零。但必须注意，此两点的连线不能与平面平行力系各力的作用线平行。

平面平行力系的平衡方程虽然有两种形式，但是只有两个独立的平衡方程，所以只能求解不超过两个未知数的平衡问题。

二、平面平行力系平衡方程的应用

例 3－7　如图 3－11 所示铣床夹具中的压板 AB，当拧紧螺母后，螺母对压板的压力 $\boldsymbol{F}$ = 4000N，已知 l_1 = 50mm，l_2 = 75mm，试求压板对工件的压紧力及垫块所受的压力。

解　取压板 AB 为研究对象，其受力情况如图 3－11（b）所示，列平衡方程。

由　　$\Sigma M_A(F) = 0$

得　　$F_{NB}(l_1 + l_2) - Fl_1 = 0$

$$F_{NB} = \frac{Fl_1}{l_1 + l_2} = \frac{4000 \times 50}{50 + 75} = 1600(\mathrm{N})$$

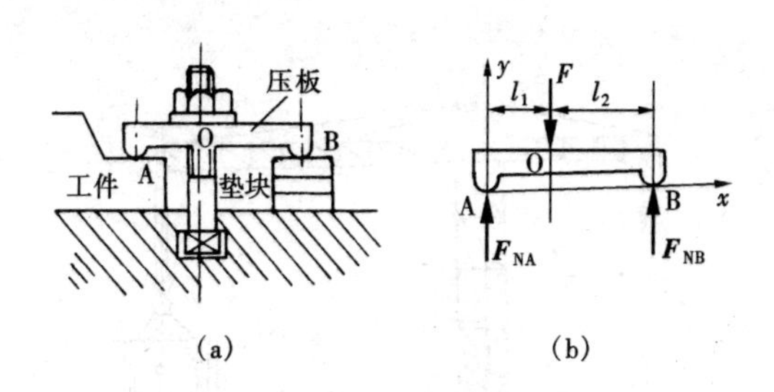

图 3－11　铣床夹具

由
$$\Sigma M_B(F)=0$$
得
$$-F_{NA}(l_1+l_2)+Fl_2=0$$
$$F_{NA}=\frac{Fl_2}{l_1+l_2}=\frac{4000\times 75}{50+75}=2400(\text{N})$$

根据作用力与反作用力的关系，压板对工件的压紧力为2400N，垫块所受的压力为1600N。

例 3－8　图 3－12 所示一塔式起重机。机身总重力（包括机架、机器及压重）$G=220\text{kN}$，最大起重力 $F_2=50\text{kN}$，问平衡重力 F_1 应取多大才能保证这个起重机不会翻倒？起重机的主要尺寸以及各个力的作用点都已注明在图中。

解　选起重机为研究对象。起重机起吊重物并维持平衡时，作用在它上面的力有总自重力 $\boldsymbol{G}$、起吊重力 $\boldsymbol{F}_2$、平衡重力 $\boldsymbol{F}_1$，以及轨道 A 和 B 处的反力 $\boldsymbol{F}_A$ 和 $\boldsymbol{F}_B$，如图 3-12 所示。

起重机能维持平衡并且不翻倒，与平衡重力的选择有关。为了保证起重机在满载时和空载时都不翻倒，必须选择适当的平衡重力 F_1。现在考虑两种最不利的情况：

（1）满载时，即在最大起重力 $F_2=50\text{kN}$ 的作用下，起重机可能绕 B 点向右翻倒。在逼近翻倒时，轮 A 与轨道实际已脱开，起重机仅以 B 点为支点而维持平衡，此时反力 $F_A=0$。由图可知，这时可能使起重机向右倾倒的力矩（取绝对值）为
$$M_q=F_2\times 10=50\times 10=500\ (\text{kN·m})$$
稳定力矩为

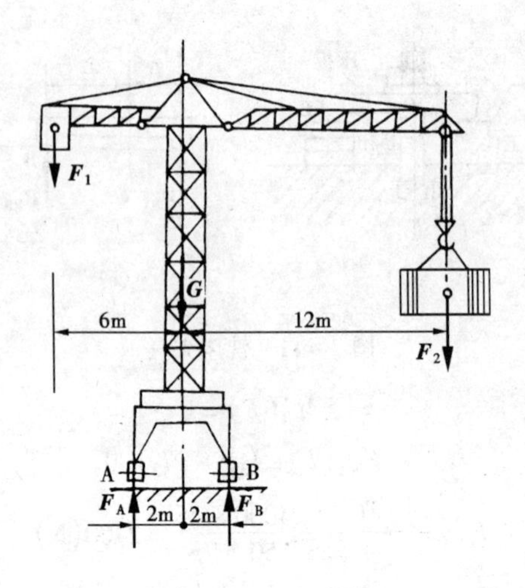

图 3－12　塔式起重机

$$M_w = F_1 \times 8 + G \times 2 = 8F_1 + 440$$

要使起重机不绕 B 点向右翻倒，必须使

$$M_w > M_q$$

即
$$8F_1 + 440 > 500$$

$$F_1 > \frac{500-440}{8} = 7.5\ (\mathrm{kN})\ (方向向下)$$

(2) 空载时，$F_2 = 0$，在平衡重力 F_1 的作用下，起重机可能绕 A 点向左翻倒。在逼近翻倒时，轮 B 与轨道实际已脱开，起重机仅以 A 点为支点而维持平衡，此时反力 $\boldsymbol{F}_B = 0$。由图可见，这时起重机可能向左倾倒的力矩（取绝对值）为

$$M_q = F_1 \times 4 = 4F_1$$

稳定力矩为

$$M_w = G \times 2 = 220 \times 2 = 440\ (\mathrm{kN \cdot m})$$

要使起重机不绕 A 点向左翻倒，必须使

$$M_w > M_q$$

即
$$440 > 4F_1$$

所以
$$F_1 < \frac{440}{4} = 110\ (\mathrm{kN})\ (方向向下)$$

所以，不使起重机翻倒的平衡重力应在下列范围内取一个合适的值：

$$110\text{kN} > F_1 > 7.5\text{kN}$$

实际计算中还要按有关规定考虑必要的安全系数，然后确定 F_1 应该取多大。

第五节 平面一般力系的平衡

平面一般力系是指作用在物体上所有的力都在同一平面内，但是它们的作用线既不汇交于一点，也不互相平行，而是任意分布的力系。如图 3－13 所示，一厂房的屋架，受自重力 $\boldsymbol{G}$ 及屋面荷载 $\boldsymbol{F}$ 的作用，由于 A 点为固定铰支座，B 点为活动铰支座，因此还受约束反力 $\boldsymbol{F}_{Ax}$、$\boldsymbol{F}_{Ay}$、$\boldsymbol{F}_B$的作用。$\boldsymbol{G}$、$\boldsymbol{F}$、$\boldsymbol{F}_{Ax}$、$\boldsymbol{F}_{Ay}$和$\boldsymbol{F}_B$五个力组成了平面一般力系。

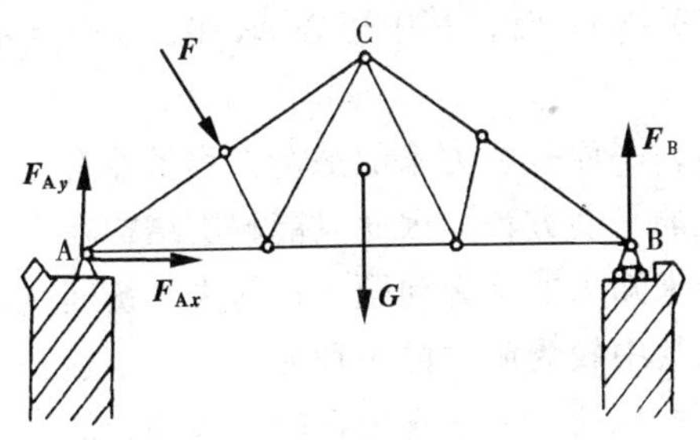

图 3－13 平面一般力系

一、平面一般力系的平衡方程

平面一般力系在平面力系中具有代表性。前面所述的其他几种力系仅是平面一般力系的几种特殊情况。物体在平面一般力系的作用下，如果发生运动，则只能是在力系所在平面内的移动和绕某点的转动。根据以上各种力系的平衡条件，可以推出物体在一般力系作用下，既不发生移动，也不发生转动的静力平衡条件为：各力在平面内任意两个相互垂直的坐标轴上的分力的代数和均等于零，且力系中各力对平面内任意点的力矩的代数和也等于零。即必须同时满足以下三个平衡方程式：

$$\left.\begin{aligned}\Sigma F_x &= 0\\ \Sigma F_y &= 0\\ \Sigma M_o(F) &= 0\end{aligned}\right\} \quad (3-6a)$$

根据三个平衡方程，可以求解三个未知力。

平面一般力系的平衡方程还可以写成如下的两种形式：

$$\left.\begin{aligned}\Sigma F_x &= 0\\ \Sigma M_A(F) &= 0\\ \Sigma M_B(F) &= 0\end{aligned}\right\} \quad (3-6b)$$

$$\left.\begin{aligned}\Sigma M_A(F) &= 0\\ \Sigma M_B(F) &= 0\\ \Sigma M_C(F) &= 0\end{aligned}\right\} \quad (3-6c)$$

运用式(3-6b)时，其中矩心A、B的连线与x轴不能垂直。

运用式（3-6c）时，其中矩心A、B、C三点不能在同一直线上。

必须指出，平面一般力系的平衡方程虽然有三种形式，但是只有三个独立的平衡方程，因此只能解决结构在平面一般力系作用下具有三个未知力的平衡问题。在解决平衡问题时，可根据具体情况，选取其中较为简便的一种形式。为了达到方程中未知数少，易于求解的目的，一般选坐标轴与未知力的方向垂直，并将矩心选在两个未知力的交点上。

二、平面一般力系平衡方程的应用

例3-9 图3-14所示为输电线路中深埋的单柱电杆，杆高$h=9$m，电杆和导线总重力$G=8$kN，重心在电杆的轴线上，横向风力的总压力$F=3$kN，作用于距地面2/3的杆高处。试求电杆根部的约束反力。

解 以电杆为研究对象，并画出受力图。其上作用有主动力$\boldsymbol{G}$和$\boldsymbol{F}$，反力$\boldsymbol{F}_{Ax}$、$\boldsymbol{F}_{Ay}$与反力偶矩$\boldsymbol{T}$。根据平面一般力系平衡方程，由

$$\Sigma F_x = 0$$

得
$$F - F_{Ax} = 0$$

$F_{Ax} = F = 3$（kN）（方向向左）

由
$$\Sigma F_y = 0$$

得
$$-G + F_{Ay} = 0$$

$F_{Ay} = G = 8$（kN）（方向向上）

由
$$\Sigma M_A(F) = 0$$

得
$$-F \times \frac{2}{3}h + T = 0$$

$$T = F \times \frac{2}{3}h = 3 \times \frac{2}{3} \times 9$$

$= 18$(kN·m)(逆时针方向)

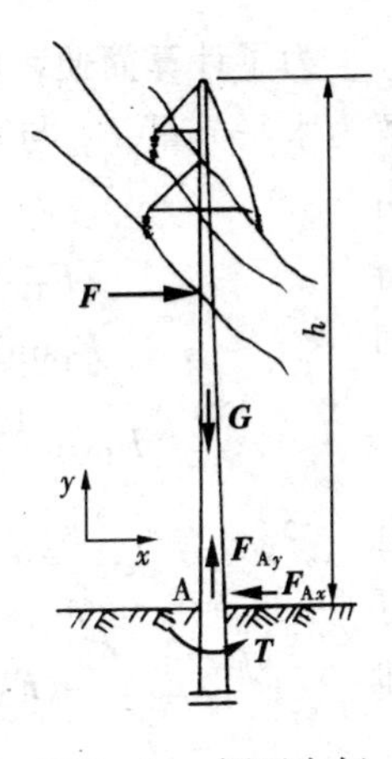

图 3－14　深埋电杆

例 3－10　图 3－15(a)为一悬臂式起重设备，横梁 AB，A 端为固定铰支座，B 端用钢索拉住。如果横梁重力 $G = 1$kN，起吊的重力 $F = 10$kN，试求钢索的拉力与支座反力。

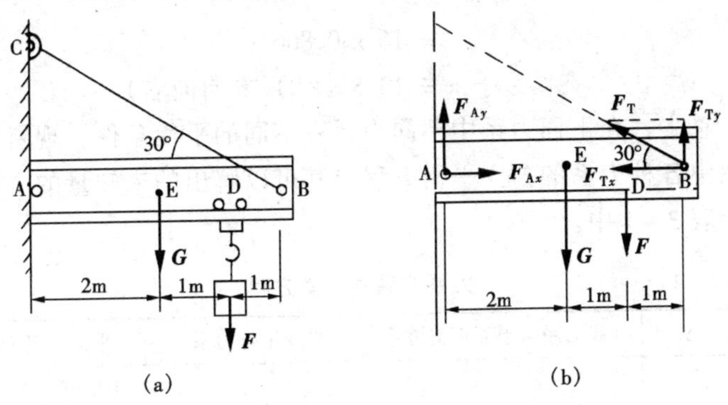

图 3－15　悬臂式起重机

解　取横梁 AB 为研究对象，并作它的受力图。如图 3－15(b) 所示，作用在横梁 AB 上的力共有五个，即横梁重力 $\boldsymbol{G}$、起吊的重力 $\boldsymbol{F}$、钢索的拉力 $\boldsymbol{F}_T$ 及 A 处的支座反力 $\boldsymbol{F}_{Ax}$和 $\boldsymbol{F}_{Ay}$。这五个力组成一个平面一般力系，可以应用三个平衡方程求出三个未知力 $\boldsymbol{F}_T$、$\boldsymbol{F}_{Ax}$和 $\boldsymbol{F}_{Ay}$。

为了计算简便，此题可分别取 A、B 点为矩心，并将 $\boldsymbol{F}_{\mathrm{T}}$ 分解为水平分量 $\boldsymbol{F}_{\mathrm{T}x}$ 与垂直分量 $\boldsymbol{F}_{\mathrm{T}y}$

由
$$\Sigma M_{\mathrm{A}}(F) = 0$$
得
$$F_{\mathrm{T}y}AB - G \cdot AE - F \cdot AD = 0$$
即
$$F_{\mathrm{T}}\sin30° \times 4 - 1 \times 2 - 10 \times 3 = 0$$
$$F_{\mathrm{T}} = \frac{10 \times 3 + 1 \times 2}{0.5 \times 4} = 16(\mathrm{kN})(\text{拉力})$$
由
$$\Sigma M_{\mathrm{B}}(F) = 0$$
得
$$-F_{\mathrm{A}y} \cdot AB + G \cdot EB + F \cdot DB = 0$$
即
$$-F_{\mathrm{A}y} \times 4 + 1 \times 2 + 10 \times 1 = 0$$
$$F_{\mathrm{A}y} = \frac{2 + 10}{4} = 3(\mathrm{kN})(\text{方向向上})$$
由
$$\Sigma F_x = 0$$
得
$$F_{\mathrm{A}x} - F_{\mathrm{T}x} = 0$$
$$F_{\mathrm{A}x} = F_{\mathrm{T}x} = F_{\mathrm{T}}\cos30°$$
$$= 16 \times 0.866$$
$$= 13.86(\mathrm{kN})(\text{方向向右})$$

总之，在平面力系中不同力系有不同的平衡条件，现将平面力系中各种力系的独立平衡方程及其可以解出的未知量的个数归纳于表 3-1 中。

表 3-1　　力系的独立平衡方程

<table>
<tr><th>力　系</th><th>共线力系</th><th>平面汇交力系</th><th colspan="2">平面平行力系</th><th colspan="2">平面一般力系</th></tr>
<tr><td rowspan="3">独立的静力平衡方程</td><td rowspan="3">$\Sigma F_x = 0$</td><td rowspan="3">$\Sigma F_x = 0$
$\Sigma F_y = 0$</td><td rowspan="2">一矩式</td><td>$\Sigma F_x = 0$
$\Sigma M_{\mathrm{o}}(F) = 0$</td><td>一矩式</td><td>$\Sigma F_x = 0$
$\Sigma F_y = 0$
$\Sigma M_{\mathrm{o}}(F) = 0$</td></tr>
<tr><td>$\Sigma F_y = 0$
$\Sigma M_{\mathrm{o}}(F) = 0$</td><td>二矩式</td><td>$\Sigma F_x = 0$
$\Sigma M_{\mathrm{A}}(F) = 0$
$\Sigma M_{\mathrm{B}}(F) = 0$</td></tr>
<tr><td>二矩式</td><td>$\Sigma M_{\mathrm{A}}(F) = 0$
$\Sigma M_{\mathrm{B}}(F) = 0$</td><td>三矩式</td><td>$\Sigma M_{\mathrm{A}}(F) = 0$
$\Sigma M_{\mathrm{B}}(F) = 0$
$\Sigma M_{\mathrm{C}}(F) = 0$</td></tr>
</table>

续表

力　系	共线力系	平面汇交力系	平面平行力系	平面一般力系
能解出未知量的个数	1个	2个	2个	3个

第六节　物体系统的平衡

所谓物体系统平衡，是指不但整个系统是平衡的，而且系统中的每一个组成物体也是平衡的。因此不但作用在系统上的力是平衡力系，而且作用在每一个组成物体上的力也是平衡力系。如图3－16(a)所示，折梯可以看成是由梯子AB和AC，以及绳DE组成的系统，整个折梯处于平衡状态，组成折梯的AB、AC和DE部分也处于平衡状态。

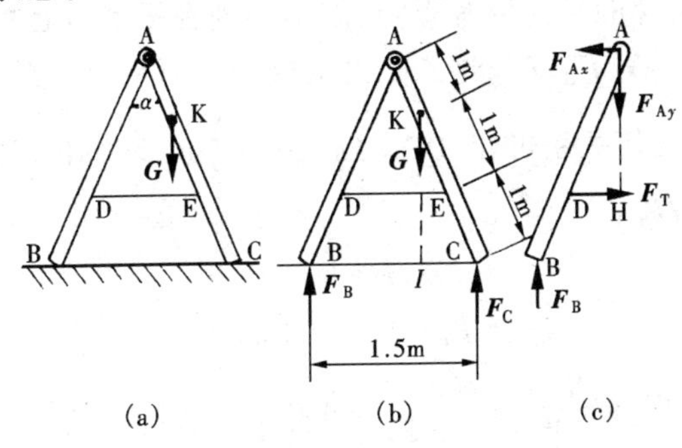

图3－16　折梯

在分析物体系统受力时，要区别外力和内力。一般把系统以外的物体对系统内各物体的作用力称为外力，而把系统内各组成物体间的相互作用力称为内力。如折梯上K点的荷重，以及地面对B、C两点的反力就是外力。梯子AB、AC及绳DE之间的相互作用力就是内力。图3－13中荷载$\boldsymbol{F}$、$\boldsymbol{G}$和支座反力$\boldsymbol{F}_{Ax}$、$\boldsymbol{F}_{Ay}$、$\boldsymbol{F}_{B}$是外力，而组成屋架的各杆件之间的作用力就是内力。当考虑整个系统平衡时，只需分析系统所受的外力，并不需要分析其内力

(因为力是成对出现的,在系统中将相互抵消)。若要求系统中各组成物体之间的内力时,则需选取此组成物体为研究对象。因此,解决物体系统的平衡问题可采取两种方法:第一种,先考虑整个系统的平衡,求得某些未知力,然后再考虑其中某物体的平衡,求出其他未知力;第二种,分别考虑系统中各物体的平衡,以求出所有未知力。现举例如下。

例 3-11 折梯如图 3-16(a)所示,A 点为铰链连接,梯子放在光滑的水平地板上,K 点荷载 $G = 600\text{N}$, $AB = AC = 3\text{m}$, $AD = AE = 2\text{m}$, $AK = 1\text{m}$, $BC = 1.5\text{m}$,梯 AB、AC 自重不计。试求 B、C 两点的约束反力、绳子的拉力及铰链 A 的约束反力。

解 本题宜采取解物体系统平衡的第一种方法进行分析。

(1)为了求得 B、C 两点的约束反力 $\boldsymbol{F}_{\text{B}}$、$\boldsymbol{F}_{\text{C}}$,可先取整个折梯作为研究对象,此时绳子的拉力、铰链 A 的约束反力均属内力,它们对整个折梯的平衡没有影响,故不出现在平衡方程中。折梯受到的外力有 $\boldsymbol{G}$、$\boldsymbol{F}_{\text{B}}$、$\boldsymbol{F}_{\text{C}}$,这三个力组成一平面平行力系。从图 3-16(b)中的几何关系可知,$\text{DE} = 1\text{m}$, $\text{BI} = \frac{2}{3}\text{BC} = 1\text{m}$(证明从略),因此列平衡方程:

由
$$\Sigma M_{\text{B}}(F) = 0$$
得
$$F_{\text{C}} \cdot \text{BC} - G \cdot \text{BI} = 0$$
$$F_{\text{C}} = \frac{G \cdot \text{BI}}{\text{BC}} = \frac{600 \times 1}{1.5} = 400\ (\text{N})\ (\text{方向向上})$$
由
$$\Sigma F_y = 0$$
得
$$F_{\text{C}} + F_{\text{B}} - G = 0$$
$$F_{\text{B}} = G - F_{\text{C}} = 600 - 400$$
$$= 200\ (\text{N})\ (\text{方向向上})$$

(2) 为了求绳子的拉力和铰链 A 的约束反力,必须把梯子拆开来研究,使这些力转化为外力。

取 AB 部分为研究对象。梯子 AB 部分受到已知力 $\boldsymbol{F}_{\text{B}}$、未知的绳子拉力 $\boldsymbol{F}_{\text{T}}$ 和 A 点的铰链约束反力 $\boldsymbol{F}_{\text{A}x}$、$\boldsymbol{F}_{\text{A}y}$ 的作用,如图 3

-16（c）所示，各力组成一平面一般力系，列平衡方程，由

$$\Sigma F_y = 0$$

得

$$F_B - F_{Ay} = 0$$

$$F_{Ay} = F_B = 200 \text{ (N) (方向向下)}$$

由

$$\Sigma M_A(F) = 0$$

得

$$-F_B \times \frac{1}{2}BC + F_T AH = 0$$

$$F_T = \frac{\frac{1}{2}F_B \cdot BC}{AH} = \frac{\frac{1}{2} \times 200 \times 1.5}{\sqrt{2^2 - 0.5^2}}$$

$$= 77.5 \text{ (N) (方向向右)}$$

由

$$\Sigma F_x = 0$$

得

$$F_T - F_{Ax} = 0$$

$$F_{Ax} = F_T = 77.5 \text{ (N) (方向向左)}$$

例 3-12 图 3-17（a）为混凝土电杆起吊示意图。OD 为起吊时用的抱杆，A 为固定滑轮，B、C 为电杆的两个吊点，已知分固定绳拉力 $F_1 = 2.42\text{kN}$，各绳间的夹角如图所示。试求总固定绳拉力 $\boldsymbol{F}_3$、牵引绳拉力 $\boldsymbol{F}_5$ 及抱杆受力 $\boldsymbol{F}_4$。

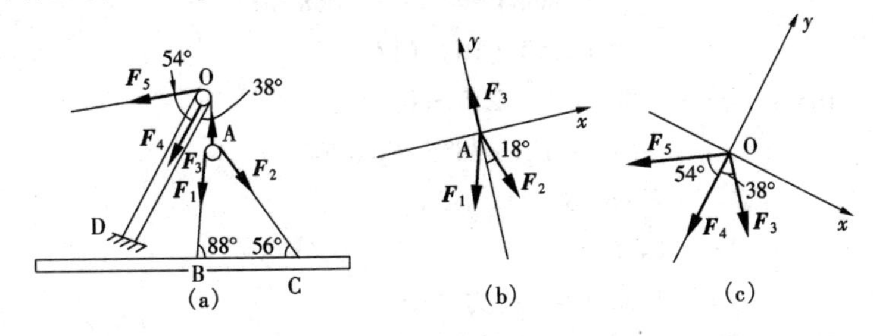

图 3-17 电杆起吊受力分析

解 因为起吊速度很慢，所以在每一瞬间可以把整个起吊系统看作处于静力平衡状态。根据平衡方程求未知力时，必须先从与已知力直接有关的力开始。此题宜采取第二种方法分析。

（1）选取 A 点作为研究对象，其上作用有已知力 $\boldsymbol{F}_1$ 与未知

力 $\boldsymbol{F}_2$ 及 $\boldsymbol{F}_3$，它们相交于 A 点构成一平面汇交力系。在 A 点建立直角坐标并使 y 轴与 F_3 的作用线重合，其受力图和坐标轴如图 3 - 17（b）所示，图中 $\boldsymbol{F}_2$、$\boldsymbol{F}_3$ 两力的指向均背离 A 点（柔索），如不计滑车与绳之间的摩擦，则 $F_1 = F_2$。由于 $\boldsymbol{F}_1$ 与 $\boldsymbol{F}_2$ 之间的夹角为 36°，所以它们与 y 轴的夹角各为 18°，列平衡方程：

由
$$\Sigma F_y = 0$$
得
$$F_3 - F_1\cos18° - F_2\cos18° = 0$$
$$F_3 = 2F_1\cos18° = 2 \times 2.42 \times 0.9510$$
$$= 4.60\ (\text{kN})\ (\text{拉力})$$

（2）取 O 点为研究对象，其上作用有已知力 $\boldsymbol{F}_3$ 及未知力 $\boldsymbol{F}_5$ 和 $\boldsymbol{F}_4$，它们相交于 O 点构成一平面汇交力系，取 y 轴与 $\boldsymbol{F}_4$ 力作用线重合，其受力图及其坐标轴如图 3 - 17（c）所示。图中 $\boldsymbol{F}_5$ 和 $\boldsymbol{F}_4$ 两力的指向是假定的，列平衡方程：

由
$$\Sigma F_x = 0$$
得
$$F_3\sin38° - F_5\sin54° = 0$$
$$F_5 = \frac{F_3\sin38°}{\sin54°} = 4.60 \times \frac{0.6157}{0.8090}$$
$$= 3.50\ (\text{kN})\ (\text{拉力})$$

由
$$\Sigma F_y = 0$$
得
$$-F_4 - F_3\cos38° - F_5\cos54° = 0$$
$$F_4 = -F_3\cos38° - F_5\cos54°$$
$$= -(4.60 \times 0.7880 + 3.50 \times 0.5878)$$
$$= -5.68(\text{kN})(\text{压力})$$

计算结果力 F_4 为负值，表明实际方向与原假定的相反，F_4 为压力。

在工程中常遇到有的物体虽然受到的力不是处于同一平面内，但物体具有一个对称面，也可以先把这些力简化到它的对称平面中去，然后加以解决。如正在匀速行驶的卡车、正在整体起立的门形电杆（见图 6-21），都可以把它们的受力简化到对称平面中考虑。

复习题

一、填空题

1. 平面汇交力系合成的结果是一个____，它等于力系各分力在汇交点上的____和。

2. ____力系的基本平衡方程是：$\Sigma F_y=0$，$\Sigma M_o(F)=0$。

3. 为便于解题，力系平衡方程的坐标轴方向应尽量与____平行或垂直，矩心应取____作用点或作用线交点。

4. 在符合三力平衡条件的平衡刚体上，三力一定构成____力系。

5. 力多边形法则只能解决____力系的合成或平衡问题。

6. 用____法求解平面汇交力系的合力，具有直观性强，精确度差的特点。

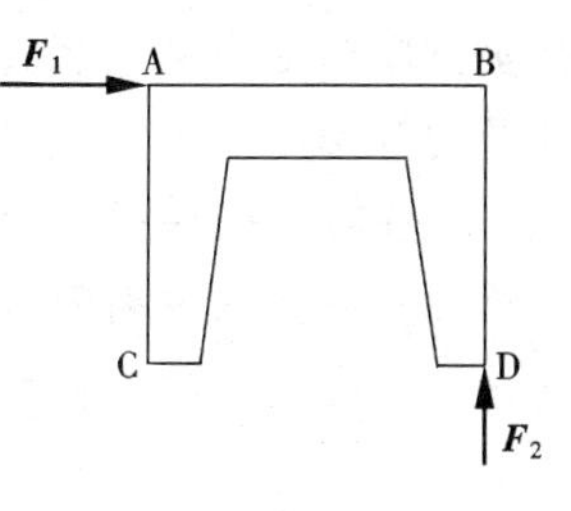

图 3－18　题一－7

7. 图 3－18 所示刚架，A、D 两点上力 $\boldsymbol{F}_1$、$\boldsymbol{F}_2$ 的作用线交于 B 点，若在 C 点加力 $\boldsymbol{F}_3$ 并使刚架平衡，则力 $\boldsymbol{F}_3$ 的作用线一定通过____点，且指向____方。

8. 平衡方程$\Sigma M_A(F)=0$、$\Sigma M_B(F)=0$、$\Sigma F_x=0$适用于____力系，其使用限制条件为____________。

9. 平衡方程$\Sigma M_A(F)=0$、$\Sigma M_B(F)=0$、$\Sigma M_C(F)=0$的使用限制条件为____________。

10. 分析物体系统的平衡问题时，受力图上不能画出____力，即不拆开的两部分之间的相互作用力。当研究其上某一部分的平衡时，应注意该部分与其他部分的内力____关系。

二、判断题（在题末括号内作记号："√"表示对，"×"表示错）

1. 只要正确列出平衡方程，则无论坐标轴方向及矩心位置

如何取定，未知量的最终计算结果总应一致。 （ ）

2. 坐标轴的取向不影响最终计算结果，故列平衡方程时选择坐标轴指向无实际意义。 （ ）

3. 平面一般力系的平衡方程可用以求解各种平面力系的平衡问题。 （ ）

4. 平面一般力系中的各力作用线必须在同一平面上任意分布。 （ ）

5. 平面汇交力系的合力，等于各分力在相互垂直两坐标轴上投影的代数和。 （ ）

6. 若用平衡方程解出未知力为负值，则表明：(1) 该力的真实方向与受力图上假设的方向相反（ ）；(2) 该力在坐标轴上的投影一定为负值。 （ ）

7. (1) 平面平行力系的平衡方程可写成两种形式（ ）；(2) 一种形式的平衡方程最多可解两个未知量（ ）；(3) 根据 (1)、(2) 可知，利用平面平行力系的平衡方程最多可求解四个未知量。 （ ）

8. 若一平面汇交力系在 x、y 轴上的投影大小 $|\Sigma F_x|$、$|\Sigma F_y|$ 已确定，则该力系合力的大小 $|F_R|$ 确定（ ），F_R 的真实方向也确定。 （ ）

9. 对物体系统作受力分析时，受力图上不画系统以外的其他物体（ ），但系统受到的外力及系统内各构件之间的作用力必须全部划出。 （ ）

三、选择题

1. 平面汇交力系的合力一定等于____：(1) 各分力的代数和；(2) 各分力的矢量和；(3) 零。

2. 图 3 - 19 ____为合力不为零的平面汇交力系的力多边形。

3. 若某刚体在四个分力构成的平面汇交力系作用下静止，则图 3 - 20 所示两个力多边形____：(1) 只有一个正确；(2) 都正确；(3) 都不正确。

4. 若某刚体在平面一般力系作用下平衡，则此力系各分力

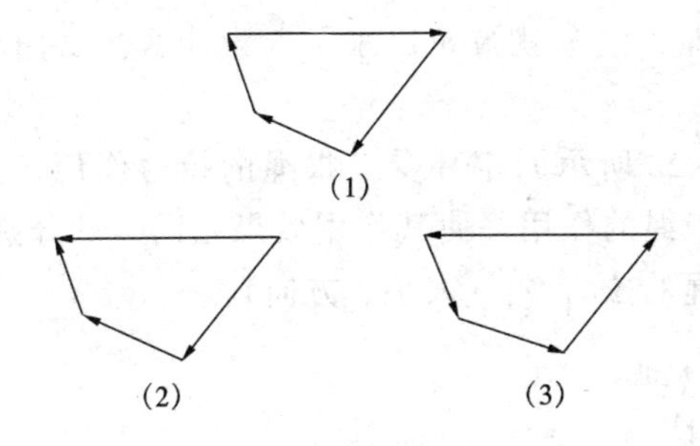

图 3－19　题三－2

对刚体____之矩的代数和必为零：(1) 特定点；(2) 重心；(3) 任意点；(4) 坐标原点。

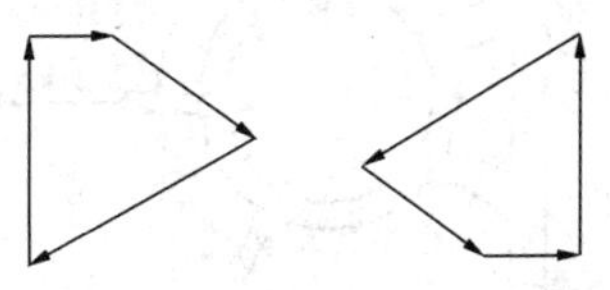

图 3－20　题三－3

5. 平面一般力系的平衡条件是____：(1) 合力为零；(2) 合力矩为零；(3) 各分力对某坐标轴投影的代数和为零；(4) 合力和合力矩均为零。

6. 为便于解题，力矩平衡方程的矩心应取在____上：(1) 坐标原点；(2) 未知力作用点；(3) 任意点；(4) 两未知力作用线交点。

7. 为便于解题，力的投影平衡方程的坐标轴方向一般应按____方向取定：(1) 水平或铅垂；(2) 任意；(3) 与多数未知力平行或垂直。

四、问答、计算题

1. 如图 3－21 所示，汽车陷入泥坑时，司机用钢丝绳的一端系在汽车上，另一端拉紧并缠绕在大树上，这时司机只要沿力

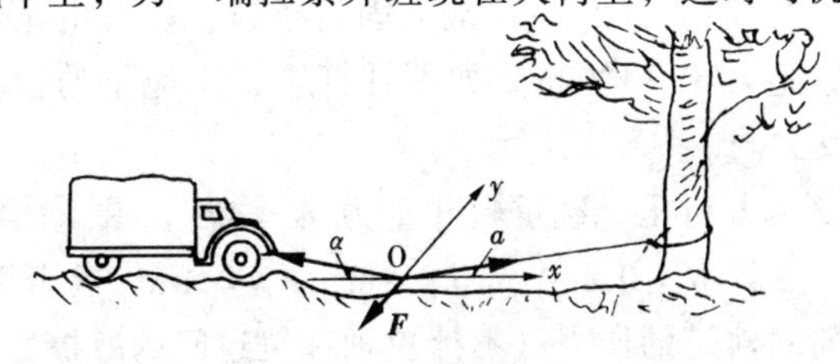

图 3－21　题四－1

$\boldsymbol{F}$ 的方向拉绳，汽车就被拉出来了，为什么？试用受力分析来说明。

2. 图 3－22 所示固定环受三根绳的拉力作用，如用另一根绳代替这三根绳的作用，使其作用效果相同，试分别用图解法、数解法求该绳的拉力 F_T（大小、方向）。

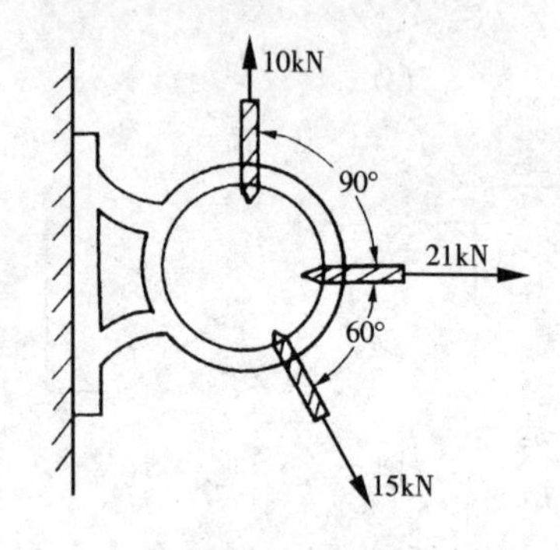

图 3－22　题四－2

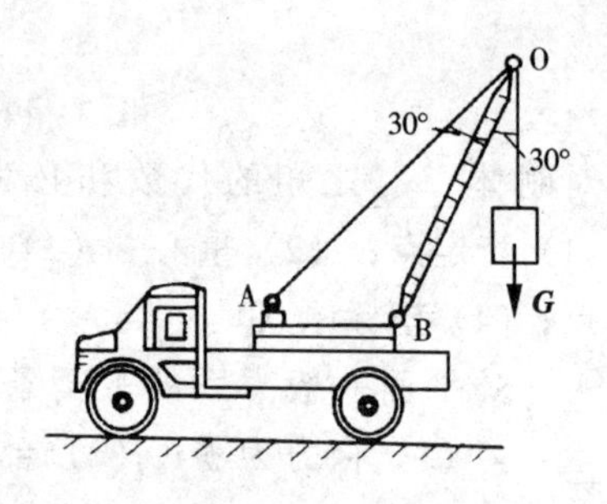

图 3－23　题四－3

*3. 汽车起重机如图 3－23 所示，当吊起重力 $G=10\text{kN}$ 的重物时，求钢丝绳 AO 和杆 BO 所受的力（杆重不计）。

4. 钢丝绳拔桩装置如图 3－24 所示。钢丝绳 AB 段与 BD 段分别是铅垂线与水平线，BC 段和 ED 段分别与铅垂线及水平线的夹角为 α，且 $\text{ctg}\alpha=10$。如 O 点拉力为 F，求作用于桩上 A 点的拉力。

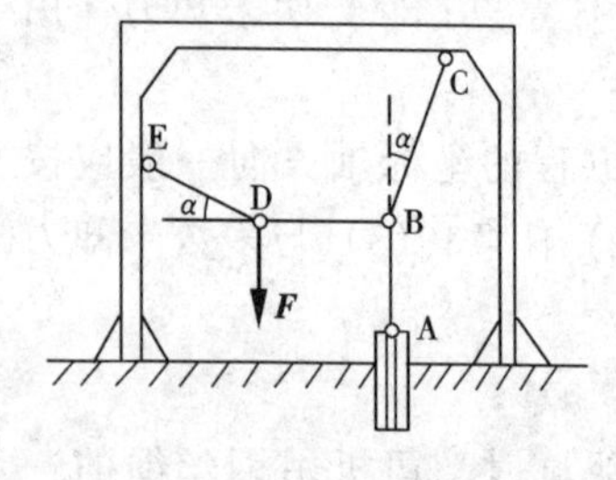

图 3－24　题四－4

5. 图 3－25 所示水平杆 AB，A 端为固定铰链，C 点用绳索系于墙上。已知铅垂力 $F=1200\text{N}$，如不计杆重，求绳子的拉力及铰链 A 的约束反力。

6. 图 3－26 所示，载重料斗重力 $G=4\text{kN}$，沿 $\alpha=45°$的斜坡匀速提升，已知 $a=0.8\text{m}$，$b=0.9\text{m}$，$c=0.1\text{m}$。求牵引力 $\boldsymbol{F}$ 和料斗的两轮对轨道的压力（不计轮轴和轨道间的摩擦力）。

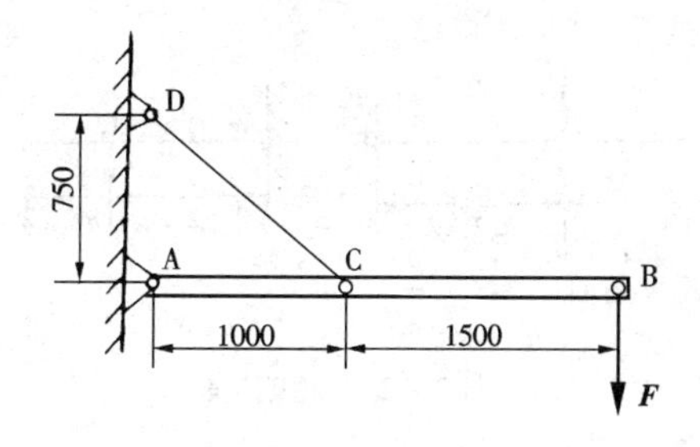

图 3－25　题四－5

7. 如图 3－27 所示，某液压式汽车起重机全部固定部分（包括汽车自重）总重力 $G_1 = 60\text{kN}$，旋转部分总重力 $G_2 = 20\text{kN}$，$a = 1.4\text{m}$，$b = 0.4\text{m}$，$l_1 = 1.85\text{m}$，$l_2 = 1.4\text{m}$。试求：(1) 当 $d = 3\text{m}$，起吊重力 $G = 50\text{kN}$ 时，支撑腿 A、B 所受地面约束反力；(2) 当 $d = 5\text{m}$ 时，为了保证起重机不致倾斜，问最大起吊重力为多大？

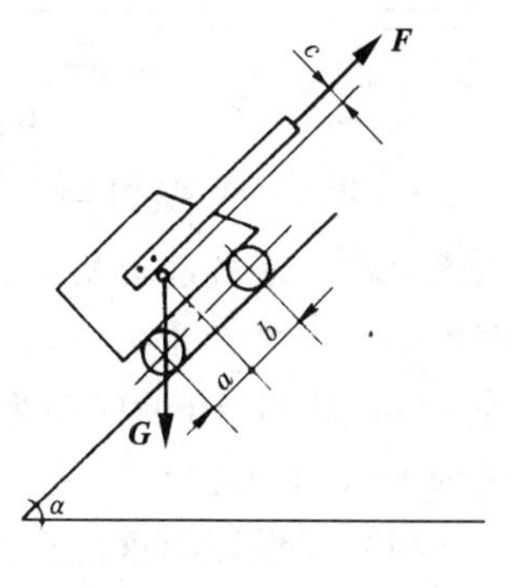

图 3－26　题四－6

*8. 分别求图 3－28 (a)、(b) 所示悬臂梁固定端的约束反力。梁上作用力 F 和力偶矩 T 均已知（梁自重不计）。

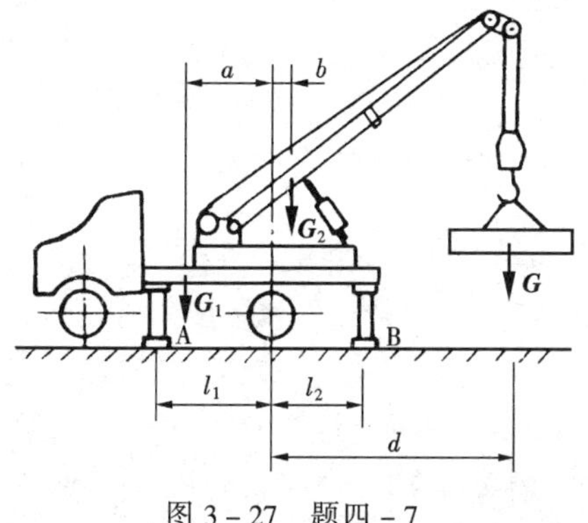

图 3－27　题四－7

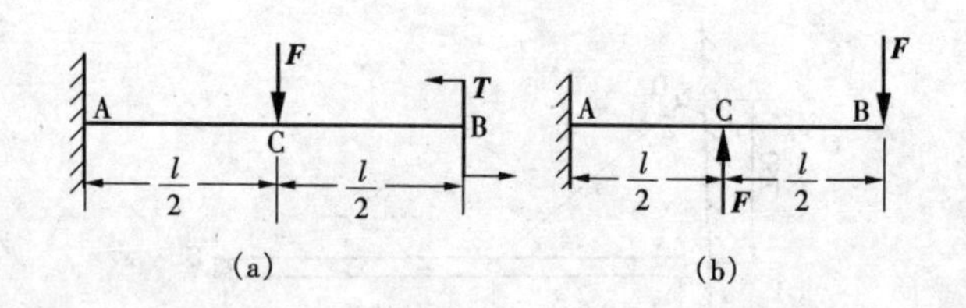

图 3-28　题四-8

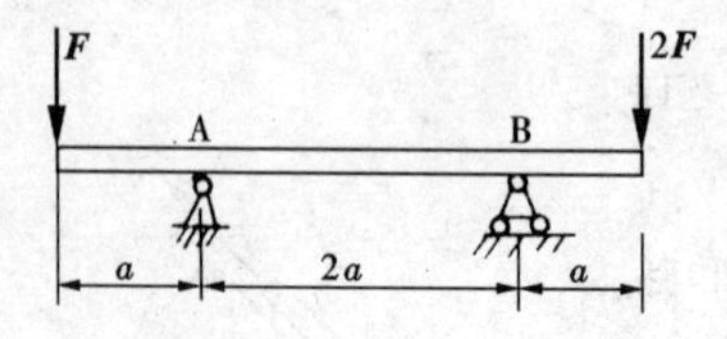

图 3-29　题四-9

9. 图 3-29 为两端外伸梁，在两端分别受 F、$2F$ 力作用。求 A、B 支座的约束反力（梁自重不计）。

*10. 图 3-12 所示的一可沿轨道移动的塔式起重机，若机身自重 $G = 150$kN，作用线通过塔架中心。最大起重力 $F_2 = 40$kN，其他尺寸不变，即最大悬臂长为 12m，轨道 AB 的间距为 4m，平衡块重力 F_1 到机身中心线距离为 6m。试求：

（1）能保证起重机在满载和空载时都不致翻倒的平衡块的重力 F_1；

（2）当平衡块重力 $F_1 = 20$kN，而起重机满载时，求轨道对轮子 A、B 的反作用力。

摩　　擦

在分析物体受力时，如果假定物体表面是绝对光滑的，就可以忽略物体间的摩擦。事实上，完全光滑的物体表面并不存在。不过，当所研究的问题中摩擦影响很小时，为了简化计算，可以不考虑摩擦。但是，工程中有些问题却不能忽略摩擦的影响，甚至有时摩擦起着很重要的作用。如各种车辆的刹车就是靠摩擦力来阻止车轮滚动的，螺旋千斤顶的螺杆和螺母接触也是靠摩擦力才不致自动松退的。但是，摩擦也带来了许多不利因素，如摩擦使零件磨损、机器发热、效率降低。因此，要正确理解和解决好这些问题，必须对摩擦问题加以研究。

第一节　摩擦力的性质

一、滑动摩擦力

当两个相互接触的物体之间有相对滑动或相对滑动的趋势时，在它们的接触表面之间就会产生一种阻碍物体滑动的阻力，这就是滑动摩擦力。滑动摩擦力有两种类型，一种是静滑动摩擦力，简称静摩擦力；另一种是动滑动摩擦力，简称动摩擦力。静摩擦力是在尚未发生相对滑动时产生的。动摩擦力是在相对滑动时产生的。

可以认为，滑动摩擦力主要是由于接触表面间的凹凸不平所引起的。图 4-1 表示两个相互接触的物体表面间的放大情况。从图中可以看出，有一部分是凹凸啮合的。这样，当两个物体有相对滑动趋势时，它们的凹凸部分相互碰撞或相互嵌入就造成阻碍运动的摩擦力。这种摩擦力的方向和物体运动趋势或运动方向相反。

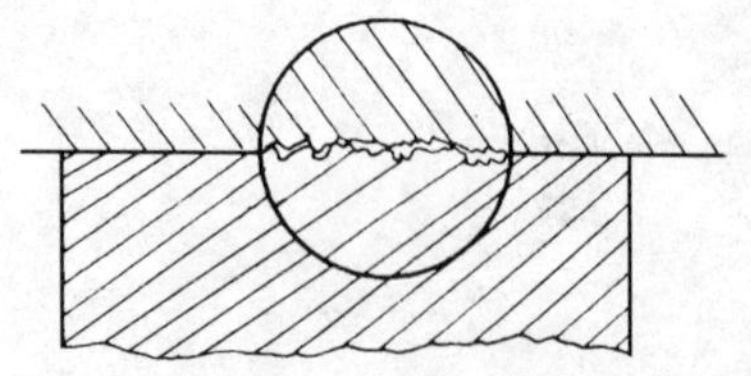

图 4-1　两个相互接触物体的表面

二、滑动摩擦力的性质

图 4-2（a）所示为测定摩擦力性质的实验。物块（如木块）用绳子与悬挂的砝码连接。由于盘子与砝码产生的重力，通过绳子有一水平拉力 F_T 作用于物块上，使物块有沿桌面滑动的趋势。实验指出，只要拉力 F_T 不超过某一限度，物块始终保持静止。这说明支承面除了对物块有法向反力 F_N 外，必定还有一个与力 F_T 相反的阻力（沿接触面切向），其受力图如图 4-2（b）所示，由 $\Sigma F_x = 0$，$\Sigma F_y = 0$ 知，$F = F_T$，$F_N = G$。

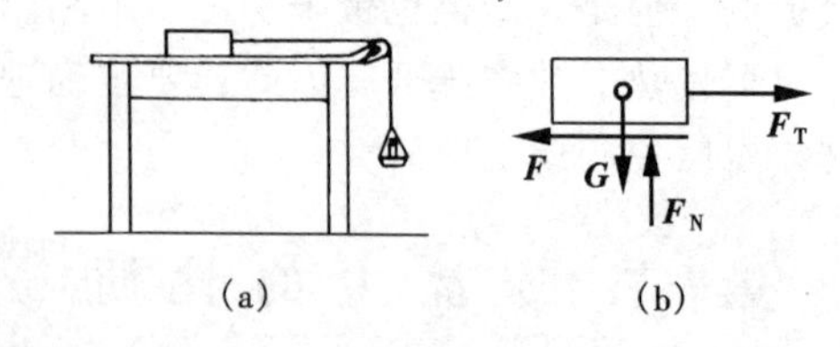

图 4-2　摩擦力实验（一）

随着砝码的增多，力 F_T 也增大，物块运动的趋势增强，而与此同时摩擦力 F 也在相应地增大，所以 F 与 F_T 继续保持平衡。但是，这种情形并不能无限制地继续下去。实验证明，当力 F_T 的大小达到并将要超过某一极限时，物块将由静止开始向右滑动。这说明摩擦力 F 的增大有一定的限度，在物块显然还处于静止，但已逼近滑动时达到某一最大值 F_{max}，F_{max} 称为最大静摩擦力。可见静摩擦力只能在一定范围（$0 < F < F_{max}$）内变化。静摩擦力的方向与接触面相对滑动趋势的方向相反。

如图 4-3（a）所示，如果将第二块相同的物块加在第一块上，则会发现最大静摩擦力 F_{max} 增大到 2 倍；如果再加上一块，F_{max} 就增大到 3 倍。又如图 4-3（b）所示，将三块物块放平，虽然接触面积增大到 3 倍，但物块正压力之和与图 4-3（a）相同。实验结果表明，最大静摩擦力 F_{max} 也与图 4-3（a）中的

F_{max}相同。可见，最大静摩擦力与正压力有关，与接触面积大小无关。正压力越大，F_{max}也越大。不过，应该注意的是，如果物块表面情况（如粗糙程度）不完全一样，则测得的结果会有些出入。

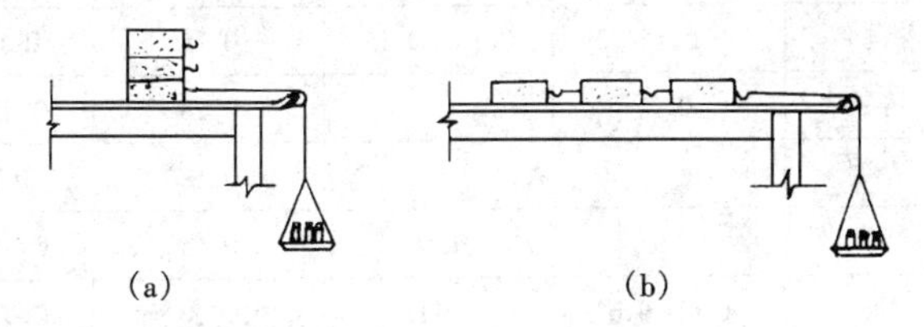

图 4-3　摩擦力实验（二）

实验证明，最大静摩擦力 F_{max}的大小与接触面间的正压力 $\boldsymbol{F}_N$ 的大小成正比，即

$$F_{max} = \mu F_N \tag{4-1}$$

这就是静摩擦定律。式（4-1）中 μ 称为静摩擦系数。它与相接触的两个物体的材料、表面粗糙程度、温度和湿度及润滑情况等有关，但与接触面积的大小无关。在一般场合，摩擦系数可查表得到（参考表 4-1），但在重要场合，必须根据具体工作情况，由实验测定。

实验同样可以证明，物体的动摩擦力 F'的大小也与接触面间正压力 F_N 成正比，可以写成：

$$F' = \mu' F_N \tag{4-2}$$

式中 μ'称为动摩擦系数。它小于静摩擦系数 μ，即 $\mu' < \mu$。μ'也与接触物体的材料和接触表面的情况有关，同时还与物体的相对滑动速度有关。动摩擦力的方向与物体滑动的方向相反。

表 4-1 为几种常用材料的滑动摩擦系数。

表 4-1　　　　几种常用材料的滑动摩擦系数

材料名称	静摩擦系数 μ		动摩擦系数 μ'	
	无润滑剂	有润滑剂	无润滑剂	有润滑剂
钢—钢	0.15	0.1～0.12	0.15	0.05～0.10
钢—铸铁	0.3		0.18	0.05～0.15

续表

材料名称	静摩擦系数 μ		动摩擦系数 μ'	
	无润滑剂	有润滑剂	无润滑剂	有润滑剂
钢—青铜	0.15	0.10～0.15	0.15	0.1～0.15
软钢—铸铁	0.2		0.18	0.05～0.15
软钢—青铜	0.2		0.18	0.07～0.15
铸铁—铸铁		0.18	0.15	0.07～0.12
木材—木材	0.4～0.6	0.1	0.2～0.5	0.07～0.15
橡皮—铸铁			0.8	0.5
橡皮—混凝土			0.7	
皮革—铸铁	0.3～0.5	0.15	0.6	0.15

三、滚动摩擦力

当一个物体沿着另一个物体的表面滚动时，所产生的摩擦力叫滚动摩擦力。物体滚动时比滑动时阻力小，即省力，所以在生产中广泛利用滚动代替滑动。如在运输作业中利用滚杠就是实例(见图 4－4)。

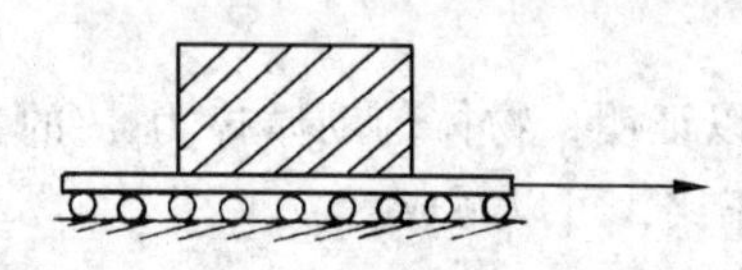

图 4－4　滚杠实例

图 4－5 表示一重力为 G 的轮子在水平力 F_1 作用下向前滚动。由于轮子和支承面都不是绝对的刚体，所以在力作用下，轮子发生变形，而支承面将被挤压出一个小坑，并且在轮子前方形成一个凸起部分。显然，轮子向前滚动时，就必须越过这个凸起部分。凸起部分对轮子的全约束反力 F_R 可以分解为垂直反力 F_N 和水平反力 F_2。这个水平反力 F_2 就是轮子向前运动时遇到的阻力。

如果轮子在力 F_1 作用下有滚动趋势，而轮子此时仍处于平衡状态，则 F_1 和 F_2 是大小相等方向相反的两个力，即一对力

偶，G 和 F_N 也是一对力偶，且它们的力偶矩的数值相等。即

$$F_N\delta = F_1 r$$

由此可知，物体将滚动可又未滚动时，滚动摩擦力偶的力偶矩 T 与法向反力 F_N 成正比，用公式表示为

$$T = \delta F_N \qquad (4-3)$$

这就是滚动摩擦定律。式（4－3）中比例常数 δ 称为滚动摩擦系数。它是有长度单位的量，通常取 cm 或 mm 为单位。滚动摩擦系数 δ 与材料、接触面的状况有关。几种常用材料的 δ 值列于表 4－2 中。

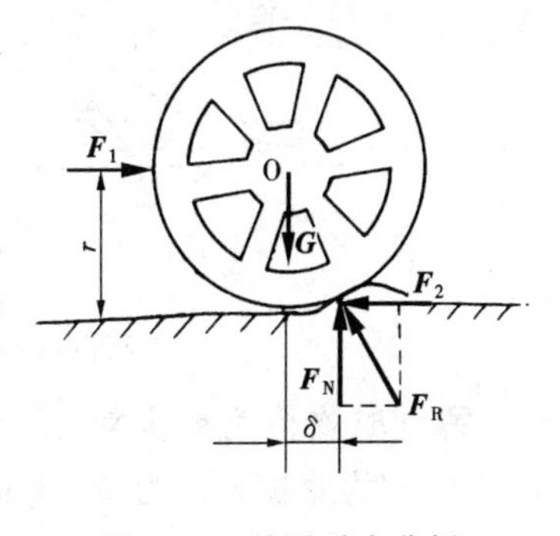

图 4－5　轮子受力分析

表 4－2　　**几种常用材料的滚动摩擦系数**

材料名称	滚动摩擦系数 δ（cm）	材料名称	滚动摩擦系数 δ（cm）
软钢—软钢	0.005	铸铁轮或钢轮—钢轨	0.05
铸铁—铸铁	0.005	木—木	0.05～0.08
淬过火的钢—淬过火的钢	0.001	橡胶—混凝土	0.3

第二节　考虑摩擦时物体的平衡问题

考虑摩擦时，作用在物体上的力系中应包括摩擦力，不管是画受力图还是列平衡方程，都应包括摩擦力。同时，摩擦力还应满足式（4－1）或式（4－2）的条件。现通过例题来说明考虑摩擦时物体平衡问题的解法。

例 4－1　用绳拉一重力 $G = 500\text{N}$ 的物体在水平面上滑动，如图 4－6（a）所示。若已知物体与地面的摩擦系数 $\mu' = 0.2$，绳和水平方向成 30°角。试求物体被拉动时绳的拉力 F。

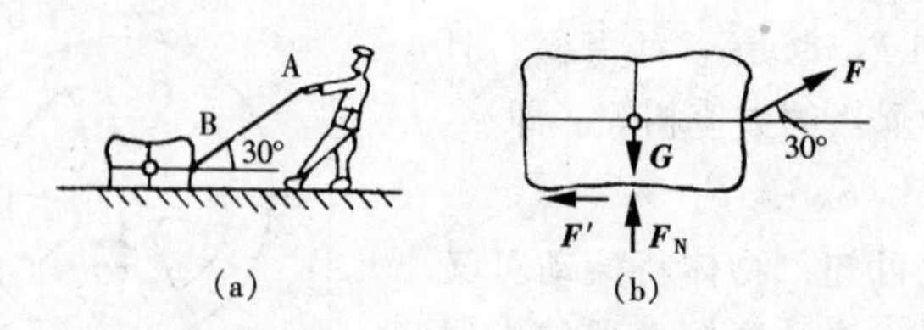

图 4-6　绳拉物体

解　取物体为研究对象，并画受力图，如图 4-6（b）所示。力 F'为摩擦力，力 F_N 为正压力。此力系可近似看成是平面汇交力系。

列平衡方程：

$$\Sigma F_x = 0 \qquad F\cos30° - F' = 0 \qquad ①$$

$$\Sigma F_y = 0 \qquad F\sin30° - G + F_N = 0 \qquad ②$$

并且

$$F' = \mu' F_N \qquad ③$$

把式③代入式①得

$$F\cos30° - \mu' F_N = 0$$

所以

$$F_N = \frac{F\cos30°}{\mu'} = \frac{0.866F}{0.2} = 4.33F \qquad ④$$

把式④代入式②得

$$F\sin30° - G + 4.33F = 0$$

$$F = \frac{G}{\sin30° + 4.33} = \frac{500}{0.5 + 4.33} = 103.52 \text{ (N)}$$

所以，绳对物体的拉力为 103.52N。

例 4-2　一个升降混凝土的吊罐如图 4-7（a）所示。混凝土和吊罐的重力 $G = 25\text{kN}$，吊罐与滑道间的摩擦系数 $\mu = 0.30$，滑道与地面的夹角为 70°。试求吊罐将要上升时绳子的拉力 F_T。

解　取吊罐为研究对象。当吊罐将要上升时，它所受的力为重力 $\boldsymbol{G}$、正压力 $\boldsymbol{F}_N$、绳子的拉力 $\boldsymbol{F}_T$ 和向下的最大静摩擦力 $\boldsymbol{F}_{max}$如图 4-7（b）所示，此力系也可近似看成是平面汇交力系。

建立直角坐标，列平衡方程：

$$\Sigma F_x = 0 \qquad F_T - G\sin70° - F_{max} = 0 \qquad ①$$

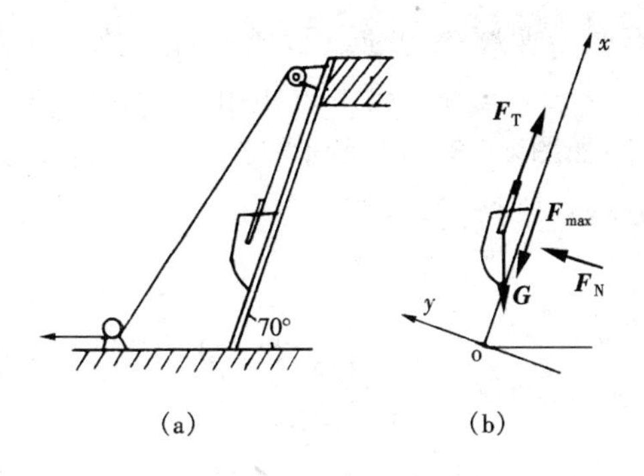

图 4－7　升降吊罐

$$\Sigma F_y = 0 \qquad F_N - G\cos 70° = 0 \qquad ②$$

并且 $$F_{max} = \mu F_N \qquad ③$$

由式②得　　$F_N = G\cos 70° = 25 \times 0.342 = 8.55$（kN）

将 F_N 值代入式③得　$F_{max} = \mu F_N = 0.30 \times 8.55 = 2.57$（kN）

再将 F_{max} 值代入式①得

$$F_T = G\sin 70° + F_{max} = 25 \times 0.940 + 2.57 = 26.07 \text{（kN）}$$

例 4－3　起重设备常用双块式电磁制动器制动。制动轮直径 $D = 60$cm，受一主动力偶矩 $T = 150$N·m 的作用如图 4－8（a）所示。若制动轮与制动块之间的摩擦系数 $\mu = 0.25$，问欲使制动轮停止，需加在制动块上的压力 F 至少应多大？

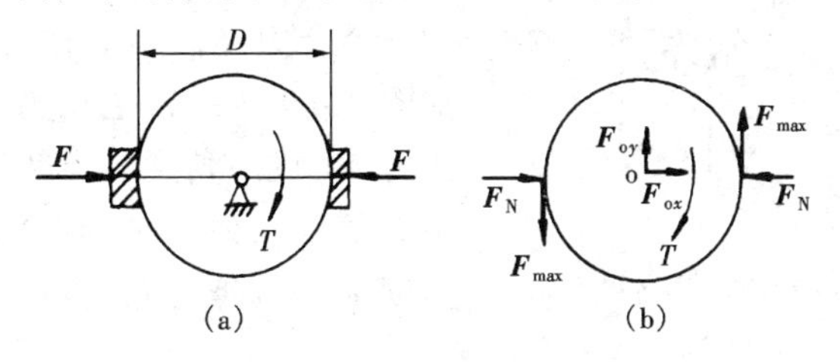

图 4－8　起重设备制动器

解　取制动轮为研究对象，作用于轮上的已知力偶矩为 T（顺时针方向），未知力为两侧制动块对制动轮的正压力 F_N（$F_N = F$），其作用线沿接触点的公法线，二力位置对称。当轮处于临界平衡状态时，两摩擦力 F_{max}形成一对力偶，其方向与制动轮转动的方向相反。此外，轮上还作用有支点的约束反力 $\boldsymbol{F}_{ox}$、$\boldsymbol{F}_{oy}$，其受力图如图 4-8（b）所示。

列平衡方程：

$$\Sigma M_o(F) = 0$$

$$2F_{max}\frac{D}{2} - T = 0 \quad ①$$

并且
$$F_{max} = \mu F_N \quad ②$$

将式②代入式①得
$$\mu F_N D - T = 0$$

得
$$F_N = \frac{T}{\mu D} = \frac{150}{0.25 \times 0.6} = 1000 \text{（N）}$$

$$F = F_N = 1000\text{N}$$

所以加在制动块上的压力 F 至少应为 1000N。

第三节　自　　锁

一、摩擦角

从上两节的讨论中已经知道，当有摩擦时，接触面对物体的约束反力包括正压力 $\boldsymbol{F}_N$ 和切向反力即摩擦力 $\boldsymbol{F}$，$\boldsymbol{F}_N$ 与 $\boldsymbol{F}$ 可以合成为一个合力 $\boldsymbol{F}_R$，$\boldsymbol{F}_R$ 称为全反力。如图 4-9 所示，全反力 $\boldsymbol{F}_R$ 与正压力 $\boldsymbol{F}_N$ 成一角度。当摩擦力达到最大值 F_{max}时，$\boldsymbol{F}_R$ 与 $\boldsymbol{F}_N$ 所成的角度 φ 称为摩擦角。由图 4-9 可见

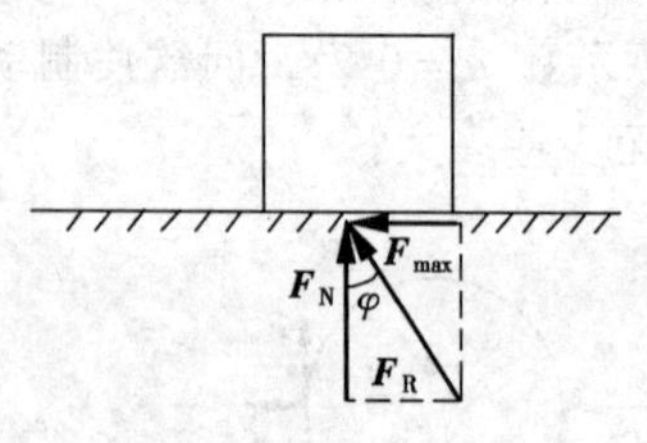

图 4-9　摩擦角

$$\text{tg}\varphi = \frac{F_{max}}{F_N} = \frac{\mu F_N}{F_N} = \mu$$

即摩擦角的正切等于静摩擦系数。

图 4-10（a）是测定摩擦系数的一种简单装置。平面 OA 可

以绕 O 点转动，因而能与水平面成任意角度。

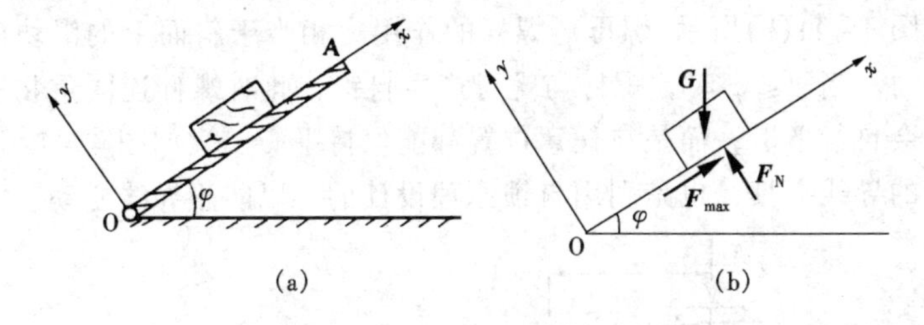

图 4 - 10　测定摩擦系数的装置

如果欲测某两种材料之间的摩擦系数，就可将这两种材料分别做成物块和斜面，并使接触面情况符合预定要求。把物块放在斜面上，逐渐增大斜面的倾角直到物块开始下滑，此时斜面与水平面的夹角即为摩擦角 φ。两种材料之间的摩擦系数 μ 就等于 φ 的正切，即 $\mu=\text{tg}\varphi$。现证明如下：

如图 4 - 10（b）所示，物块刚要开始滑动时，其上作用有重力 G，正压力 F_N 和最大静摩擦力 F_{max}，列平衡方程

$$\Sigma F_x=0 \qquad F_{max}-G\sin\varphi=0 \qquad ①$$

$$\Sigma F_y=0 \qquad F_N-G\cos\varphi=0 \qquad ②$$

并且
$$F_{max}=\mu F_N \qquad ③$$

由式①得
$$F_{max}=G\sin\varphi$$

由式②得
$$F_N=G\cos\varphi$$

将上面两式代入式③得

$$G\sin\varphi=\mu G\cos\varphi$$

所以
$$\mu=\text{tg}\varphi$$

二、自锁

从测定静摩擦系数的实验中可知，当斜面的倾角小于或等于摩擦角时，物体尽管有向下滑动的趋势，但仍能保持静止状态。此时物体的重力对其是否能够滑动没有影响，这种现象叫做自锁。所以斜面的自锁条件是斜面的倾角 α 小于或等于摩擦角 φ。

机械工程中常利用自锁原理设计一些机构或夹具。如图

4－11(a)所示的螺旋千斤顶，螺旋升角 α 实际上是斜面的倾角α 如图 4－11(b)所示,螺母对螺杆的作用力相当于斜面上的滑块的重力。当 $\alpha \leqslant \varphi$ 时，螺杆与螺母产生自锁，此时螺杆连同重物就不会自行下滑，而是在任意位置都能保持平衡。又如图 4－12 所示的导线夹具，也是利用自锁原理设计的，以防止导线松动。

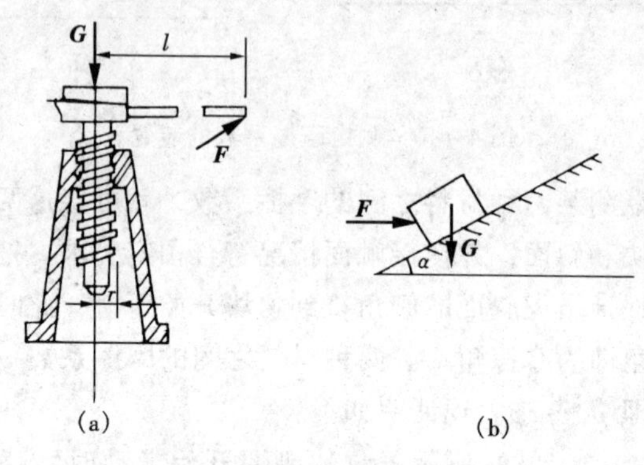

图 4－11　螺旋千斤顶

若螺旋千斤顶的螺杆材料用 45 号钢，螺母材料用青铜或铸铁，螺杆与螺母之间的摩擦系数 $\mu = 0.1$，则 $\mathrm{tg}\varphi = \mu = 0.1$，因此摩擦角 $\varphi = 5°43'$。为保证螺旋千斤顶自锁，一般取螺旋升角 $\alpha = 4° \sim 4°30'$。

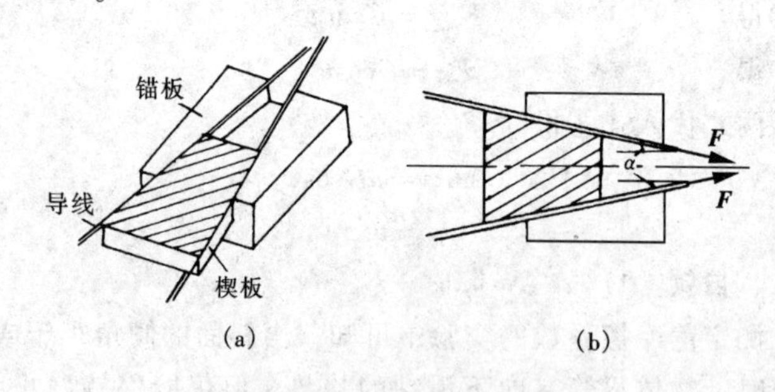

图 4－12　楔形导线夹具

反之，在机器中，为了防止有些运动零件被卡住，需防止自锁。如摇臂钻床（见图 4－13）的摇臂高为 h，此值不能太小，

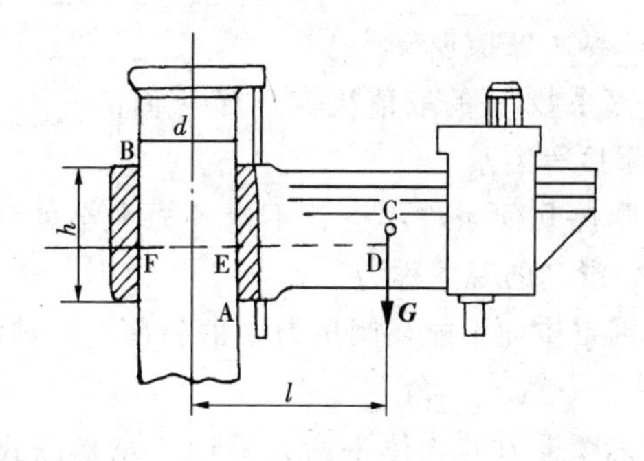

图 4－13　摇臂钻床

否则摇臂不能上下滑动而将发生自锁。图 4－14 所示的水闸闸门启闭时，也应避免自锁，以防止闸门卡住。

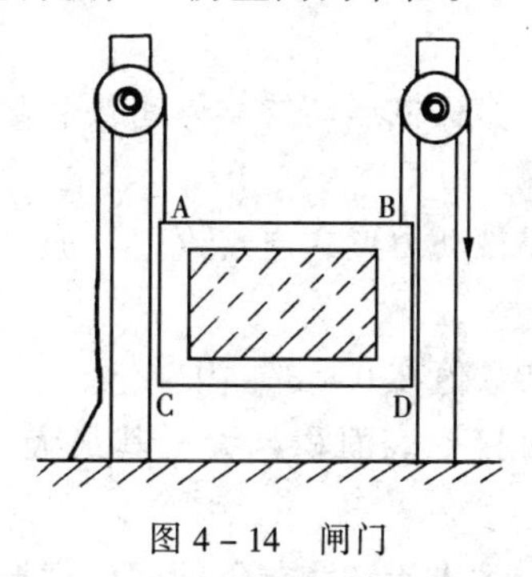

图 4－14　闸门

复习题

一、填空题

1. 当两个相互接触的物体之间有相对滑动或有滑动趋势时，其接触面上存在____力。

2. 当外力不足以驱动物体滑动时，物体接触面上有____摩擦力。当物体在外力作用下滑动时，其接触面上有____摩擦力。当物体在外力作用下处于将动而未动的临界平衡状态时，其接触面上有____摩擦力。

3. 在一物体沿另一物体表面由静止到滑动的过程中，产生了____和____两种摩擦现象。

4. 静摩擦系数 μ 的取值决定于摩擦面的____、________、润滑情况及温度等因素。

5. 只要摩擦几何条件不变，不论外力大小如何，均不能使静止物体产生滑动的现象称为____。

6. 物体因自重而不能在倾角为 α 的斜面上自锁的条件是：α ____ φ。其中，φ 为____角。

7. 在考虑摩擦力的物体平衡计算中：总是以式________作为补充条件来弥补静平衡方程数量之不足。

8. 通常，滑动摩擦力总是____于滚动摩擦力。

二、判断题（在题目括号内作记号："√"表示对，"×"表示错）

1. 摩擦是相对作机械运动的物体间普遍存在的物理现象。（ ）

2. 摩擦力常以被动力形式出现（ ）；受力图上摩擦力方向可以假定。（ ）

3. 静摩擦力的数值在 $0 \sim F_{max}$ 内变化。（ ）

4. 两物体相对接触表面积越大，其最大静摩擦力的数值就越大。（ ）

5. 若斜面倾角 α 大于物体与斜面间的摩擦角 φ，该物体一定不能依靠自重在斜面上保持静止。（ ）

6. 槽面摩擦力小于平面摩擦力（ ）；滚动摩擦力小于滑动摩擦力。（ ）

三、选择题

1. 各种摩擦力均应视为______：（1）主动力；（2）被动力；（3）约束反力。

2. 以下各情况中，______属有利摩擦，______属有害摩擦：（1）车轮与路面；（2）工作台与导轨；（3）滑动轴承；（4）带传动；（5）制动器。

3. 摩擦力的方向总是与____方向相反：（1）运动或运动趋

势；(2) 驱动外力；(3) 被约束的运动。

4. 临界状态下，最大静摩擦力与物体的____大小成正比：(1) 重力；(2) 压紧力；(3) 法向反力；(4) 合外力。

5. 物体受力状态见图 4-15。

Ⅰ. 物体受水平面的法向反力 $F_N=$____：(1) G；(2) $G-F\sin\alpha$；(3) $G-F\cos\alpha$；

Ⅱ. 设物体与水平面间摩擦系数为 μ，物体处于____状态：(4) 临界平衡；(5) 滑动；(6) 运动不确定；(7) 静止；

Ⅲ. 当____时，物体将处于临界平衡状态：(8) $F=\mu F_N/\sin\alpha$；(9) $F_N=\mu F/\cos\alpha$；(10) $F=\mu F_N/\cos\alpha$。

6. 图 4-16 所示物体的重力 $G=50N$，被水平力 $F=500N$ 压在铅直墙上，物体与墙面的摩擦系数 $\mu=0.15$，此时摩擦力 $F=$______：

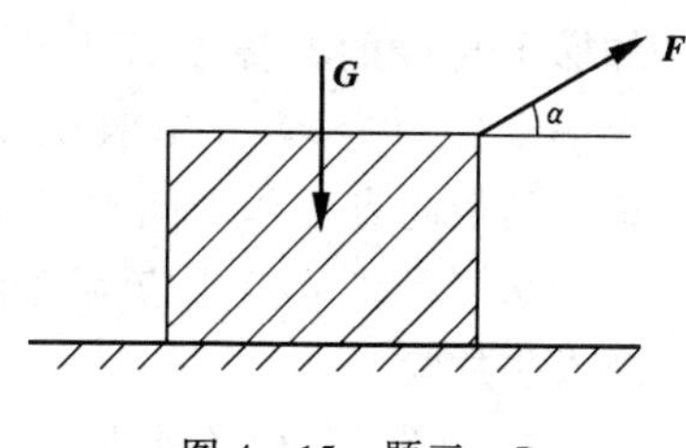

图 4-15　题三-5

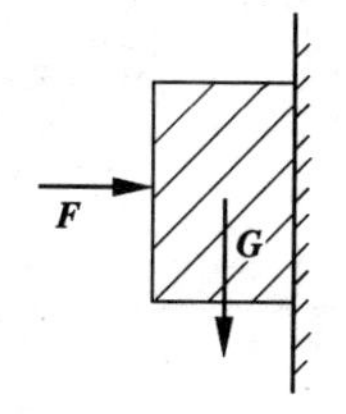

图 4-16　题三-6

(1) 7.5N；(2) 50N；(3) 75N；(4) 500N。

△7. 两种材料之间的摩擦系数 μ 与它们之间摩擦角 φ 的关系为 $\mu=$________。

(1) $\sin\varphi$；(2) $\cos\varphi$；(3) $\mathrm{tg}\varphi$；(4) $\mathrm{ctg}\varphi$。

8. 当驱动外力合力作用线与摩擦面法线所成的夹角不大于摩擦角时，物体总是处于____状态：(1) 平衡；(2) 运动；(3) 自由；(4) 自锁。

9. 分析受摩擦力的物体的平衡时，摩擦力的方向____：(1) 须按实际方向确定；(2) 可以任意设定；(3) 须按某坐标轴的正向取定。

四、绘图

画出图 4－17 中各指定物体的受力图。

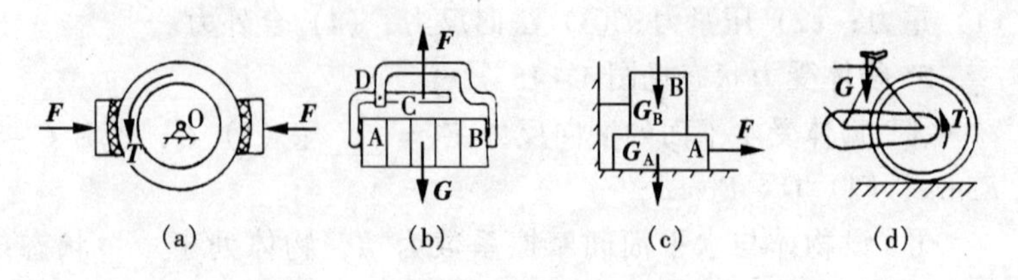

图 4－17　题四

（a）制动轮 O；（b）砖夹；（c）物块 A、B；（d）自行车后轮

五、计算题

1. 如图 4－18 所示，一长为 8m、重力为 $G_1=400N$ 的梯子斜靠于墙上，并与地面成 60°倾角。已知梯子与墙的摩擦系数为 0.5，如果一个重力为 $G_2=600N$ 的工人在梯子的最高点工作，问梯子与地面间的摩擦系数 μ 最小应为何值才不致发生危险？

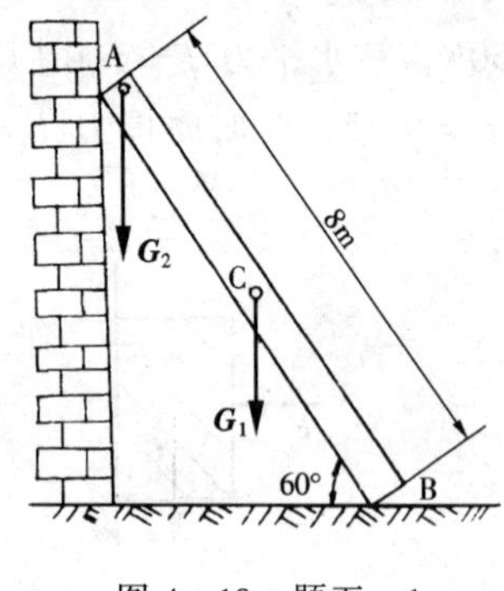

图 4－18　题五－1

2. 如图 4－19（a）所示，重力为 $G=600N$ 的箱子置于水平地面上，箱子与地面的摩擦系数 $\mu=0.2$，用与水平成 30°角的力 F 去拉它，当 F 为多大时，箱子才开始滑动？如图 4－19（b）所示，若用与水平成 30°角的力 F 去推它，F 最小应多大？

*3. 在地面 C 上放一重力为 2kN 的物体 A，在 A 上放一重为 1kN 的物体 B，物体 B 被一与地面成 30°的绳 ED 拉住，如图 4－20 所示。已知 A 与 B 间的摩擦系数 $\mu_{AB}=0.4$，A 与 C 的摩擦系数 $\mu_{AC}=0.5$。问需要多大的力 F 才能把 A 物体抽出来。

*4. 重力为 G 的物体放在倾角为 α 的斜面上，物体与斜面间的摩擦系数为 μ。如在物体上有一作用力 F，此力与斜面的夹角

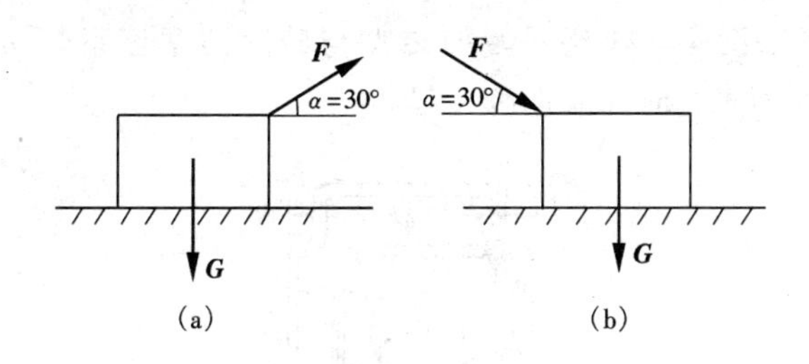

图 4－19　题五－2

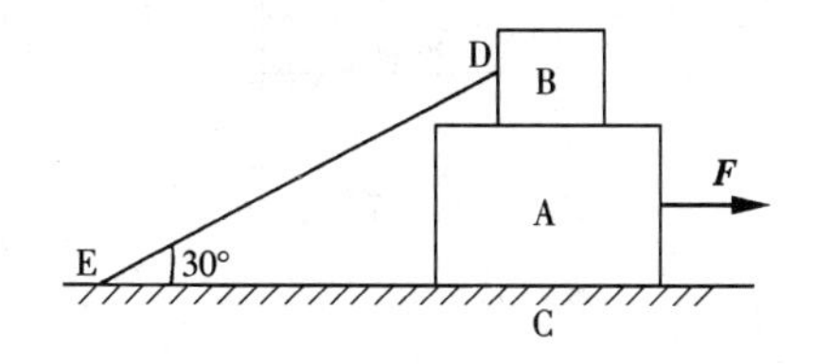

图 4－20　题五－3

为 β（图 4－21）。求（1）拉动物体时的力 F；（2）当 β 角为何值时，此力最小（力 F 的最小值可用字符 F_{min}表示）。

5. 铁索桥的铁索末端固定于混凝土基础中，如图 4－22 所示。设混凝土块的重力 $G=50$kN，与土壤之间的静摩擦系数 $\mu=0.6$，铁索与水平线成夹角 $\alpha=20°$。求混凝土开始滑动时的拉力 F 值。

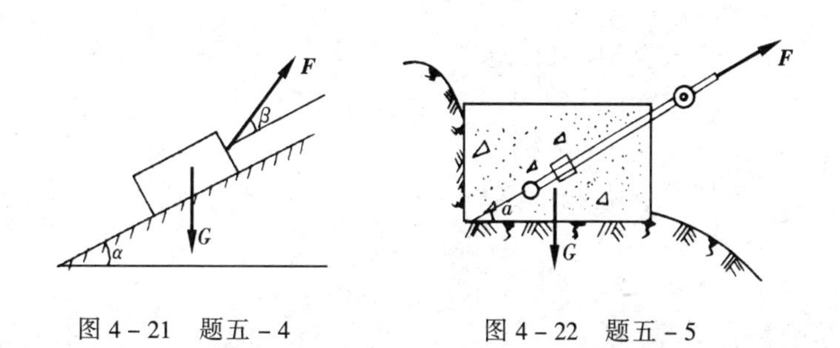

图 4－21　题五－4　　　　图 4－22　题五－5

*6. 砖夹的宽度为 25cm，曲杆 AHB 和 HCED 在 H 点铰接。被提起的砖的重力 $G=125$N，提砖的力 F 作用在砖夹的中心线

上，尺寸如图 4－23 所示。如砖夹与砖间的摩擦系数 $\mu=0.5$，求距离 b 为多大时才能把砖夹起。

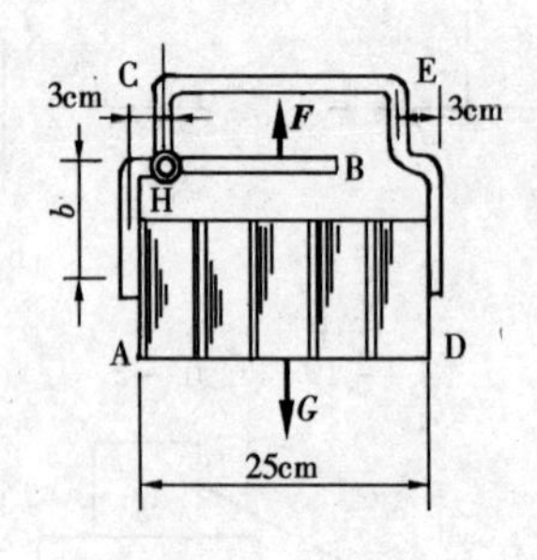

图 4－23　题五－6

重　心

重心在日常生活和生产中有着重要的意义。发电机、电动机及某些机床中的传动轴或主轴等高速旋转的物体，如果重心偏离轴线，则将引起强烈的振动，影响机器的正常工作，甚至使机器遭受破坏；再如船舶的重心如果太高，就容易翻船。在起重吊装作业中，正确确定设备或构件的重心尤其重要。如图 5-1(a)

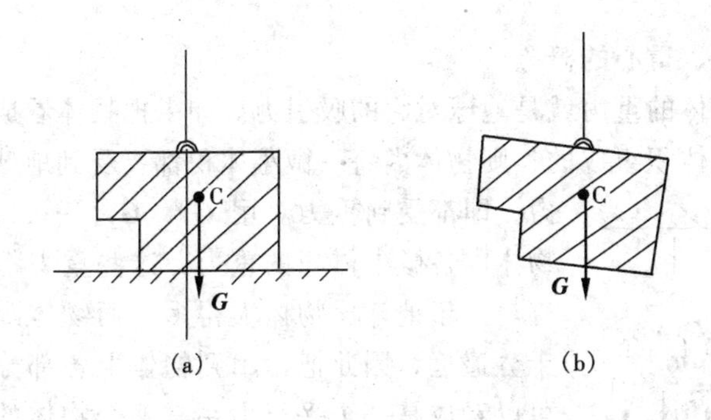

图 5-1　单绳单点起吊

所示，如在单绳单点起吊物体时，若重心位置不在吊点下方，重物将会在起吊过程中发生倾斜，如图 5-1（b）所示。又如在用双绳挂吊重物的各一侧时（图 5-2），两根绳所受的拉力也与吊点到重物重心的距离有关。在吊装长体立式设备（如塔类，烟囱、柱等）时，若能正确找到设备的重心，并在其重心 1~1.5m 以上处设置吊点，将可利用高度低于设备的起重机械，使设备从平卧状态逐步吊立起来，并保证起吊中的稳定性。输电线路施工中的整体立杆塔（图 5-3）就是利用了这种方法。由此可见，研究物体的重心是很重要的。

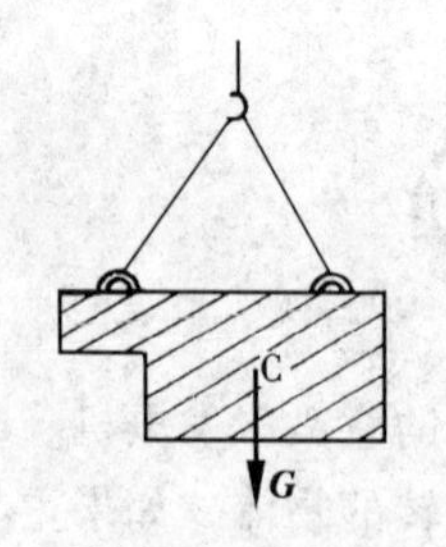

图 5-2　双绳挂吊重物

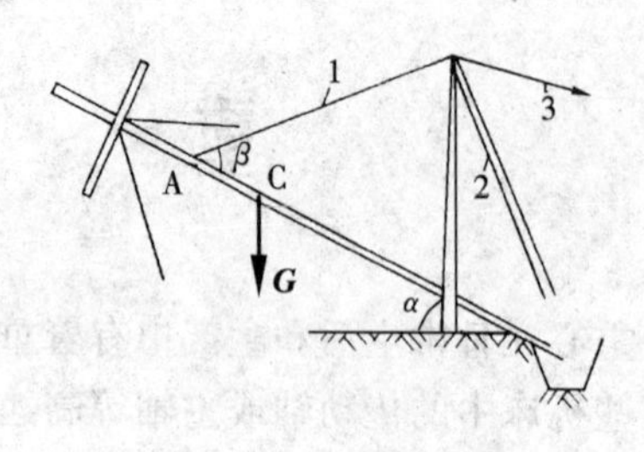

图 5-3　整体立杆塔

第一节　重　心

一、重心的概念

物体的重力就是地球对它的吸引力。如果把物体看成是由许多微小体积组成的，则物体内每一微小体积都要受到地球的吸引力，即都受到重力。用 $\boldsymbol{G}_1$、$\boldsymbol{G}_2$、…、$\boldsymbol{G}_n$ 表示物体内各微小体积的重力，这些重力都指向地心。由于地球比物体大得多，而物体距地心又十分遥远，因此把作用到物体上各部分的重力可以看成是一个平行力系，整个物体的重力就是这个平行力系的合力，合力的作用点就是物体的重心（图 5-4）。

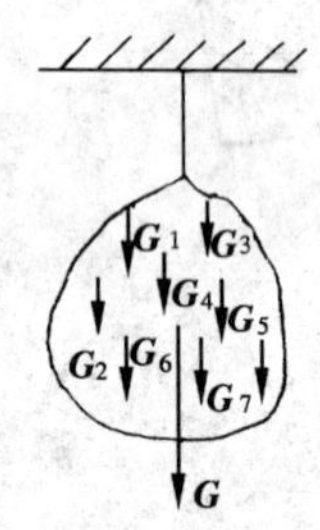

图 5-4　物体重心

对不变形的刚体来说，所有微小部分相对整个物体的位置不会变动。因此，一个物体不论在什么地方，也不论怎样放置，它的重心在物体内的位置是不变的。这是重心的一个重要特点。所以，求重心的问题，实质上就是求平行力系的合力作用点的位置问题。

二、重心的求法

1. 观察法

若物体由同一种材料做成，而且材料分布又是均匀的，则这种物体称为匀质物体。形状规则的匀质物体的重心位置可以通过观察来确定。如长方形板的重心在板对角线的交点上；长方体的重心在对称轴的中点；球的重心在球心；圆棒的重心在其轴线的中点上；三角形的重心在三角形三条中线的交点上；平行四边形的重心在对角线的交点上等（图 5 - 5）。

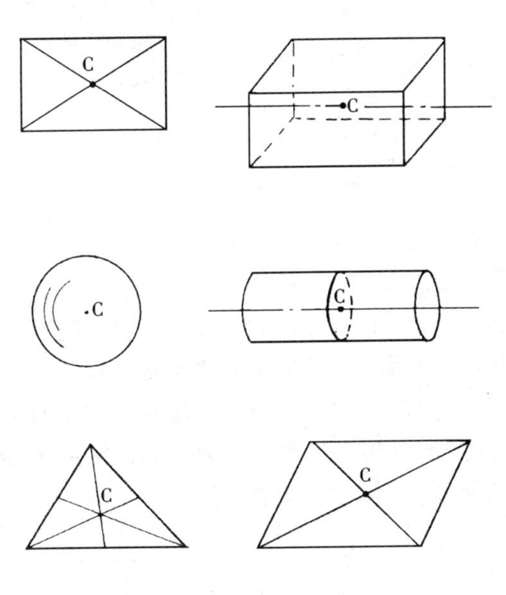

图 5 - 5　简单图形的重心

2. 悬挂法

对于形状不规则又不太重的板状物或具有对称面的薄零件，可采用悬挂法确定其重心。如图 5 - 6 所示的薄板，要求它的重心，可在薄板上任取一点 A 用绳系住，把它悬挂起来，然后在悬挂点 A 用绳系上一个重锤，沿挂重锤的吊绳在薄板上画出过 A 点的铅垂线 AA′，见图 5 - 6（a），由于薄板的重力和绳子的拉力相互平衡，所以薄板的重心一定在 AA′线上。再另选一点 B，同样用细绳悬挂起来，如图 5 - 6（b）所示，可得另一条垂线 BB′，同理，物体重心也一定在 BB′线上，因此直线 AA′与直线 BB′的交点 C 就是薄板的重心。

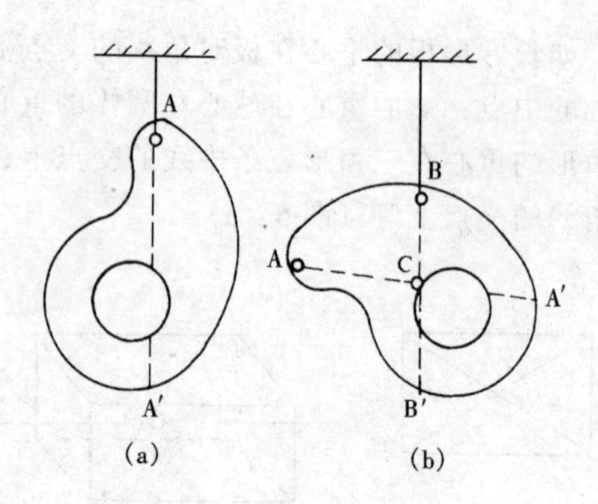

图 5-6 悬挂法求重心

3. 称重法

有些形状复杂而又较重的物体可用称重法确定其重心位置。如图 5-7 所示，要确定一连杆的重心，先将连杆放在磅秤上称得其重力为 G，然后将连杆的 A 端放在支点 D 上，B 端放在秤盘 E 点上，设磅秤所指示的力为 F，因连杆具有对称轴 AB，所以重心必然在对称轴 AB 上。设 C 点为重心，重力 $\boldsymbol{G}$ 到 D 点的距离长 x_C，力 $\boldsymbol{F}$ 到 D 点的距离为 l。

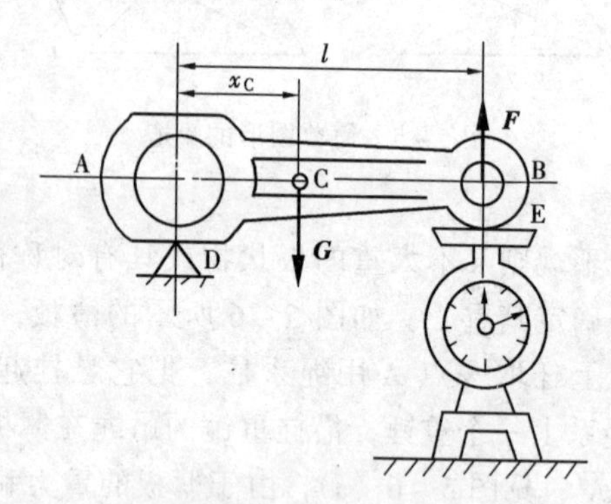

图 5-7 称重法求重心

由
$$\Sigma M_D(F) = 0$$
得
$$Fl - Gx_C = 0$$

$$x_C = \frac{Fl}{G}$$

确定了 x_C，即确定了重心 C 的位置。

4. 坐标法

用坐标法计算物体重心的理论根据就是前面讲过的合力矩定理。设想把物体分割成形状基本规则的几部分，先求出分割后的每一部分的重力和重心，然后利用合力矩定理求出整个物体的重心。现结合实例，推导计算重心的一般公式。

图 5-8 为一阶梯轴，取轴的中心线为 x 坐标轴。由于中心线就是阶梯轴的对称轴，所以轴的重心一定在 x 轴上。阶梯轴由三段组成，每段的重力分别为 $\boldsymbol{G}_1$、$\boldsymbol{G}_2$、$\boldsymbol{G}_3$，重心位置分别为 $C_1(x_1, o)$、$C_2(x_2, o)$、$C_3(x_3, o)$，它们的 y 轴坐标都等于零。阶梯轴的总重力为 G，$G = G_1 + G_2 + G_3$。设重心位置为 $C(x_C, o)$，现求 x_C 的值。

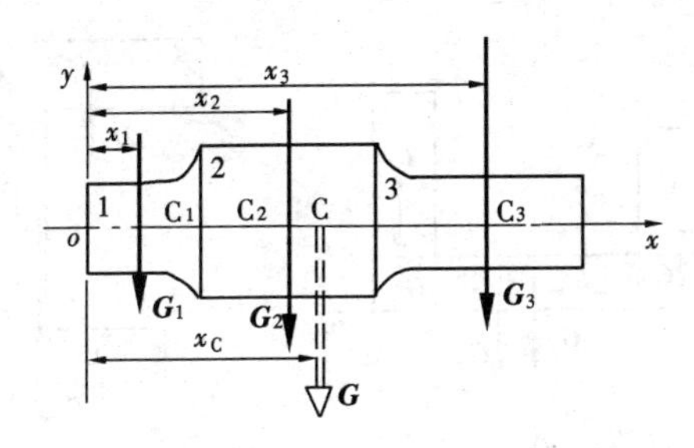

图 5-8 阶梯轴

根据合力矩定理，合力 $\boldsymbol{G}$ 对 o 点的力矩等于各分力 $\boldsymbol{G}_1$、$\boldsymbol{G}_2$、$\boldsymbol{G}_3$ 对 o 点力矩之和，即

$$Gx_C = G_1 x_1 + G_2 x_2 + G_3 x_3$$

所以

$$x_C = \frac{G_1 x_1 + G_2 x_2 + G_3 x_3}{G_1 + G_2 + G_3}$$

或写成

$$x_C = \frac{\sum Gx}{\sum G} \tag{5-1}$$

式 (5-1) 为有中心轴线的重心坐标的计算公式。

例 5-1 在图 5-8 中，如 $G_1=10\text{N}$，$G_2=56\text{N}$，$G_3=15\text{N}$，$x_1=7.5\text{cm}$，$x_2=20\text{cm}$，$x_3=40\text{cm}$，求重心坐标 x_C。

解 由式（5-1）得

$$x_C=\frac{G_1x_1+G_2x_2+G_3x_3}{G_1+G_2+G_3}$$

$$=\frac{10\times7.5+56\times20+15\times40}{10+56+15}$$

$$=22.16\ (\text{cm})$$

计算求得重心坐标 $x_C=22.16\text{cm}$。

下面再分析槽形薄板重心的求法,如图 5-9(a)所示,槽形薄板可看成由三部分组成,每一部分的重力分别为 G_1、G_2、G_3,相应的重心位置为 $C_1(x_1, y_1)$、$C_2(x_2, y_2)$、$C_3(x_3, y_3)$，整个板的重力 $G=G_1+G_2+G_3$。设重心位置为$C(x_C, y_C)$,现求 x_C、y_C。

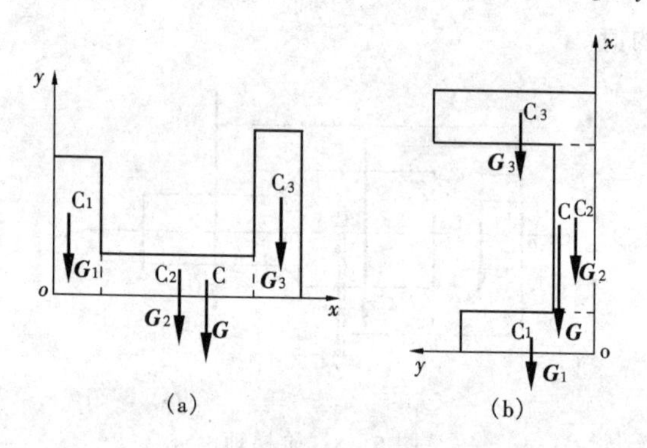

图 5-9 槽形薄板

应用合力矩定理对 o 点取力矩，得

$$Gx_C=G_1x_1+G_2x_2+G_3x_3$$

将薄板连同坐标系统 o 点逆时针方向转 90°，如图 5-9（b）所示，同样对 o 点取力矩，得

$$Gy_C=G_1y_1+G_2y_2+G_3y_3$$

将以上两式稍加整理，即可求得重心坐标：

$$
\left.\begin{aligned}
x_C &= \frac{G_1x_1 + G_2x_2 + G_3x_3}{G_1 + G_2 + G_3} \\
y_C &= \frac{G_1y_1 + G_2y_2 + G_3y_3}{G_1 + G_2 + G_3}
\end{aligned}\right\}
$$

或写成

$$
\left.\begin{aligned}
x_C &= \frac{\sum Gx}{\sum G} \\
y_C &= \frac{\sum Gy}{\sum G}
\end{aligned}\right\} \tag{5-2}
$$

例 5-2 在图 5-9 中，若已知薄板三部分的重力分别为 $G_1 = 7N$，$G_2 = 16N$，$G_3 = 10N$，每部分的重心坐标为 $x_1 = 3cm$，$y_1 = 10cm$；$x_2 = 22cm$，$y_2 = 5cm$；$x_3 = 4cm$；$y_3 = 12cm$。试求重心坐标。

解 由式（5-2）得

$$
\begin{aligned}
x_C &= \frac{G_1x_1 + G_2x_2 + G_3x_3}{G_1 + G_2 + G_3} \\
&= \frac{7\times3 + 16\times22 + 10\times4}{7 + 16 + 10} \\
&= 12.52(\text{cm}) \\
y_C &= \frac{G_1y_1 + G_2y_2 + G_3y_3}{G_1 + G_2 + G_3} \\
&= \frac{7\times10 + 16\times5 + 10\times12}{7 + 16 + 10} \\
&= 8.18(\text{cm})
\end{aligned}
$$

答： 此槽形薄板重心的坐标为 $x_C = 12.52$（cm），$y_C = 8.18$（cm）。

上面求阶梯轴和薄板重心坐标的方法称为坐标法。它具有普遍意义。对于形状较复杂的物体，如图 5-10 所示，可以将它分成几个部分，每个部分的重力分别

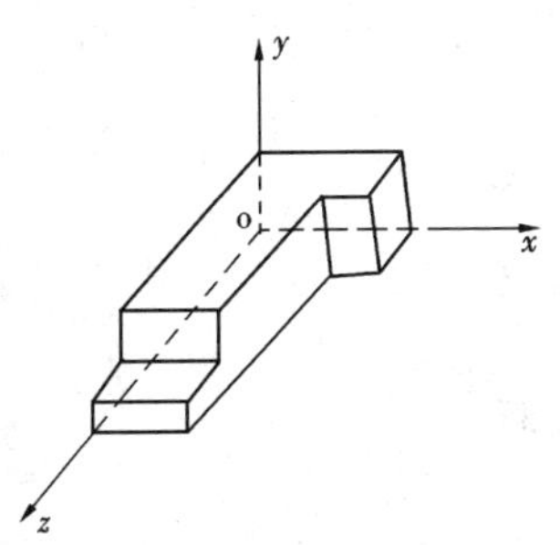

图 5-10 复杂图形

为 G_1、G_2、…、G_n，重心位置分别为 $C_1(x_1, y_1, z_1)$、$C_2(x_2, y_2, z_2)$、…、$C_n(x_n, y_n, z_n)$，则整个物体的重心坐标 $C(x_C, y_C, z_C)$ 为

$$x_C = \frac{G_1 x_1 + G_2 x_2 + \cdots + G_n x_n}{G_1 + G_2 + \cdots + G_n}$$

$$y_C = \frac{G_1 y_1 + G_2 y_2 + \cdots + G_n y_n}{G_1 + G_2 + \cdots + G_n}$$

$$z_C = \frac{G_1 z_1 + G_2 z_2 + \cdots + G_n z_n}{G_1 + G_2 + \cdots + G_n}$$

或写成

$$\left.\begin{aligned} x_C &= \frac{\sum Gx}{\sum G} \\ y_C &= \frac{\sum Gy}{\sum G} \\ z_C &= \frac{\sum Gz}{\sum G} \end{aligned}\right\} \qquad (5-3)$$

式(5-3)就是计算物体重心坐标的一般公式。

第二节 形 心

通常，由同一材料制成的物体可以认为是匀质的。物体的重力是体积 V、密度 ρ 和重力加速度 g 的乘积，即 $G = V\rho g$。将这一关系式代入式（5-3)，可得

$$x_C = \frac{V_1 \rho g x_1 + V_2 \rho g x_2 + \cdots + V_n \rho g x_n}{V_1 \rho g + V_2 \rho g + \cdots + V_n \rho g}$$

$$= \frac{V_1 x_1 + V_2 x_2 + \cdots + V_n x_n}{V_1 + V_2 + \cdots + V_n}$$

可以推断

$$\left.\begin{aligned} x_C &= \frac{\sum Vx}{\sum V} \\ y_C &= \frac{\sum Vy}{\sum V} \\ z_C &= \frac{\sum Vz}{\sum V} \end{aligned}\right\} \qquad (5-4)$$

从式（5－4）可以看出，匀质物体的重心位置与物体的重力无关，而只取决于物体的几何形状。这时所求得的$C(x_C, y_C, z_C)$点，除了表示匀质物体的重心外，还有一个新的意义，即代表了一个几何形体的中心，这个中心称为形心。对于匀质物体来说，重心与形心是重合在一起的，因此可以把求匀质物体的重心问题转化为求形心问题。对于非匀质物体来说，重心与形心则是不同的点。

若物体为一匀质等厚的薄板，则它的重心或形心公式同样可由式（5－3）推导出来，即

$$\left.\begin{aligned} x_C &= \frac{A_1x_1 + A_2x_2 + \cdots + A_nx_n}{A_1 + A_2 + \cdots + A_n} \\ y_C &= \frac{A_1y_1 + A_2y_2 + \cdots + A_ny_n}{A_1 + A_2 + \cdots + A_n} \end{aligned}\right\}$$

或写成

$$\left.\begin{aligned} x_C &= \frac{\Sigma Ax}{\Sigma A} \\ y_C &= \frac{\Sigma Ay}{\Sigma A} \end{aligned}\right\} \qquad (5-5)$$

式中　A_1、A_2、…、A_n——薄板各部分的面积。

例 5－3　试求如图 5－11 所示钢质薄板的重心位置（图中尺寸单位为 mm）。

解　将钢质薄板分割成矩形Ⅰ、Ⅱ两部分，矩形Ⅰ的重心坐标与截面积分别为

$x_{\mathrm{I}} = \frac{10}{2} = 5\text{mm}$，$y_{\mathrm{I}} = 10 + \frac{120}{2} = 70\text{mm}$，$A_{\mathrm{I}} = 10 \times 120 = 1200$ (mm^2)。

矩形Ⅱ的重心坐标与截面积分别为

$x_{\mathrm{II}} = \frac{80}{2} = 40\text{mm}$，$y_{\mathrm{II}} = \frac{10}{2} = 5\text{mm}$，$A_{\mathrm{II}} = 10 \times 80 = 800$ (mm^2)。

由于钢质薄板是匀质物体，因而可将以上数据代入式（5－5）得

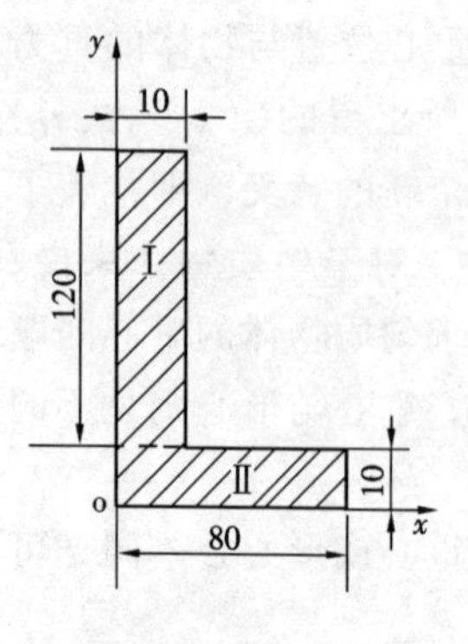

图 5－11　钢质薄板

$$x_C = \frac{\Sigma Ax}{\Sigma A} = \frac{A_{\mathrm{I}}x_{\mathrm{I}} + A_{\mathrm{II}}x_{\mathrm{II}}}{A_{\mathrm{I}} + A_{\mathrm{II}}}$$

$$= \frac{1200 \times 5 + 800 \times 40}{1200 + 800}$$

$$= \frac{38000}{2000} = 19(\mathrm{mm})$$

$$y_C = \frac{\Sigma Ay}{\Sigma A} = \frac{A_{\mathrm{I}}y_{\mathrm{I}} + A_{\mathrm{II}}y_{\mathrm{II}}}{A_{\mathrm{I}} + A_{\mathrm{II}}}$$

$$= \frac{1200 \times 70 + 800 \times 5}{1200 + 800}$$

$$= \frac{88000}{2000} = 44(\mathrm{mm})$$

例 5－4　求图 5－12 所示有影线部分的形心坐标（设大圆的半径为 R）。

解　从图中可见，有影线部分的图形是由大圆减去小圆后得到的。令大圆部分为 1，小圆部分为 2，两部分相应的面积和形心坐标分别为

$$A_1 = \pi R^2,\ x_1 = 0,\ y_1 = 0$$

$$A_2 = \frac{1}{4}\pi R^2,\ x_2 = \frac{R}{2},\ y_2 = 0$$

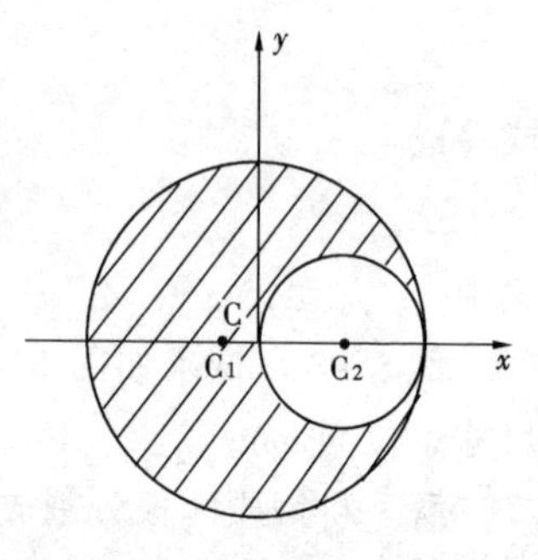

图 5－12　偏心圆环

用式（5－5）求形心坐标，将减去的面积用负值表示，因此求得有影线部分的形心坐标为

$$x_C = \frac{A_1x_1 - A_2x_2}{A_1 - A_2} = \frac{0 - \frac{\pi R^2}{4} \times \frac{R}{2}}{\pi R^2 - \frac{1}{4}\pi R^2} = -\frac{R}{6}$$

$$y_C = \frac{A_1y_1 - A_2y_2}{A_1 - A_2} = \frac{0 - 0}{A_1 - A_2} = 0$$

在这一类问题中，只要将减去部分的面积（或体积）看作为负值，这一方法也称为负面积（或负体积）法。

还应指出，物体的重心或形心不一定在物体上，也可以在物体外。如由同一材料做成的圆环，它的重心在圆心上，而圆心却不是圆环上的点，如例 5-2 中，槽形薄板的重心 C（12.52，8.18）并不在薄板上。

一些具有对称轴的简单形状的物体的形心，可从工程手册中查得，现摘录常用的一部分列于表 5-1 中。

表 5-1　　简单形状的物体的形心、面（体）积计算公式

图形		形心位置	面（体）积
矩形	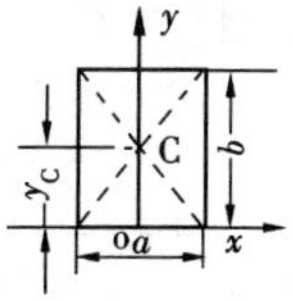	$y_C = \frac{b}{2}$	$A = ab$
梯形	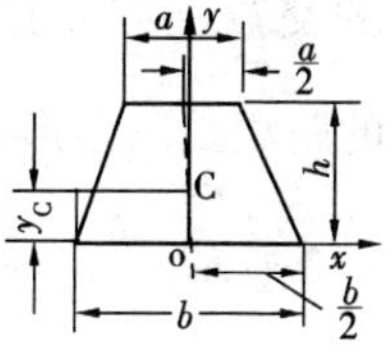	$y_C = \frac{h(2a+b)}{3(a+b)}$	$A = \frac{h(a+b)}{2}$
球	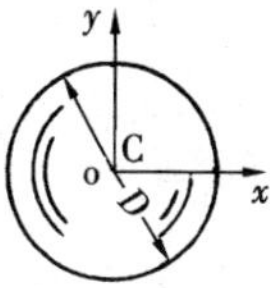	$y_C = 0$	$V = \frac{4}{3}\pi R^3 = \frac{1}{6}\pi D^3$
圆柱体	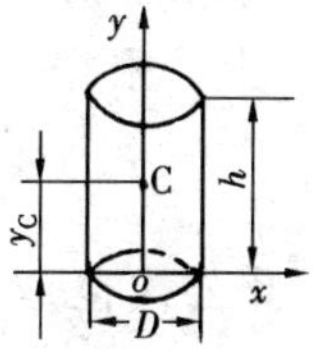	$y_C = \frac{h}{2}$	$V = \pi R^2 h = \frac{1}{4}\pi D^2 h$

续表

图形		形心位置	面（体）积
圆锥体		$y_C = \frac{h}{4}$	$V = \frac{1}{3}\pi R^2 h = \frac{1}{12}\pi D^2 h$
截头圆锥体		$y_C = \frac{h}{4} \times \frac{R^2 + 2Rr + 3r^2}{R^2 + Rr + r^2}$	$V = \frac{\pi h}{3} \times (R^2 + Rr + r^2)$

注　A—面积；V—体积。

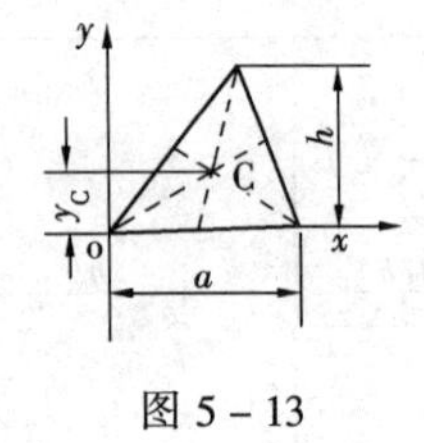

图 5－13

三角形的形心在三角形三条中线的交点上，并且形心 C 离底边的距离是三角形高的$\frac{1}{3}$，如图 5－13 所示，$y_C = \frac{h}{3}$。

复习题

一、填空题

1. 重力就是地球对物体的____力。

2. 重心的求法有观察法、____法、____法和坐标法。

3. 有对称轴的物体的重心一定在____上，根据____定理，求得重心计算公式为 $x_C = \frac{\sum Gx}{\sum G}$。

4. 匀质薄板重心的计算公式是____，此公式也是____心公式。

5. 复杂图形的重心公式为____。

二、判断题（在题末括号内作记号："√"表示对，"×"表示错）

1. 两个形状及大小相同，但重力不同的匀质物体，其重心的位置相同。（　）

2. 将一直铁丝折弯，其重心位置不变。（　）

3. 物体的重心就是物体的形心（　），因此在计算铁塔重心时，只要将铁塔看成梯形即可。（　）

4. 在起重吊装工作中，找准重心可以省力并保证吊装的稳定性。（　）

5. 一容器装有液体，如图 5－14 所示。当容器倾斜时，其重心位置要发生变化（　）；当容器装满液体后将口封上，倾斜时，其重心位置也要发生变化。（　）

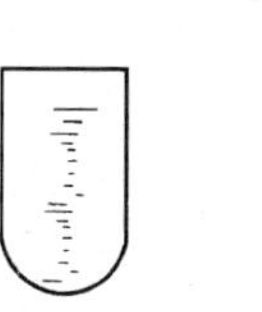

图 5－14　题二－5

三、选择题

1. 三角形的重心在三角形三条____的交点上：（1）垂线；（2）中线；（3）角平分线。

2. 求重心，实质上是求____合力作用点的位置：（1）平面汇交力系；（2）平面平行力系；（3）平面任意力系。

3. 图 5－15 中，形心一定在图形上的是____图。

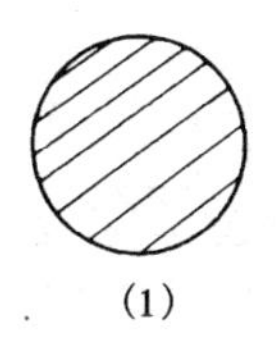

(1)

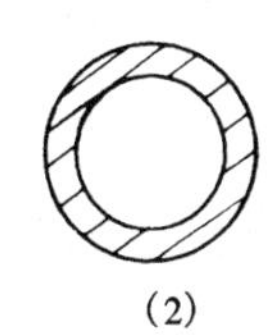

(2)

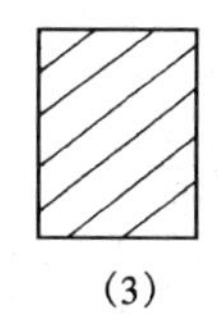

(3)

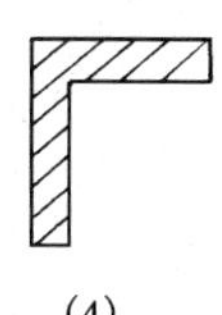

(4)

图 5－15　题三－3

四、计算题

1. 试求图 5－16 图形形心的位置（图中单位 mm）。

2. 矩形面积截去一角，如图 5－17 所示，求其形心位置

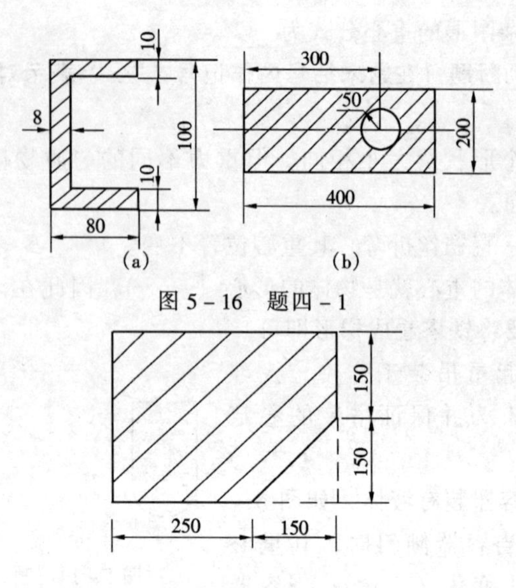

图 5－16　题四－1

图 5－17　题四－2

（图中单位 mm）。

3. 水坝截面形状如图 5－18 所示，求形心位置（图中单位为 m）。

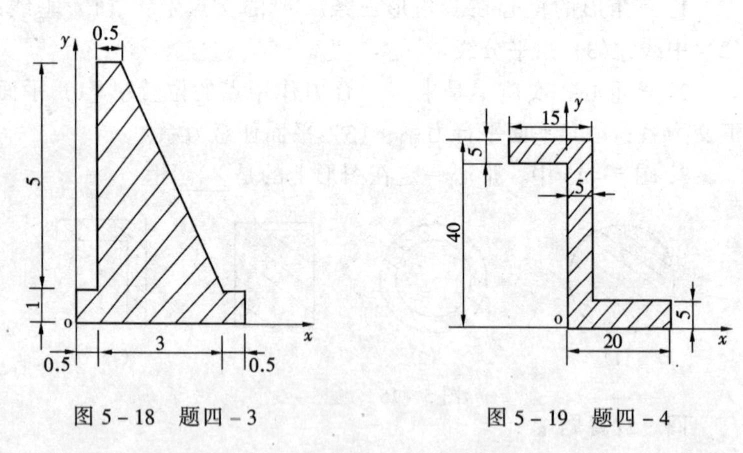

图 5－18　题四－3

图 5－19　题四－4

4. 图 5－19 所示为 Z 形截面型钢，求其形心位置（图中单位为 cm）。

静力学在工程中的应用

第一节　吊索受力分析

在施工现场的起重吊装作业中，经常要使用各种吊索来绑扎或起吊重物。这些吊索一端与重物连接，另一端与吊钩或固定点连接。在进行作业前，必须要计算出吊索将要受的力，然后根据其受力大小，选择吊索的规格，从而保证安全起吊。现将吊索在不同工作情况下的受力分析方法介绍如下。

一、垂直起吊吊索受力

如图6－1所示，吊索的一端挂在吊钩上，另一端挂在重物的吊鼻上，垂直起吊。这时吊索受的总拉力就是物体的重力 **G**。如图6－1（a）所示，当吊索是由一根绳子穿绕在吊钩和重物的吊鼻之间时，穿绕 n 次，就相当于用 n 根绳子承担重物的重力 G，每根绳子的受力就是 G 的 $1/n$。图6－1（b）中，重力 $G=10$kN，由4根绳承担 G，则每根绳子的受力为2.5kN。

二、分叉起吊吊索受力

图6－2所示为吊索分叉起吊，即一根吊索的两端分别挂在重物的两个吊鼻上吊索的中点挂在吊钩上。这种起吊方式在现场吊装中是常见的。这时，分叉两吊索的受力相等，力的大小与吊索的长短有关，即与吊索分叉后的夹角有关，因此必须根据具体情况来计算吊索所受的力。

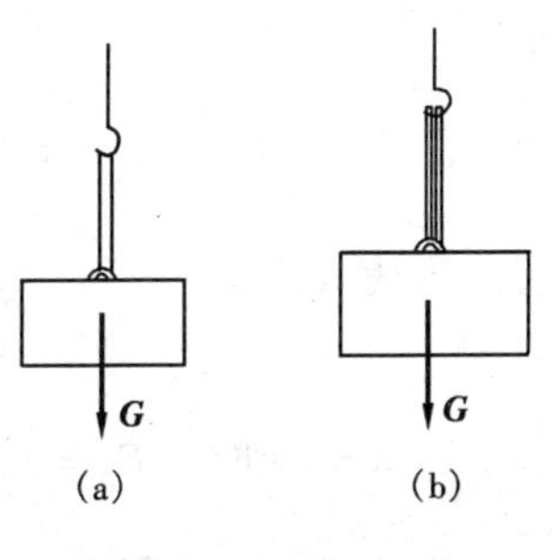

图6－1　吊索垂直起吊

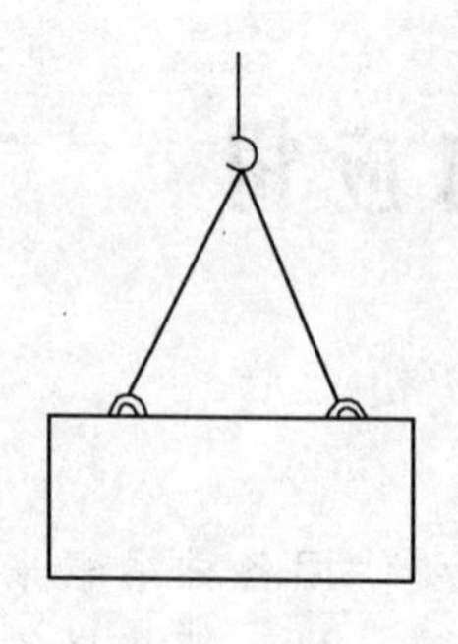

图 6－2　吊索分叉起吊

例 6－1　图 6－3（a）所示为起吊重力 $G=30\text{kN}$ 的铁塔横担。当 $\alpha=60°$ 时，试求绳 AC 和绳 BC 所受的力，当 $\alpha=120°$ 时，绳受力又如何？

解　选吊钩 C 点为研究对象，受力图如图 6－3（b）所示。吊钩受三力作用而处于平衡，即向上的拉力 $\boldsymbol{F}$（$F=G$），绳 AC、BC 的拉力 $\boldsymbol{F}_A$ 和 $\boldsymbol{F}_B$。选坐标轴，列平衡方程。

由 $$\Sigma F_x=0$$

得 $$-F_A\sin\frac{\alpha}{2}+F_B\sin\frac{\alpha}{2}=0$$

$$F_A=F_B \quad ①$$

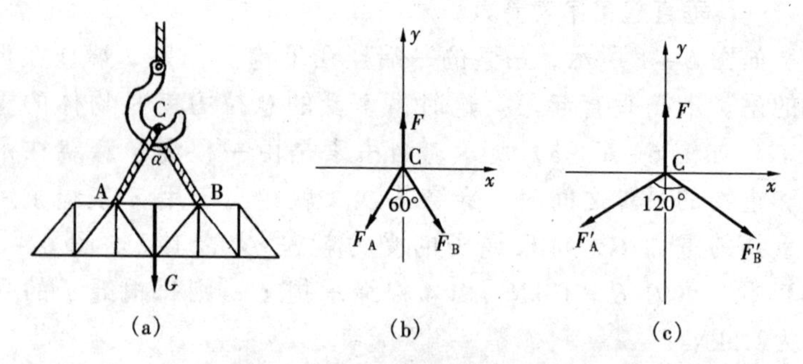

图 6－3　起吊横担受力分析

由 $$\Sigma F_y=0$$

得 $$F-F_A\cos\frac{\alpha}{2}-F_B\cos\frac{\alpha}{2}=0 \quad ②$$

将式①代入式② $$F_A=F_B=\frac{F}{2\cos\frac{\alpha}{2}}$$

当 $\alpha=60°$ 时　$F_A=F_B=\dfrac{30}{2\cos30°}=17.32$（kN）

当 $\alpha=120°$ 时［图 6－3（c）］ $F'_A=F'_B=\dfrac{30}{2\cos60°}=30$（kN）

由此可以推出，当 $\alpha \geqslant 120°$时，绳索受力将大于或等于物体的重力，所以必须选择较粗的吊索才能保证安全。因此，在采取分叉吊索起吊方法时，要注意适当选择吊索的长短，使分叉后的夹角不能过大。

三、双绳索起吊受力

上述是单根吊索分叉起吊。当用两根吊索起吊重物的各一侧时，且重物的重心又不在其几何中心上，如图 6－4（a）所示，那么两根绳索的受力是否还一样？现用图解法来分析两绳受力情况。这种分析方法在施工现场常被采用。

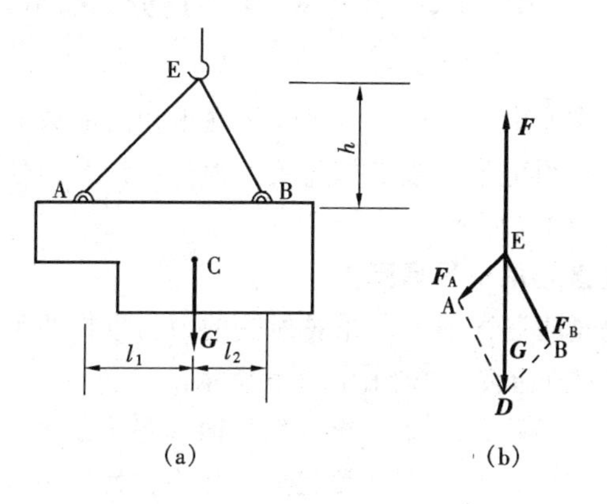

图 6－4　双绳索起吊受力分析

例 6－2　在图 6－4（a）中，若 $G = 200kN$，重力作用线离两吊点的距离分别为 $l_1 = 2m$、$l_2 = 1m$，吊钩高 $h = 2m$。求两吊绳所受的力。

解　取吊钩 E 为研究对象，并作其受力图，见图 6－4（b）。E 点受 $\boldsymbol{F}_A$、$\boldsymbol{F}_B$ 和 $\boldsymbol{F}$ 三力作用，处于平衡状态。$F = G$，$\boldsymbol{F}_A$、$\boldsymbol{F}_B$ 可以看成是 $\boldsymbol{G}$ 在 EA、EB 方位的分力，可以用平行四边形法则求出 $\boldsymbol{F}_A$ 和 $\boldsymbol{F}_B$。

（1）选取 1cm 长的线段表示 50kN 的力；

（2）在适当位置取一点 E，过 E 点作三条射线 EA、ED、EB 分别平行于力 F_A、G、F_B；

(3) 截取 ED = 4cm，代表已知力 G，以 ED 为对角线作平行四边形 EADB 得线段 EA、EB；

(4) 量得 EA = 1.9cm，EB = 2.9cm，即得力 $F_A = 50 \times 1.9 = 95$（kN），$F_B = 50 \times 2.9 = 145$（kN）。

用图解法求吊索所受的力虽然不够精确，但对施工现场起重工作的计算来说，既简单又方便，精确度也能满足要求。

值得注意的是在作图时，吊钩一定在重物的重力作用线上，这是单钩起吊的平衡条件。

第二节　吊鼻受力分析

在吊装作业中，一般是将吊绳绑在重物的吊鼻上。为了保证吊装安全，必须对吊鼻或卡扣所受的力进行计算和分析，以便核算吊鼻或选用卡扣。

一、垂直起吊单吊鼻受力

当重物垂直起吊时，单吊鼻所受的力为重物的重力，即 $F = G$，受力方向垂直向上，如图 6-5 所示。

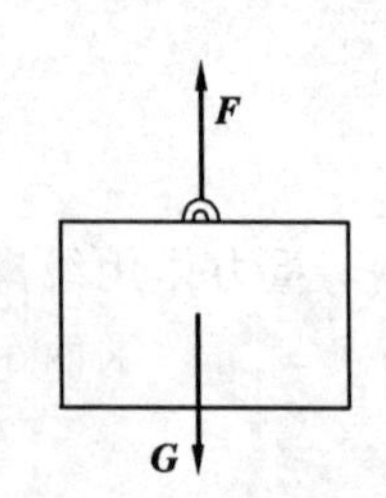

图 6-5　垂直起吊单吊鼻受力

二、重物斜拉时单吊鼻受力

在日常起重工作中，为了使重物就位，往往需将重物斜拉，如图 6-6 (a) 所示。由于重物受到倾斜方向的拉力，吊鼻的受力就发生了变化，吊绳也不再垂直，而是偏斜一个角度。

在图 6-6 中，设物体的重力 $G = 200$kN，在 EA 方向用 $\boldsymbol{F}_A = 30$kN 的力拉物体就位，此时 $\boldsymbol{G}$ 和 $\boldsymbol{F}_A$ 的合力 $\boldsymbol{F}$ 使吊绳偏斜到合力作用线的方向上，可用图解法求出 $\boldsymbol{F}$。

取 1cm 表示 50kN，任选一点 E，以力矢量 $\boldsymbol{F}_A$ 和 $\boldsymbol{G}$ 为邻边作力平行四边形 EABD，对角线 EB 表示合力 $\boldsymbol{F}$ 的大小和方向，量得 EB = 4.8cm，得 $F = 50 \times 4.8 = 240$kN，因此吊鼻（重物）对绳的拉力为 240kN。吊鼻受的拉力 F' 也为 240kN。将此力沿垂直

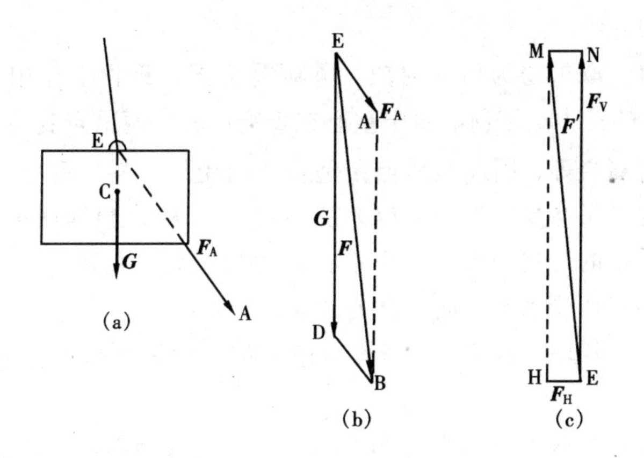

图 6－6　重物斜拉时单吊鼻受力

方向分解得吊鼻的上拔力 $\boldsymbol{F}_V$；沿水平方向分解得吊鼻的水平拉力 $\boldsymbol{F}_H$，如图 6－6（c）所示。以力 $\boldsymbol{F}'$为对角线，再分别以垂直方向和水平方向作平行四边形 EHMN，量得 EH = 0.8cm，EN = 4.7cm，即得 $F_H = 50 \times 0.8 = 40$kN，$F_V = 50 \times 4.7 = 235$kN。

三、分叉起吊时吊鼻受力

分叉起吊是工程中经常采用的方法。对于吊鼻的受力分析，仍可采用图解法。

例 6－3　图 6－7（a）所示为分叉起吊。若重物的重力 G = 20kN，两吊点距离为 l = 1m，吊钩高 h = 1.5m，试分析两吊鼻所

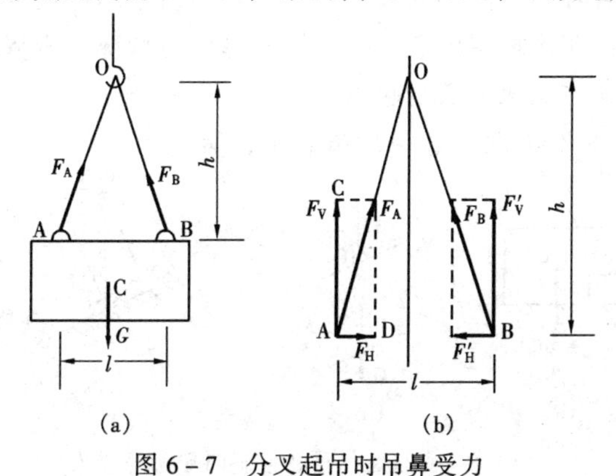

图 6－7　分叉起吊时吊鼻受力

受的力。

解 取重物为研究对象，并画受力图，重物上作用了 $\boldsymbol{F}_A$、$\boldsymbol{F}_B$ 和 $\boldsymbol{G}$ 三力且平衡。由于重心在重物中心，两吊点到重力作用线的距离相等，因此两吊点在垂直方向受的力各为重力的一半，此力也是吊鼻受的斜向上拉力的垂直分力 $\boldsymbol{F}_V$。根据此条件和吊绳与重物的几何条件，可用平行四边形法则［见图 6－7（b）］，求出吊点所受水平方向的分力 $\boldsymbol{F}_H$。

（1）任取一点 O，按吊钩与吊鼻的几何关系作两条射线 OA 与 OB。

（2）选取 1cm 长表示 5kN，过 A 点向上作垂线，截取 AC = 2cm，表示已知力 $F_V = 10kN$。

（3）以 AC 为矩形的一条边，以射线 OA 为矩形对角线的方向作矩形，则矩形水平边 AD 即代表水平分力 F_H，量得 AD = 0.66cm，求得 $F_H = 5 \times 0.66 = 3.3kN$。由于图形对称，两个吊鼻受力相同。

采用这种方法起吊时，必须考虑到吊鼻上承受的水平拉力和垂直上拔力。

四、重物偏斜时吊鼻受力

在日常起重工作中，偶然会遇到起吊的重物不能按预想被水平吊起，有时偏斜的角度很大，这主要是由于吊鼻位置设计不当而造成的。在这种情况下，必须把吊鼻受力情况分析清楚，再复核其强度，才能保证安全起吊。

图 6－8（a）为垂直单吊鼻起吊，重物重心位置不在吊点下

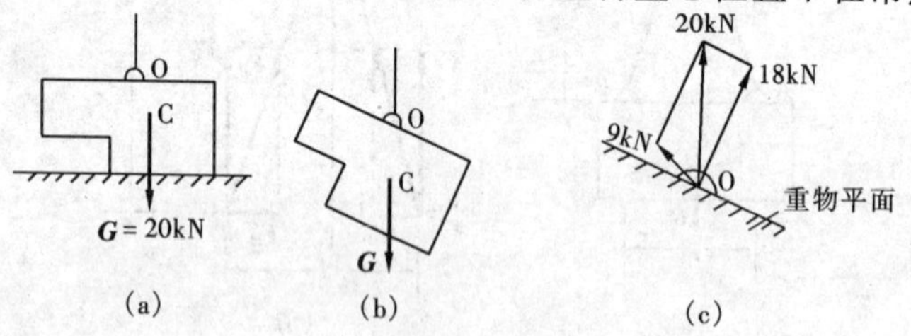

图 6－8 垂直起吊重物偏斜时单吊鼻受力

方。在起吊前，重物水平放在地上。当离开地面后，重物则旋转一个角度，直到吊绳与重力作用线重合方停止旋转，如图 6－8（b）所示。这时吊鼻的受力也可用图解法求得。设重物的重力 $G = 20kN$，由图 6－8（c）所示图解法求得吊鼻上垂直于物体表面的拉力为 18kN，沿物体表面的拉力为 9kN。

同样，在分叉起吊中，重心偏移也会造成重物倾斜，使得吊鼻上承受较大的横向拉力（图 6－9）。

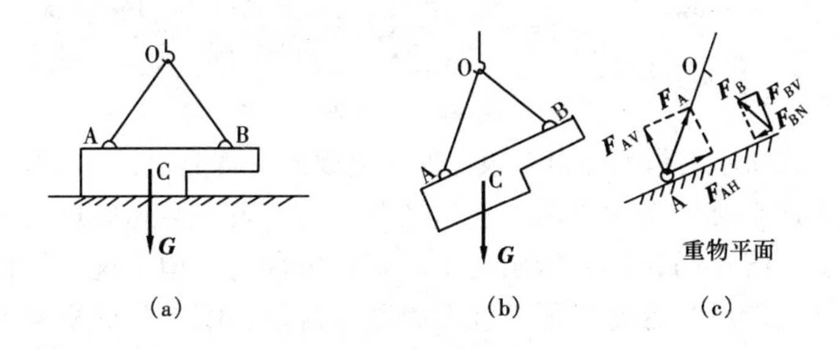

图 6－9　分叉起吊重物偏斜时吊鼻受力

第三节　平面桁架的内力计算

一、桁架的一般概念

桁架是由若干根杆件在其端部相互连接而成的一种几何形状不变的结构。它在工业与民用建筑中有着广泛的应用。如起重机吊臂、屋架（图 6－10）、铁塔、电杆的铁帽子、横担、变电站的构架等，均广泛采用桁架结构。桁架中各杆件的接头处称为节点（结点），可以用螺栓连接，也可以铆接或焊接。

如果桁架中所有杆件都在同一平面内，则称它为平面桁架，否则称为空间桁架。空间桁架又常常是由几个平面桁架组成的。如铁塔塔身、起重机的吊臂均有三个或四个侧面，每一个侧面就是一个平面桁架（图 6－11）。所以，在进行受力计算时，常把荷载合理地分配到每一个平面桁架上，按平面桁架进行受力计算，则问题大为简化。

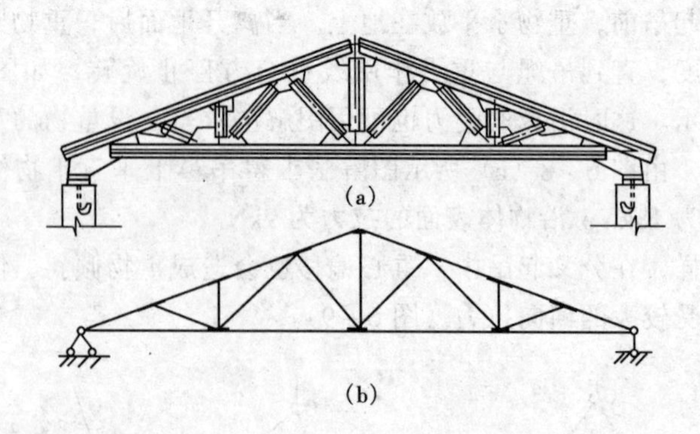

图 6-10　屋架

最简单的桁架是由三根杆件所组成的三角形桁架，如图 6-12（a）所示，如果外力只作用在节点上，则桁架几何形状不会改变。图 6-12（b）所示是由四根杆组成的结构，这种结构受到外力作用时容易变形，就不能称为桁架。以三角形桁架为基础，逐次增加两杆和一个节点，则可以构成较复杂的桁架。

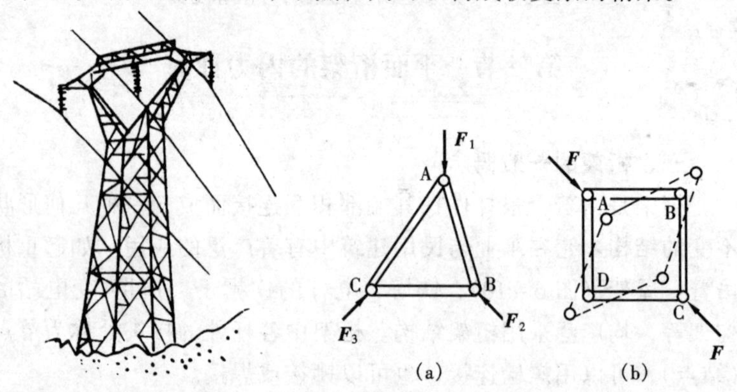

图 6-11　铁塔　　　　图 6-12　三角形桁架和四杆结构

实际桁架的受力情况比较复杂，为便于计算，除了把实际桁架的节点看成铰接外，还作如下假定：

（1）不考虑铰接中的摩擦；

（2）各杆均为直杆，且不计自重；

(3) 荷载和支座反力都作用在节点上，并且作用线都在桁架平面内。

符合上述假定的桁架称为理想桁架。根据这些假定可知，桁架中各杆都是二力杆件，这是桁架结构的特点。研究桁架就是计算桁架中各杆的受力（也称内力）大小，并确定杆件受拉还是受压。

二、节点法求桁架各杆的内力

节点法是分析桁架的基本方法之一。解题原则是取各个节点为研究对象，在节点上的已知外力和杆的内力组成一平面汇交力系，应用平衡条件逐一求出杆的内力。为了避免联立方程，每次截取的节点，作用在上面的未知力应不多于两个。在实际计算中，可从未知力不超过两个的节点开始依次进行计算。

在桁架杆件中，往往存在着不受力的零杆。根据节点上力的平衡方程 $\Sigma F_x=0$、$\Sigma F_y=0$，从结构和外力作用的特殊情况，可直接判断出零杆来，这样可使计算简化。这几种特殊情况是：

(1) 由不在一直线上的两杆所组成的节点，其上没有外力作用时，则此两杆都为零杆，如图 6-13 (a) 中杆 1 和杆 2。

(2) 由三杆组成的节点，如其中两杆在一直线上，其节点上没有外力作用时，则第三杆必为零杆，如图 6-13 (b) 中杆 5。在同一直线上的两杆的内力必大小相等，且性质（指受压或受拉）相同。

(3) 由不在一直线上的两杆所组成的节点，当作用在节点上

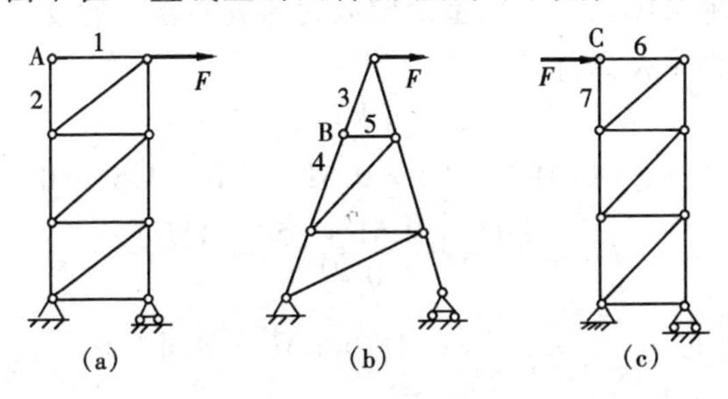

图 6-13　桁架零杆

的外力与其中一杆的轴线重合时，则另一杆为零杆，如图 6 - 13（c）中杆 7。

下面通过实例来说明应用节点法求内力的方法和具体步骤。

例 6 - 4 为了使架空避雷线升高，在电杆顶端加装铁帽子，其结构及几何尺寸如图 6 - 14（a）所示。设避雷线的重力为 1100N，水平力为 750N，试用节点法求各杆内力。（精确到 10 位数）

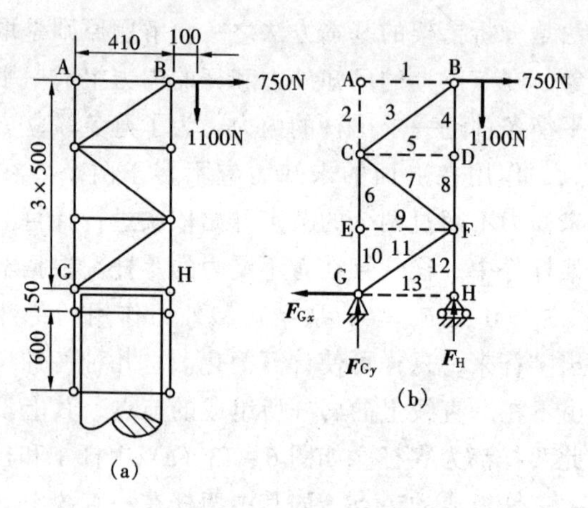

图 6 - 14　节点法求桁架内力

解　（1）标注各节点和各杆的序号，画出受力简图。通常节点用字母 A、B、C、…标注，各杆用数字 1、2、3、…标注，其计算简图如图 6 - 14（b）所示。

（2）求支座反力。以整个桁架为研究对象，它受平面一般力系作用，由平衡条件

$$\Sigma M_G(F) = 0$$

得

$$F_H \times 0.41 - 1100 \times 0.51 - 750 \times 1.5 = 0$$

$$F_H = \frac{1100 \times 0.51 + 750 \times 1.5}{0.41}$$

$$= \frac{1686}{0.41} = 4110(\text{N})(\text{方向向上})$$

由

$$\Sigma F_x = 0$$

得 $$750 - F_{Gx} = 0$$

$$F_{Gx} = 750(\text{N})(\text{方向向左})$$

由 $$\Sigma F_y = 0$$

得 $$-1100 + F_H + F_{Gy} = 0$$

$$F_{Gy} = 1100 - F_H = 1100 - 4110$$

$$= -3010(\text{N})(\text{方向向下})$$

(3) 求内力。

1) 首先判断零杆。因 A、D、E 节点都无外力作用，故 1、2、5、9 杆均为零杆；H 节点的支座反力 F_H 与 12 杆轴线重合，故 13 杆也为零杆（均以虚线表示）。

2) 取节点，画节点受力图，列平衡方程，求出内力数值。

在画各节点受力图时，先假定各杆内力为拉力，即在受力图中各杆的内力离开节点。计算结果若为正值，则表示该内力为拉力；计算结果为负值，则表示该内力为压力。计算过程中节点的选取顺序可以是任意的，但每次选取的节点上的未知力不要超过两个。

在本题中，先选取节点 H，因为 H 点的支座反力已经求出。为了清楚起见，将计算过程列于表 6-1 中。

计算结果说明，杆 11、10、6、3 受轴向拉力，杆 12、7、8、4 受轴向压力。

三、截面法求桁架各杆的内力

在工程中，有时只需要求出桁架中某一个或几个杆件的内力，如图 6-14 中，要了解杆 7 的内力，若用节点法就要先求出杆 12、11、10 的内力，因此很繁琐，此时用截面法就比较方便。

截面法就是假想用一个截面，将所要计算内力的杆件截开，把桁架分成两部分，被截开的任一部分截面上都有另一部分对它作用的内力。取其中任一部分为研究对象，画受力图，按平面一般力系的平衡条件求出内力。值得注意的是，所截取部分的未知力不能多于 3 个。

表 6－1 桁架节点计算

节点名称	杆的号码	节点受力图	平衡方程	简单计算过程	杆的内力
H	12		$\Sigma F_y=0$ $F_{12}+F_H=0$	$F_{12}=-F_H$	$F_{12}=-4110N$
G	11 10		$\Sigma F_x=0$ $F_{11}\cos\alpha-F_{Gx}=0$ $\Sigma F_y=0$ $F_{10}+F_{11}\sin\alpha-F_{Gy}=0$	$F_{11}=\dfrac{F_{Gx}}{\cos\alpha}=750\times\dfrac{647}{410}$ $F_{10}=F_{Gy}-F_{11}\sin\alpha$ $=3010-1180\times\dfrac{500}{647}$	$F_{11}=+1180N$ $F_{10}=+2100N$
F	7 8		$\Sigma F_x=0$ $-F_7\cos\alpha-F_{11}\cos\alpha=0$ $\Sigma F_y=0$ $F_8+F_7\sin\alpha-F_{11}\sin\alpha-F_{12}=0$	$F_7=-F_{11}$ $F_8=F_{12}+(F_{11}-F_7)\sin\alpha$ $=-4110+[1180-(-1180)]$ $\times\dfrac{500}{647}$	$F_7=-1180N$ $F_8=-2290N$

续表

节点名称	杆的号码	节点受力图	平衡方程	简单计算过程	杆的内力
E	6	E, F_6, F_{10}	$\Sigma F_y=0$ $F_6-F_{10}=0$	$F_6=F_{10}$	$F_6=+2100\text{N}$
D	4	D, F_4, F_8	$\Sigma F_y=0$ $F_4-F_8=0$	$F_4=F_8$	$F_4=-2290\text{N}$
C	3	C, F_3, F_7, F_6, α, α	$\Sigma F_x=0$ $F_3\cos\alpha+F_7\cos\alpha=0$	$F_3=-F_7$	$F_3=+1180\text{N}$

注 $\cos\alpha=\dfrac{410}{\sqrt{500^2+410^2}}=\dfrac{410}{647}$，$\sin\alpha=\dfrac{500}{\sqrt{500^2+410^2}}=\dfrac{500}{647}$。

例 6-5 试用截面法验算例 6-4（图 6-14）中杆 6、7、8 的内力。

解 以假想截面 m-m 将杆 6、7、8 同时截并，如图 6-15 (a) 所示，取桁架的上部为研究对象，画受力图如图 6-15 (b) 所示，这样就不必先求支座反力了。从受力图可知，所截取部分的桁架受平面一般力系作用，其中有两个已知力和三个未知力。根据平面一般力系的平衡条件，可解出这三个未知力。

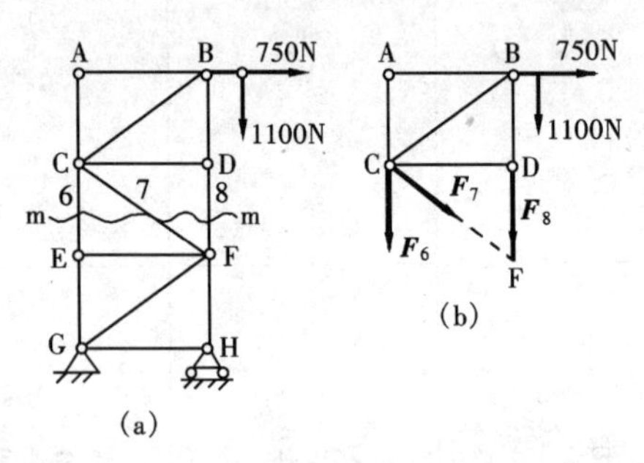

图 6-15 截面法求桁架内力

由
$$\sum M_C(F) = 0$$

得
$$-F_8 \times 0.41 - 750 \times 0.5 - 1100 \times 0.51 = 0$$

$$F_8 = -\frac{750 \times 0.5 + 1100 \times 0.51}{0.41}$$

$$= -2290(\text{N})(\text{压力})$$

由
$$\sum M_F(F) = 0$$

得
$$F_6 \times 0.41 - 750 \times 1 - 1100 \times 0.1 = 0$$

$$F_6 = \frac{750 \times 1 + 1100 \times 0.1}{0.41}$$

$$= 2100(\text{N})(\text{拉力})$$

由
$$\sum F_x = 0$$

得
$$750 + F_7\cos\alpha = 0$$

$$F_7 = \frac{-750}{\cos\alpha} = -750 \times \frac{647}{410}$$

$$= -1180(\text{N})(\text{压力})$$

计算结果与用节点法所得结果相同。

例 6-6 一输电铁塔，在出故障时受到 $F = 10\text{kN}$ 的水平荷载作用如图 6-16（a）所示。试求杆 1 和杆 2 的内力。铁塔两主材的交点为 O，从 O 点到杆 1、2 的距离分别为 r_1 和 r_2。

解 假想用 f-f 面截开包括杆 1 在内的 3 根杆，取截面以上部分为研究对象，受力图如图 6-16（b）所示。由于其他两杆交于 O 点，所以取 O 点为矩心，列平衡方程。

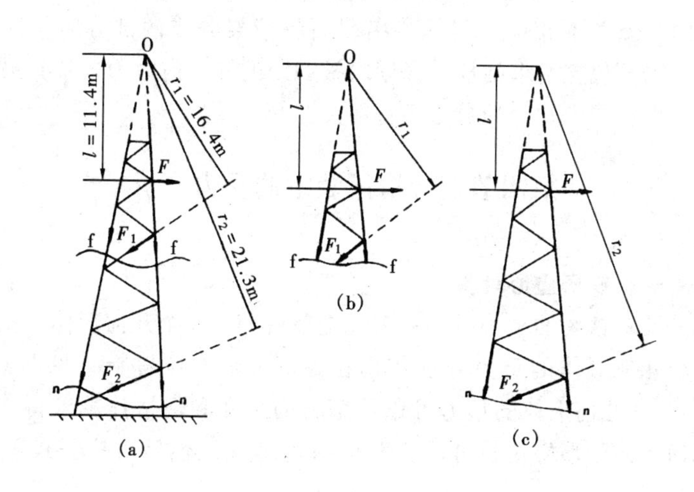

图 6-16 截面法求铁塔杆件内力

由
$$\Sigma M_O(F) = 0$$

得
$$Fl - F_1 r_1 = 0$$

$$F_1 = \frac{Fl}{r_1} = \frac{10 \times 11.4}{16.4}$$

$$= 6.95(\text{kN})(\text{拉力})$$

假想用 n-n 面截开包括杆 2 在内的 3 根杆，取截面上部分为研究对象，画受力图如图 6-16（c）所示，列平衡方程。

由 $$\Sigma M_0(F)=0$$

得 $$Fl-F_2r_2=0$$

$$F_2=\frac{Fl}{r_2}=\frac{10\times11.4}{21.3}$$

$$=5.35(\text{kN})$$

从上述两例可知，用截面法求桁架各杆的内力的步骤与节点法的步骤基本相同。但是，用截面将桁架分成两部分时，应注意：①要包含所求的杆；②同时被截断的杆（内力为未知）最好有交点；③未知力的数目不得超过三个。

第四节　杆塔吊装中的受力分析

一、铁塔重心计算

计算铁塔的重心时，一般先把铁塔分成几个几何形体，认为各个几何形体的重力分别作用在各部分形心位置上（见图 6－17），各几何形体的重力可以从钢材的尺寸和规格计算求得，各几何形体的形心位置可以从表 5－1 中查得。然后再按公式 $x_C=\frac{\Sigma Gx}{\Sigma G}$求出结构的重心。

例 6－7　铁塔尺寸如图 6－17 所示，各部分重力分别为 $G_1=11130$N，$G_2=6220$N，$G_3=5940$N，求此铁塔重心。

解　图中各部分几何形体可看成等腰梯形，各部分的重力认为分别作用在各个梯形的形心上，由表 5－1 可知，梯形形心计算公式为 $x_C=\frac{h(2a+b)}{3(a+b)}$，由此可得

$$x_1=\frac{6000\times(2\times2256+3218)}{3\times(2256+3218)}=2824(\text{mm})$$

$$x_2=6000+\frac{6000\times(2\times1294+2256)}{3\times(1294+2256)}=8729(\text{mm})$$

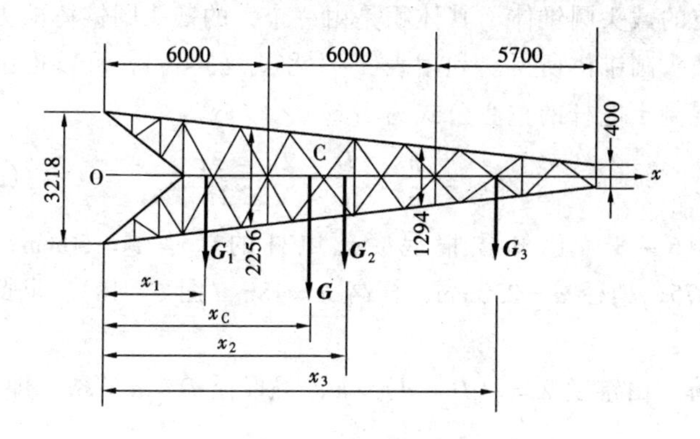

图 6－17　求铁塔重心

$$x_3 = 12000 + \frac{5700 \times (2 \times 400 + 1294)}{3 \times (400 + 1294)} = 14349(\text{mm})$$

由式（5－1）得

$$x_C = \frac{\sum Gx}{\sum G} = \frac{G_1 x_1 + G_2 x_2 + G_3 x_3}{G_1 + G_2 + G_3}$$

$$= \frac{11130 \times 2824 + 6220 \times 8729 + 5940 \times 14349}{11130 + 6220 + 5940}$$

$$= 7340\text{mm} = 7.34(\text{m})$$

所以，铁塔重心在离根部 7.34m 处。

二、拔梢混凝土电杆重心计算

工程中，有些形状基本规则的物体的重心公式已被推导出。如图 6－18 所示为等壁厚的拔梢混凝土电杆，根径为 D，梢径为 d，壁厚为 t，高为 h，锥度 $\lambda = (D-d)/h$。它可以看成是一

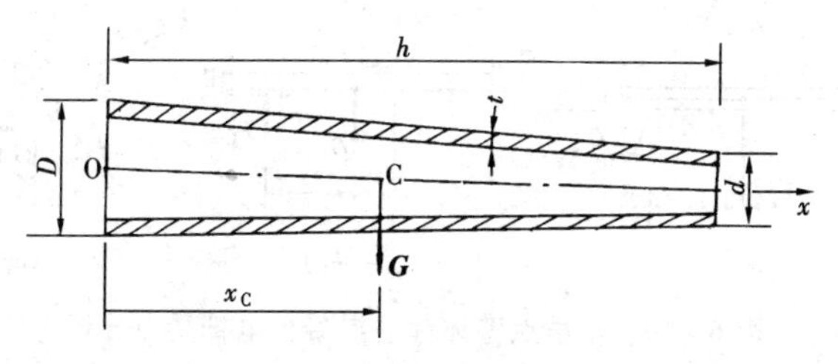

图 6－18　求拔梢混凝土电杆重心

个中空的截头圆锥体，其体积是由一个大的截头圆锥体减去中间小的截头圆锥体所得。利用表 5-1 和式（5-4），可以推出计算拔梢混凝土电杆的重心公式为

$$x_C = \frac{h}{3} \times \frac{D + 2d - 3t}{D + d - 2t} \qquad (6-1)$$

例 6-8 已知拔梢混凝土电杆的壁厚 $t = 50\text{mm}$，锥度 $\lambda = 1/75$，梢径 $d = 230\text{mm}$，杆高 $h = 18\text{m}$（图 6-18）。求此电杆的重心。

解 由锥度 $\lambda = (D - d)/h$，得根径 $D = d + \lambda h$，即

$$D = 230 + \frac{1}{75} \times 18000 = 470(\text{mm})$$

将各已知值代入式（6-1），得

$$\begin{aligned} x_C &= \frac{h}{3} \times \frac{D + 2d - 3t}{D + d - 2t} \\ &= \frac{18000}{3} \times \frac{470 + 2 \times 230 - 3 \times 50}{470 + 230 - 2 \times 50} \\ &= 7800(\text{mm}) = 7.8(\text{m}) \end{aligned}$$

所以，此电杆的重心在离根部 7.8m 处。

三、杆塔吊装中的受力分析及计算

例 6-9 图 6-19（a）为单吊点整体吊立混凝土电杆的示意图。EB 为电杆，电杆及附件的重力为 $\boldsymbol{G}$，重心在 C 点，整体起吊电杆时支点 O 距重心 C 的距离为 l_1，吊点 A 距重心 C 的距离为 l_2。当电杆水平放置在地面时，固定绳 AD 与杆身夹角为 β。

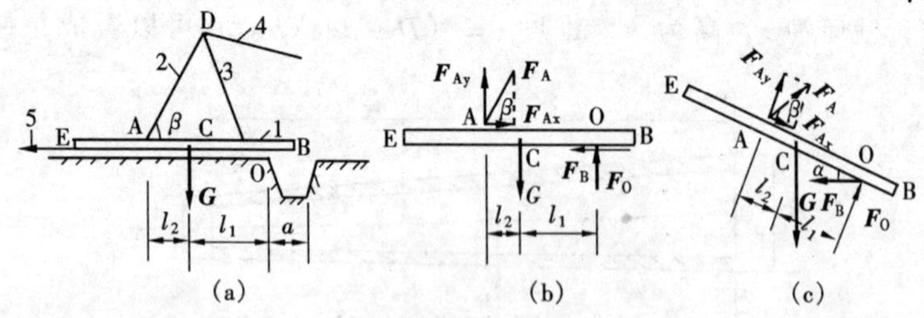

图 6-19 单吊点整体起立混凝土电杆受力分析

1—电杆；2—固定绳；3—抱杆；4—拉绳；5—制动绳

试分别求电杆在水平位置即将离开地面时和立起 α 角度($\alpha<90^\circ$)时，固定绳所受的力。

解 (1) 取混凝土电杆为研究对象，画受力图。如图 6－19 (b) 所示，其上作用有重力 $\boldsymbol{G}$，A 点固定绳的拉力 $\boldsymbol{F}_{\mathrm{A}}$，支点 O 的反力 $\boldsymbol{F}_{\mathrm{O}}$，以及杆根制动绳拉力 $\boldsymbol{F}_{\mathrm{B}}$。将 $\boldsymbol{F}_{\mathrm{A}}$ 分解为 $\boldsymbol{F}_{\mathrm{A}x}$ 与 $\boldsymbol{F}_{\mathrm{A}y}$。

(2) 混凝土电杆在起立过程中的每一瞬间，都可看作是处于平衡状态，杆上各力对支点 O 的力矩的代数和都等于零，即 $\Sigma M_{\mathrm{o}}(F)=0$。由于力 $\boldsymbol{F}_{\mathrm{A}x}$、$\boldsymbol{F}_{\mathrm{B}}$、$\boldsymbol{F}_{\mathrm{O}}$ 的作用线过 O 点，对 O 点的力矩为零，因此只有 $\boldsymbol{G}$ 与 $\boldsymbol{F}_{\mathrm{A}y}$ 对 O 点有力矩。下面分两种情况来分析。

1) 如图 6－19 (b) 所示，杆在水平位置即将离开地面时的力矩平衡方程为

$$\Sigma M_{\mathrm{o}}(F)=0$$

$$-F_{\mathrm{A}y}(l_1+l_2)+Gl_1=0$$

即

$$-F_{\mathrm{A}}\sin\beta(l_1+l_2)+Gl_1=0$$

$$F_{\mathrm{A}}=\frac{Gl_1}{(l_1+l_2)\sin\beta}$$

2) 杆立起 α 角度时，如图 6－19 (c) 所示的力矩平衡方程为

$$\Sigma M_{\mathrm{o}}(F)=0$$

$$-F_{\mathrm{A}}\sin\beta(l_1+l_2)+Gl_1\cos\alpha=0$$

$$F_{\mathrm{A}}=\frac{Gl_1\cos\alpha}{(l_1+l_2)\sin\beta} \qquad (6-2)$$

在起吊过程中，$\boldsymbol{F}_{\mathrm{A}}$ 值随 α 而变。当 $\alpha=0$ 时，$\cos\alpha=1$，F_{A} 为最大值。这就是混凝土电杆在即将离开地面时，钢丝绳受力最大的情况。随着杆与地面的夹角 α 增大，$\cos\alpha$ 值则越来越小，F_{A} 值也将越来越小，绳受力将逐渐减小。因此，式 (6－2) 可作为单点整体起立混凝土电杆时，计算固定绳受力的一般公式。

例 6－10 在例 6－9 中，若 $G=13\mathrm{kN}$，$l_1=11.2\mathrm{m}$，$l_2=1.5\mathrm{m}$，$\beta=60^\circ$，试分别计算当 $\alpha=0^\circ$时和 $\alpha=45^\circ$时固定绳所受的

力。

解 （1）计算 $\alpha=0°$时的 F_{A1}值。将 $G=13kN$，$l_1=11.2m$，$l_2=1.5m$，$\beta=60°$，$\alpha=0°$，代入式（6-2），得

$$F_{A1}=\frac{Gl_1\cos\alpha}{(l_1+l_2)\sin\beta}=\frac{13\times11.2\cos0°}{(11.2+1.5)\sin60°}=13.24(kN)$$

（2）计算 $\alpha=45°$时的 F_{A2}。将 F_{A1}的值乘以 cos45°，即得

$$F_{A2}=13.24\times\cos45°=9.36(kN)$$

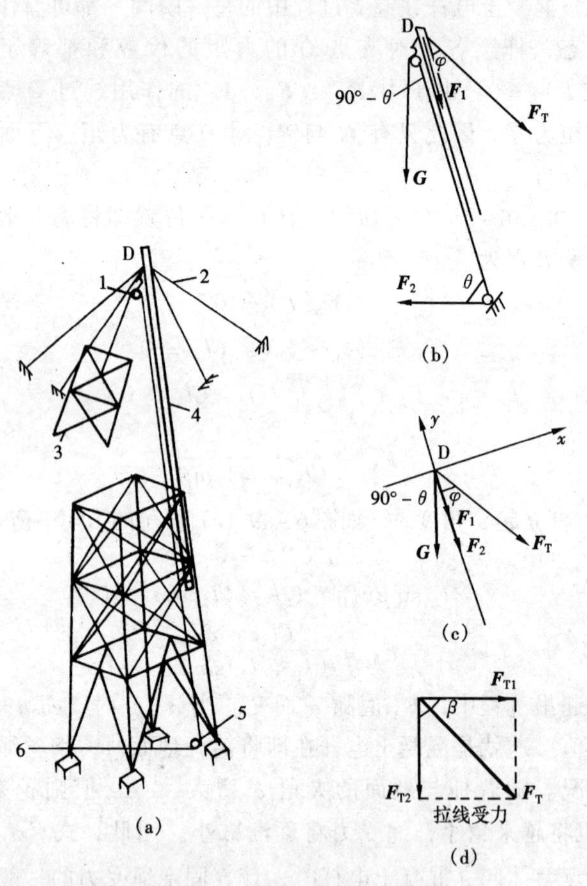

图 6-20　抱杆、拉线及其受力分析

1—起吊滑车；2—拉线；3—构件；

4—抱杆；5—变向滑车；6—牵引绳

例 6-11 如图 6-20（a）所示，某一工程采用外拉线抱杆分解组立铁塔，起吊的最大重力为 $G=6\text{kN}$，抱杆与地面的夹角 $\theta=75°$，拉线合力 $\boldsymbol{F}_{\mathrm{T}}$ 的作用线（即拉线所在的作用面）与抱杆夹角 $\varphi=45°$，如图 6-20（b）所示，相邻两条拉线的夹角 $\beta=90°$，如图 6-20（d）所示。试计算在起吊过程中抱杆及拉线所受的力。

解 （1）求抱杆的压力 $\boldsymbol{F}_1$ 和拉线的合力 $\boldsymbol{F}_{\mathrm{T}}$。如图 6-20（b）所示，如果忽略滑车的摩擦，则牵引绳拉力 $F_2=G$。取抱杆顶点 D 为研究对象，并画受力图，可以认为在起吊的每一瞬间，顶点 D 上作用一平衡的平面汇交力系 $\boldsymbol{G}$、$\boldsymbol{F}_1$、$\boldsymbol{F}_2$ 和 $\boldsymbol{F}_{\mathrm{T}}$。在汇交点 D 建立直角坐标如图 6-20（c）所示，由平衡方程：

$$\begin{cases}\Sigma F_x=0\\ \Sigma F_y=0\end{cases}$$

得
$$\begin{cases}F_{\mathrm{T}}\sin\varphi-G\sin(90°-\theta)=0 & ①\\ -F_1-F_2-F_{\mathrm{T}}\cos\varphi-G\cos(90°-\theta)=0 & ②\end{cases}$$

由式①得 $F_{\mathrm{T}}=G\dfrac{\sin(90°-\theta)}{\sin\varphi}=6\times\dfrac{\sin15°}{\sin45°}=2.2\ (\text{kN})$

代入式②得

$$\begin{aligned}F_1&=-[F_2+F_{\mathrm{T}}\cos\varphi+G\cos(90°-\theta)]\\&=-(6+2.2\cos45°+6\cos15°)\\&=-13.35(\text{kN})\end{aligned}$$

式中负号表示 $\boldsymbol{F}_1$ 与假设的方向相反。由作用与反作用定律可知，抱杆承受的力是向下的压力，其大小等于 F_1。

（2）求相邻两根拉线的拉力。以上计算的 $\boldsymbol{F}_{\mathrm{T}}$ 是两根拉线的合力。如图 6-20（d）所示，每根拉线所受的拉力应用下式计算：

$$F_{\mathrm{T1}}=F_{\mathrm{T2}}=F_{\mathrm{T}}\cos45°=2.2\times0.7071=1.56(\text{kN})$$

从上述计算结果可以看出，拉线受力远远小于抱杆受力。因此，在分解组立铁塔施工中，应特别注意抱杆本身的强度和稳定性。

例 6-12 图 6-21（a）为一门形等径混凝土电杆。已知电杆全长 18m，根开（两杆间的距离）MM′=4.5m，各部分构件重

力分别为

地线支架①重力　　$G_1 = 1kN$/根（共2根）

导线横担②重力　　$G_2 = 5.6kN$（1件）

叉梁③重力　　$G_3 = G'_3 = 1kN$/根（共4根）

主杆④重力　　$G_4 = 20.70kN$/根（共2根）

采用两点起吊，如图6－21（b）所示。吊点固定绳、电杆、抱杆、地面之间的几何关系，如图6－21（c）所示，固定绳AB与电杆的夹角 $\varphi_1 = 50°$，固定绳AH与电杆的夹角 $\varphi_2 = 82°$，抱杆有效高度 $h = 10m$，根开（人字形两抱杆根部距离）$KK' = 3m$，抱杆所在平面与地面夹角 $\varphi_3 = 65°$，主牵引绳AP与地面的夹角 $\varphi_4 = 30°$。求在起吊的起始阶段，固定绳AB、AH所受的力，以及主牵引绳AP和抱杆AK所受的力。

解　这是一个空间力系的问题。由于门形等径混凝土电杆结构对称，其重心和固定点吊绳的拉力及抱杆的受力计算可以简化成平面力系的问题来解决。

（1）求结构的重心。如图6－22所示，取单根电杆为研究对象，利用重心计算式（5－1）

$$x_C = \frac{\sum Gx}{\sum G}$$

即可求出电杆的重心 x_C。由图6－22可知，与 G_1、G_2、G_3、G_4、G'_3 对应的 x 坐标分别为 $x_1 = 17m$，$x_2 = 16m$，$x_3 = 14m$，

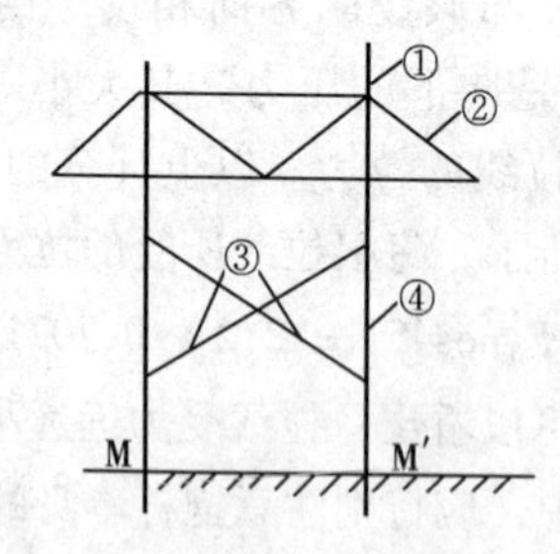

图6－21　整体起立门形电杆（一）

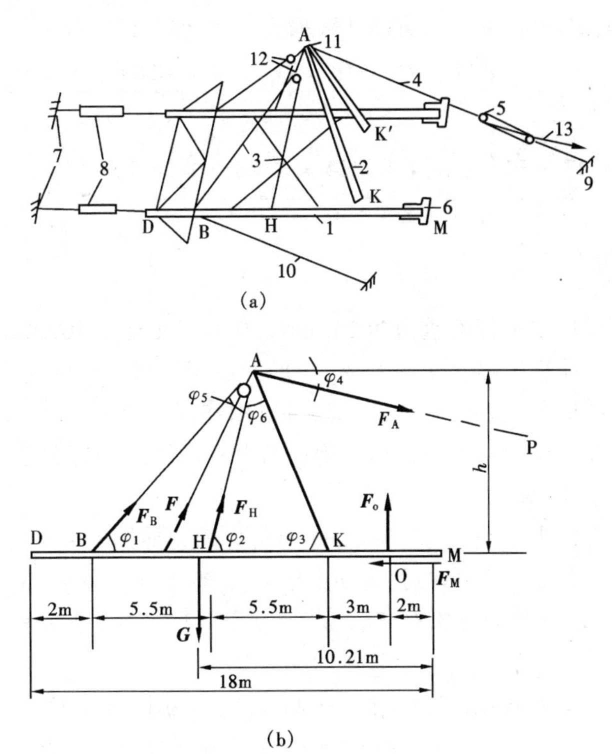

图 6－21　整体起立门形电杆（二）

1—被起吊的电杆；2—人字形抱杆；3—吊点固定绳；4—主牵引绳；5—滑轮组；6—杆坑；7—制动地锚；8—制动器；9—主牵引地锚；10—两侧拉线；11—抱杆帽；12—滑轮；13—至牵引机的牵引绳

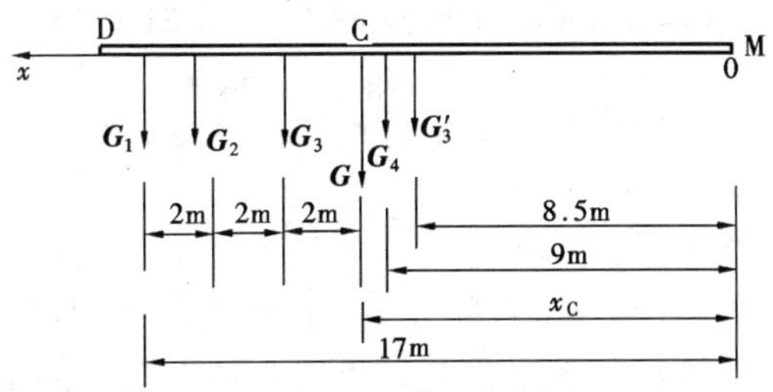

图 6－22　电杆上荷重及重心

G_1—地线支架重；G_2—导线横担重；G_3—叉梁重；G_4—主杆自重；G—单杆总重

$x_4 = 9\text{m}, x'_3 = 8.5\text{m}$。现将已知数据代入式（5－1），得

$$x_C = \frac{\sum Gx}{\sum G} = \frac{G_1 \times 17 + G_2 \times 16 + G_3 \times 14 + G'_3 \times 8.5 + G_4 \times 9}{G_1 + G_2 + G_3 + G'_3 + G_4}$$

$$= \frac{1 \times 17 + \frac{5.6}{2} \times 16 + 1 \times 14 + 1 \times 8.5 + 20.7 \times 9}{1 + 2.8 + 1 + 1 + 20.7}$$

$$= \frac{270.6}{26.5} = 10.21(\text{m})$$

所以单根电杆的重力为26.5kN，作用于距杆根10.21m处。

（2）计算吊绳所受的力 $\boldsymbol{F}_H$、$\boldsymbol{F}_B$。由于单根电杆的重心已求出，因此电杆上各构件的自重力可以用作用在重心C处的 $\boldsymbol{G}$ 来代替。在起始阶段，各吊绳、抱杆与电杆之间的几何关系如图6－21（c）所示。

取电杆为研究对象，画电杆的受力图，如图6－21（c）所示。其上作用有吊绳的拉力 $\boldsymbol{F}_B$ 与 $\boldsymbol{F}_H$、整个杆的重力 $\boldsymbol{G}$、支座反力 $\boldsymbol{F}_o$ 以及制动绳拉力 $\boldsymbol{F}_M$，以O点为矩心，列平衡方程：

$$\sum M_o(F) = 0$$

得

$$-F_B \sin\varphi_1 (5.5 + 5.5 + 3) - F_H \sin\varphi_2 (5.5 + 3) + G(10.21 - 2) = 0$$

$$14 F_B \sin 50° + 8.5 F_H \sin 82° - 8.21 \times 26.5 = 0$$

由于吊绳AB与AH通过滑轮，所以 $F_B = F_H$，并将其代入上式得

$$F_H (14 \times \sin 50° + 8.5 \sin 82°) = 8.21 \times 26.5$$

所以

$$F_H = F_B = \frac{8.21 \times 26.5}{14 \times \sin 50° + 8.5 \times \sin 82°}$$

$$= \frac{217.57}{19.14} = 11.37(\text{kN})$$

（3）计算 $\boldsymbol{F}_H$ 与 $\boldsymbol{F}_B$ 的合力 $\boldsymbol{F}$，用合力 F 替代 F_H、F_B 的共同作用，使后续计算得以简化。由图6－21（c）中的几何关系得知

$$\varphi_5 = \varphi_2 - \varphi_1 = 82° - 50° = 32°$$

如图 6－23 所示，总合力 **F** 可由下式计算

$$\frac{\frac{F}{2}}{F_H} = \cos\frac{\varphi_5}{2}$$

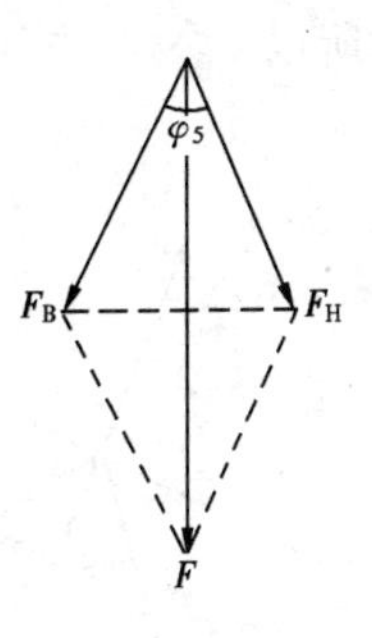

图 6－23 求吊绳的合力

所以
$$F = 2F_H\cos\frac{\varphi_5}{2}$$
$$= 2 \times 11.37\cos16°$$
$$= 22.73(\text{kN})$$

以上计算了一侧固定点吊绳的拉力，而总牵引绳和抱杆的受力是由整个门形混凝土电杆的荷重所产生的，因此必须将两侧拉力折算到对称面上来进行计算。

（4）计算对称面上 **F** 的合力 $\boldsymbol{F}_R$。如图 6－24（a）所示，抱杆有效高度为 10m，电杆根开为 MM′＝4.5m，得

$$\text{tg}\beta = \frac{2.25}{10} = 0.225$$

所以 $\beta = 13°$，由图 6－24（b）得知，F_R 与 F 的关系为

$$\cos\beta = \frac{\frac{F_R}{2}}{F}$$

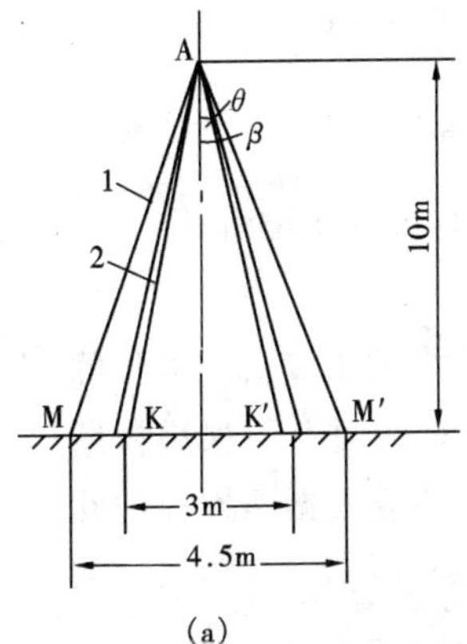

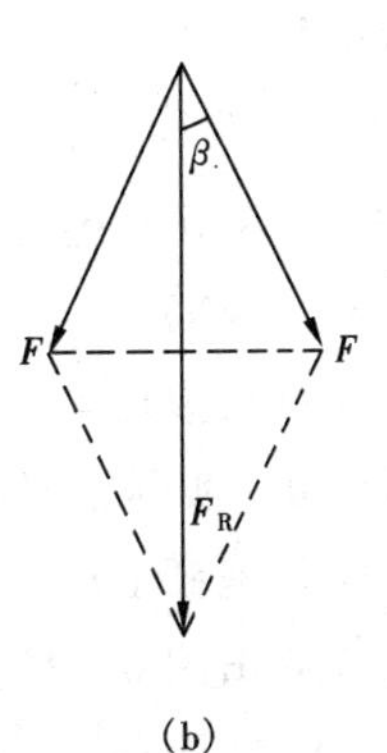

图 6－24 求吊绳的总合力

1——一侧吊绳所在平面；2—抱杆

所以 $F_R = 2F\cos\beta = 2 \times 22.73\cos 13°$
$= 44.29\ (\text{kN})$

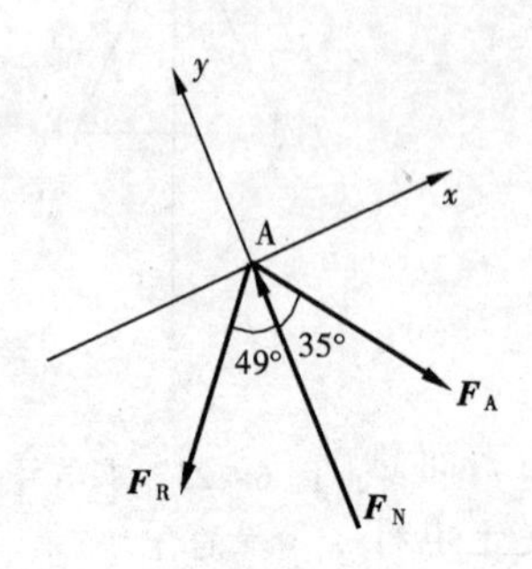

图 6-25 抱杆顶点受力分析

（5）计算抱杆及主牵引绳所受的力 $\boldsymbol{F}_N$ 和 $\boldsymbol{F}_A$。以上计算已将门形等径混凝土电杆的荷载折算到其对称平面上。现取抱杆顶点 A 为研究对象，并画受力图。其上作用有吊绳总合力 $\boldsymbol{F}_R$，抱杆总反力 $\boldsymbol{F}_N$ 及主牵引绳拉力 $\boldsymbol{F}_A$。选直角坐标的 y 轴与 $\boldsymbol{F}_N$ 力重合（见图 6-25）。由图 6-21（c）的几何关系得知力 F（也就是 F 与 F_R 所在的作用面）与抱杆的夹角为 $\varphi_6 + \varphi_5/2 = (180° - \varphi_2 - \varphi_3) + \varphi_5/2 = 180° - 82° - 65° + 16° = 49°$，$\boldsymbol{F}_A$ 与抱杆的夹角为 $\varphi_3 - \varphi_4 = 65° - 30° = 35°$。列平衡方程：

$$\Sigma F_x = 0$$

$$F_A\sin 35° - F_R\sin 49° = 0 \qquad ①$$

$$\Sigma F_y = 0$$

$$F_N - F_A\cos 35° - F_R\cos 49° = 0 \qquad ②$$

由式①得 $F_A = \dfrac{F_R\sin 49°}{\sin 35°} = \dfrac{44.29 \times 0.7547}{0.5736} = 58.27\ (\text{kN})$

将 F_A 值代入式②得

$$F_N = F_A\cos 35° + F_R\cos 49°$$
$$= 58.27 \times 0.8192 + 44.29 \times 0.6561$$
$$= 76.79(\text{kN})$$

（6）计算每根抱杆实际所受的力 $\boldsymbol{F}_{N1}$。由步骤（5）计算得的 $\boldsymbol{F}_N$ 实际上是在对称面上两根抱杆所受的合力，每根抱杆上的受力还应根据两抱杆的几何关系来计算。由图 6-24（a）可知

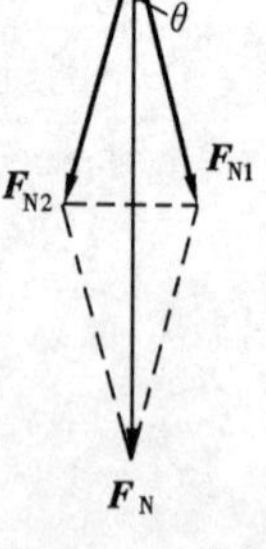

图 6-26 求人字抱杆一侧的力

$$\text{tg}\theta = \frac{1.5}{10} = 0.15 \qquad 所以\ \theta = 8.5°$$

由图 6－26 得知，F_{N1}与 F_N 的关系为

$$\cos\theta = \frac{0.5F_N}{F_{N1}}$$

$$F_{N1} = \frac{0.5F_N}{\cos\theta}$$

$$= \frac{0.5 \times 76.79}{\cos 8.5°}$$

$$= 38.82(\text{kN})$$

答：在起吊的起始阶段，固定绳 AB、AH 受拉力均为 11.37kN，主牵引绳 AP 受拉力 58.27kN，每根抱杆受压力 38.82kN。

复习题

一、填空题

1. 双绳索吊挂重物起吊时，不论重心位置如何，重心作用线一定通过________。

2. 分叉起吊时，分叉两吊索受力的大小________，其值与________有关，因此吊索不能太短。

3. 在起吊的过程中，有时重物偏斜或翻转，这是由于________而造成的。

4. 桁架中各杆件的接头处称为________点，可以用________连接，也可以用铆接或焊接。

5. 计算出的桁架杆件受力为负值，表示杆件受________力。

6. 在整体起立杆塔过程中，杆塔在即将离开地面时，钢丝绳受力________，随着杆的逐渐立起，绳受力将________。

二、判断题（在题末括号内作记号：“√”表示对，“×”表示错）

1. 由三杆或四杆组成的结构是桁架的基本单元。　　（　）

2. 桁架中各杆都是受力杆件。（　）

3. 如图 6－27 所示，单吊鼻起吊时，吊鼻上只受垂直方向的力。（　）

4. 如图 6－28 所示，单吊鼻重物斜拉时，吊绳作用线过重心。（　）

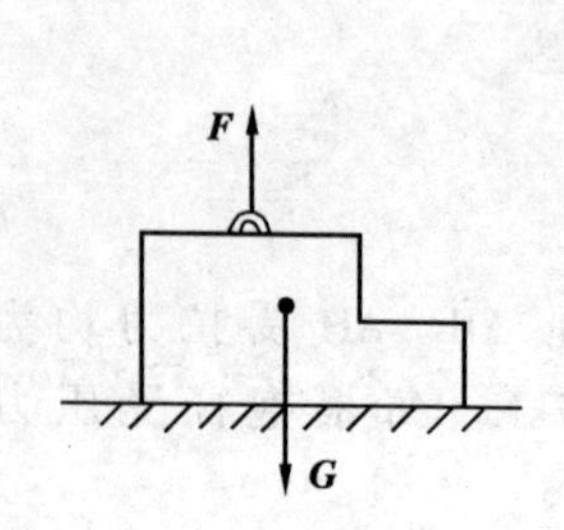

图 6－27　题二－3

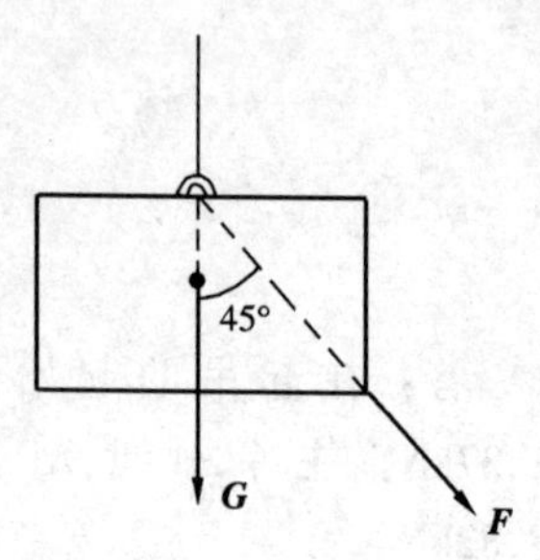

图 6－28　题二－4

5. 求桁架内力的方法有节点法和截面法。（　）

6. 求桁架内力时，一定要先求出全部支反力。（　）

7. 桁架中不受力的杆件叫零杆（　），因此可以将零杆取消。（　）

8. 在采用外拉线抱杆分解组立铁塔时，抱杆受力最大，因此要特别注意抱杆本身的强度和稳定性。（　）

三、绘图、计算题

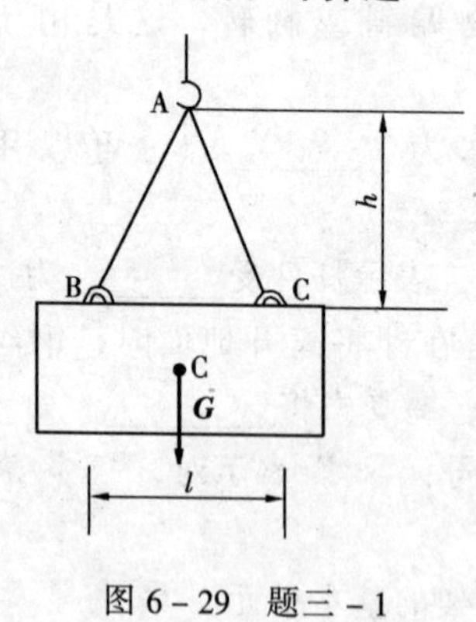

图 6－29　题三－1

1. 图 6－29 所示为分叉起吊，若物重 $G = 40\text{kN}$，吊钩高 $h = 1.8\text{m}$，两吊鼻间的距离为 $l = 1\text{m}$。试用图解法分析两吊鼻上所受的力。

2. 图 6－28 中，若 $G = 30\text{kN}$，$F = 10\text{kN}$，试用图解法求吊绳所受的力。

3. 指出图 6－30 所示各桁架内力为零的杆件。

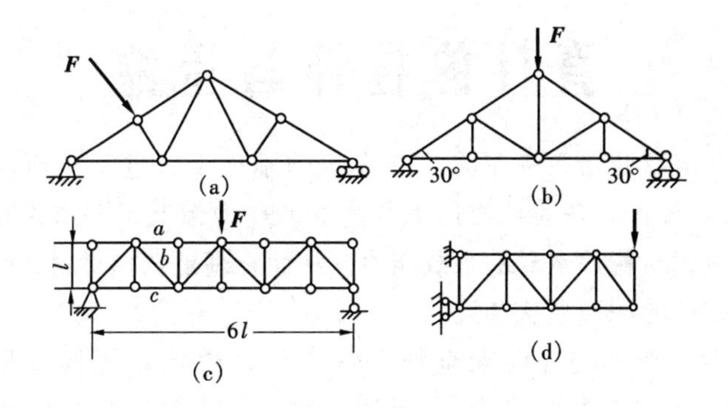

图 6－30　题三－3

4. 用节点法计算图 6－30（b）所示各杆的内力。

5. 用截面法计算图 6－30（c）所示 a、b、c 杆的内力。

6. 已知拔梢混凝土电杆的根径 $D=510\text{mm}$，高 $h=21\text{m}$，壁厚 $t=50\text{mm}$，锥度 $\lambda=1/75$。求此杆的重心。

7. 已知拔梢混凝土电杆的梢径 $d=100\text{mm}$，高 $h=18\text{m}$，壁厚 $t=50\text{mm}$，锥度 $\lambda=1/75$。求此杆的重心。

直杆的拉伸与压缩

从本章开始，将在前述静力学的基础上，进一步研究构件（主要指杆件）在荷载作用下其内部的受力情况，即作用在构件上的荷载与构件本身的承载能力，从而合理地选择材料，恰当地确定构件的截面形状和尺寸。

为了保证构件能安全地正常工作，构件必须具备足够的强度（抵抗破坏的能力）、足够的刚度（抵抗变形的能力）和足够的稳定性（维持原有平衡状态的能力）。强度、刚度和稳定性都与构件的内力和变形有关。因此，研究此类问题时，不再把构件视为刚体，而是视为连续、均匀、各向同性的可变形体，并且仅限于材料处于弹性阶段和构件的变形在微小的范围内。

构件在各种不同的受力情况下，会产生各种不同的变形。基本变形形式有拉伸与压缩、剪切、扭转、弯曲四种。

本章主要讲述直杆在拉伸与压缩变形时的受力分析方法和强度核算，简单介绍螺栓、销、键等受剪切与挤压构件的受力计算方法。

第一节　拉伸与压缩的概念

工程中有很多构件在工作时是承受拉伸或压缩的。如图7-1所示三角形支架，在荷载 F 的作用下，AB杆受拉伸，BC杆受压缩；图7-2所示螺栓连接，当拧紧螺母时，螺栓受到拉伸。又如在整体起吊杆塔时，绳索都受拉伸而抱杆则受压缩（图7-3）。

受拉伸或压缩的构件大多数是等截面的直杆（统称为杆件）。其受力情况可以简化成如图7-4所示。杆件的受力特点是：在

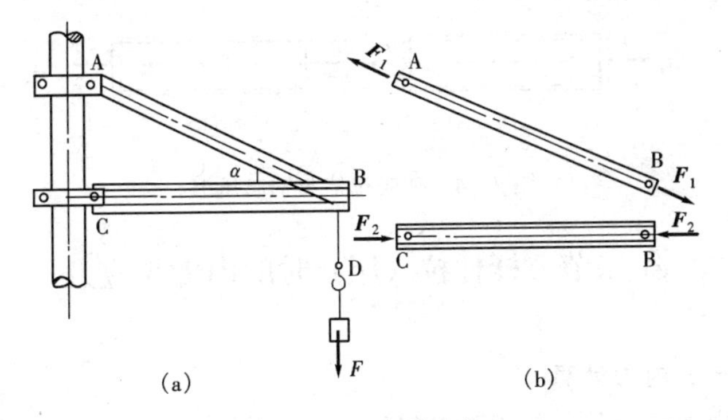

图 7－1　三角形支架

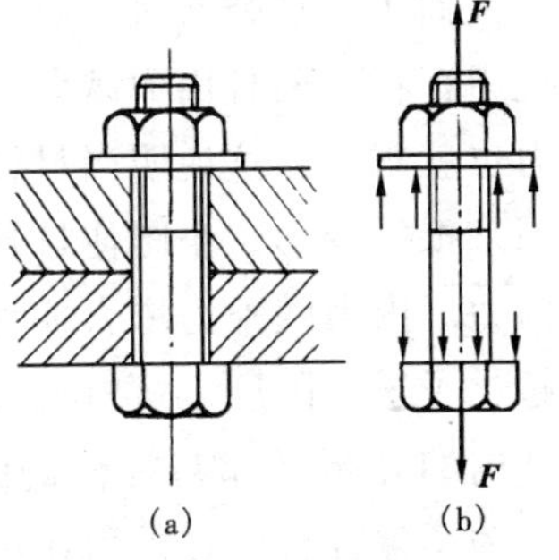

图 7－2　螺栓连接

杆的两端作用有一对大小相等、方向相反的力，力的作用线与杆的轴线重合。两个力的方向相背为拉伸，如图 7－4（a）所示，两个力的方向相对为压缩如图 7－4（b）所示。其变形特点是杆件沿轴线方向伸长或缩短，这种变形称为轴向拉伸或轴向压缩，简称拉伸或压缩。图中实线表示变形以前的杆件外形，虚线表示变形以后的杆件外形。

图 7－3　整体起吊杆塔

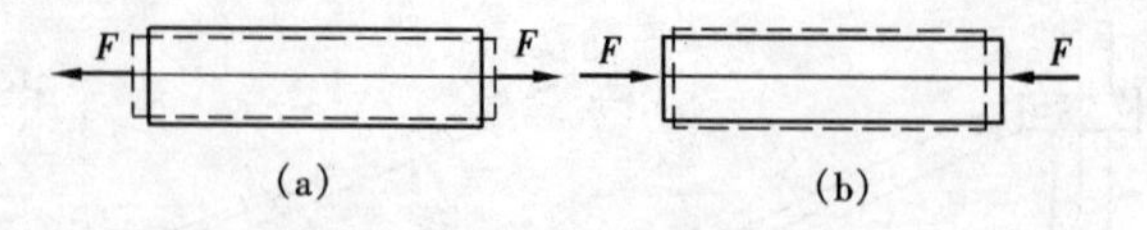

图 7-4　轴向拉伸与轴向压缩

第二节　杆件拉（压）时的内力与应力

一、内力计算

内力是由外力作用而引起的。

人们用手拉弹簧时，手中会感到弹簧内部有一种反抗伸长的抵抗力存在，而且用力越大，弹簧伸长越长，这种反抗伸长的抵抗力也就越大。这说明当材料变形时，材料内部质点之间便产生了用来抵抗变形、企图使材料恢复原状的抵抗力，这种抵抗力就是内力。内力随外力增大而增大，但内力的增大有一定的限度，如超过了这个限度，材料就会被破坏。杆件的内力的大小及其在杆件内的分布规律与杆件的强度、刚度和稳定性密切相关。因此，为了保证杆件在外力作用下能安全正常地工作，就必须研究杆件的内力。

求杆件内力的方法通常用截面法。如图 7-5（a）所示，一受拉的杆件 AB，在外力 F 作用下，处于平衡状态。若要计算截面 C 的内力 F_N，就用假想的截面 m-m 在 C 处将杆 AB 切开，分成Ⅰ、Ⅱ两部分，如图 7-5（b）所示，并以 F_{N1} 和 F_{N2} 分别表示Ⅰ、Ⅱ两段上的内力。显然 F_{N1} 和 F_{N2} 就是Ⅰ、Ⅱ两段相互作用的内力（实际上是分布在整个横截面上各点作用力的合力）。它们是作用力与反作用力的关系，必然大小相等，方向相反。因此，在计算内力时，只要取截面两侧的任意一段来研究即可。

杆件在力 F 作用下处于平衡状态，切开时各部分也应保持平衡。现取Ⅰ段杆为研究对象，列平衡方程：

$$\Sigma F_x = 0$$

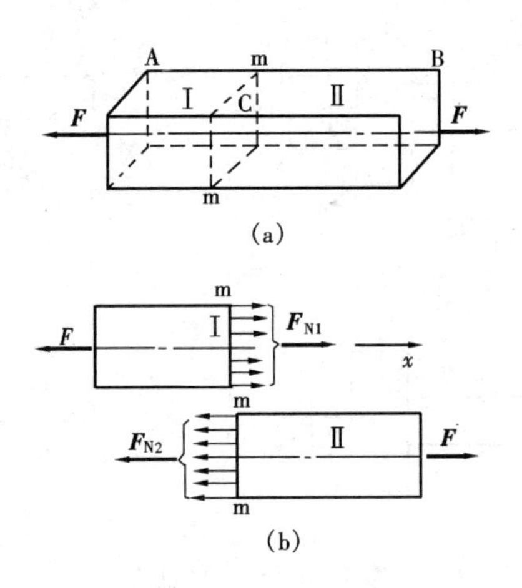

图 7－5　截面法

得　　　　$F_{N1} - F = 0$　　所以 $F_{N1} = F$

拉伸或压缩时，力 F 是通过杆轴线的，因此内力的作用线也必然与杆轴线相重合，故 F_N 内力也叫做轴力。为了在计算上区别拉、压两种变形，对内力 F_N 给以符号规定：拉伸时 F_N 为正，力的指向背离截面；压缩时 F_N 为负，力的指向朝着截面。

截面法求杆件内力的方法可规纳为四个字，即

切：沿所求截面将构件假想切开。

取：选取其中任一部分作为研究对象（以受力较简单的为好）。

代：以内力代替去掉部分对选取部分的作用，在计算内力时，一般先假设内力为拉力（当内力方向一眼就可以看出时，也可按实际方向设定）。

平：对选取部分列出静力平衡方程，求出内力。若内力为正值，则为拉力，反之为压力。

例 7－1　一杆件（少油断路器的水平操纵杆）所受的外力经简化后，其计算图如图 7－6（a）所示，$F_1 = 9.3\text{kN}$，$F_2 = 3.8\text{kN}$，$F_3 = 5.5\text{kN}$。试求截面 1－1 和 2－2 上的轴力。

解　（1）计算 1－1 截面的轴力。

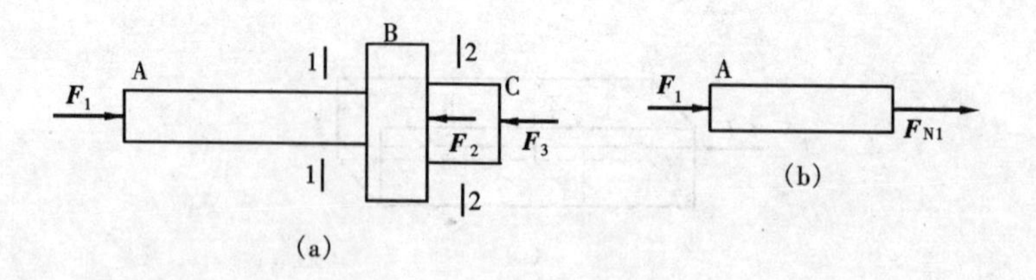

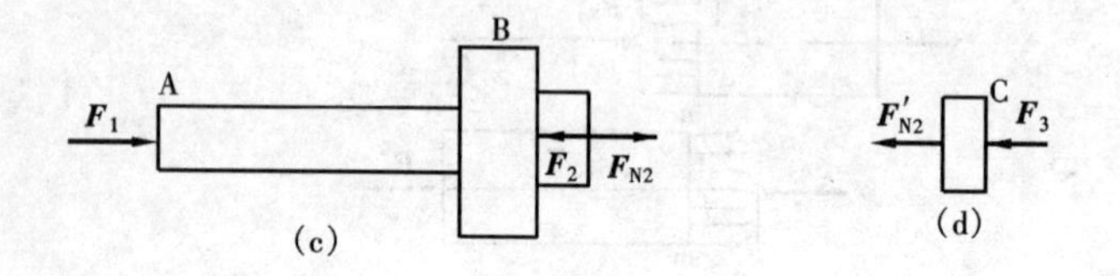

图 7-6　求杆件轴力

1）沿截面 1-1 假想将杆切开。

2）选取截面左段来研究。

3）画受力图，用轴力 F_{N1}代替右段对左段的作用，如图 7-6（b）所示。

4）列平衡方程

$$\Sigma F_x = 0$$

得

$$F_{N1} + F_1 = 0$$

$$F_{N1} = -F_1 = -9.3(\text{kN})(\text{压力})$$

（2）计算 2-2 截面的轴力。同理，沿截面 2-2 假想将杆切开，取左段为研究对象，画受力图，用轴力 F_{N2}代替右段对左段的作用，如图 7-6（c）所示，列平衡方程

$$\Sigma F_x = 0$$

得

$$F_{N2} + F_1 - F_2 = 0$$

$$F_{N2} = F_2 - F_1 = 3.8 - 9.3 = -5.5(\text{kN})(\text{压力})$$

若截取右段为研究对象来计算截面 2-2 的轴力，则更为简便，画受力图，如图 7-6（d）所示，列平衡方程

$$\Sigma F_x = 0$$

得

$$-F'_{N2} - F_3 = 0$$

$$F'_{N2} = -F_3 = -5.5(\text{kN}) \quad (\text{压力})$$

所得结果与前面计算的相同（F_{N2}与 F'_{N2}是一对作用力与反作用力）。

二、正应力计算

轴力 F_N 是整个横截面上的内力，大小只与外力有关，与横截面积大小无关。如果两根杆件材料一样，所受外力相同，只是截面积大小不一样，显然较细的杆件容易被破坏。因此，只知道内力还不能解决强度问题，必须综合内力、横截面积两个因素，才能正确反映一个杆件的强度。通常把正应力作为衡量强度的依据。单位面积上的内力称为应力，由于拉伸或压缩时内力与横截面垂直，所以称垂直于横截面的应力为正应力。正应力用字母 σ 表示，单位是 Pa（帕）或 MPa（兆帕），$1\text{MPa} = 10^6\text{Pa}$。在计算中，$\text{MPa} = \text{N/mm}^2$（牛/毫米^2）。

通过大量试验证明，杆件在轴向拉伸或压缩时，杆件的伸长或缩短变形是均匀的，轴力在横截面上的分布也是均匀的。所以，直杆在拉、压时横截面上的正应力可用下式计算：

$$\sigma = \frac{F_N}{A} \tag{7-1}$$

式中 σ——杆件横截面上的正应力；

F_N——该横截面上的轴力；

A——杆件横截面面积。

σ 的正负规定与轴力相同，拉伸时的应力为拉应力，用正号（+）表示；压缩时的应力为压应力，用负号（-）表示。

例 7-2 图 7-7 所示为某一连杆螺栓，最小直径 $d = 8.5\text{mm}$，装配时拧紧产生拉力 $F = 8.7\text{kN}$，试求螺栓最小截面上的正应力。

解 连杆螺栓受拉力 $F = 8.7\text{kN}$，在最小直径 d 处假想截开，用截面法和平衡方程算出轴力 F_N 也是 8.7kN（拉力）。

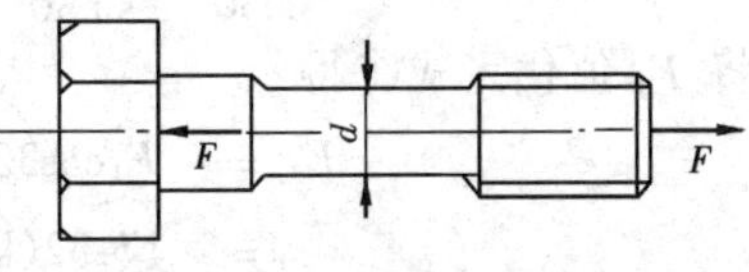

图 7-7 连杆螺栓

该螺栓最小横截面积为

$$A = \frac{\pi d^2}{4} = \frac{3.14 \times 8.5^2}{4} = 56.72(\text{mm}^2)$$

螺栓最小横截面上的正应力为

$$\sigma = \frac{F_N}{A} = \frac{8700}{56.72} = 153.39\text{N/mm}^2 \approx 153(\text{MPa})$$

例 7－3 图 7－8（a）所示三角支架，杆 AB 为圆钢，直径 $d = 18\text{mm}$，杆 BC 为正方形横截面的型钢，边长 $a = 10\text{mm}$，在铰节点 B 承受的竖向力 $F = 10\text{kN}$。若不计自重力，试求杆 AB 和杆 BC 横截面上的正应力。

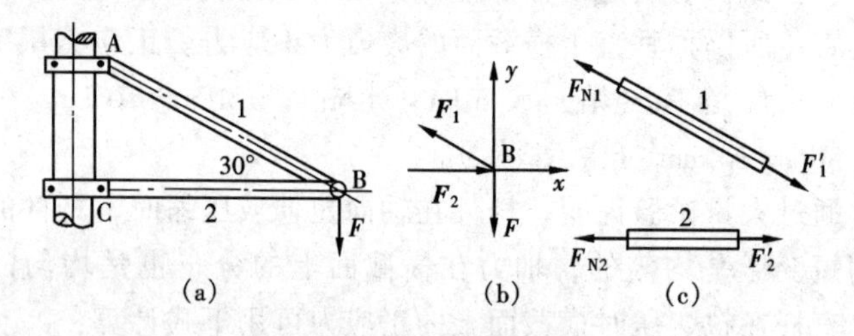

图 7－8 三角支架

解 （1）外力分析。三角支架的两杆（设为杆 1 和杆 2）均为二力杆，铰节点 B 的受力图如图 7－8（b）所示，平衡方程为

$$\Sigma F_x = 0$$

$$-F_2 - F_1\cos30° = 0 \qquad ①$$

$$\Sigma F_y = 0$$

$$F_1\sin30° - F = 0 \qquad ②$$

由式②得 $F_1 = \frac{F}{\sin30°} = \frac{10}{\sin30°} = 20$（kN）（拉力）

将 F_1 值代入式①得

$$F_2 = -F_1\cos30° = -20\cos30°$$

$$= -17.32(\text{kN})(\text{压力})$$

（2）内力分析。因为内力与外力总是平衡的，由图 7－8

（c）可知，杆 1 和杆 2 的内力应分别为

$$F_{N1} = F'_1 = F_1 = 20\text{kN}(\text{拉力})$$

$$F_{N2} = F'_2 = F_2 = -17.32(\text{kN})(\text{压力})$$

（3）计算两杆的横截面积。

$$A_1 = \frac{\pi d^2}{4} = \frac{3.14 \times 18^2}{4} = 254.34(\text{mm}^2)$$

$$A_2 = a^2 = 10^2 = 100(\text{mm}^2)$$

（4）计算正应力。由式（7-1）得

$$\sigma_1 = \frac{F_{N1}}{A_1} = \frac{20 \times 10^3}{254.34} = 78.63(\text{N/mm}^2)$$

$$= 78.63(\text{MPa})(\text{拉应力})$$

$$\sigma_2 = \frac{F_{N2}}{A_2} = \frac{-17.32 \times 10^3}{100}$$

$$= -173.2(\text{N/mm}^2)$$

$$= -173.2(\text{MPa})(\text{压应力})$$

第三节　拉（压）杆的变形与虎克定律

一、弹性变形与塑性变形

杆件在外力作用下发生的变形分为弹性变形和塑性变形两种。外力卸除后杆件变形能完全消除的叫弹性变形。材料的这种能消除由外力引起的变形的性能，称为弹性。常用的金属、木材等工程材料可看成是完全弹性材料。材料保持弹性的限度称为弹性范围。

如果外力作用超过弹性范围，卸除外力后，杆件的变形就不能完全消除而残留一部分，这部分不能消除的变形称为塑性变形。材料的这种产生塑性变形的性能，称为塑性。在工程中，一

般都把杆件的变形限制在弹性范围内，这样杆件变形很小，可以保证正常工作。下面介绍的均是杆件在弹性范围内的变形情况。

二、绝对变形与相对变形

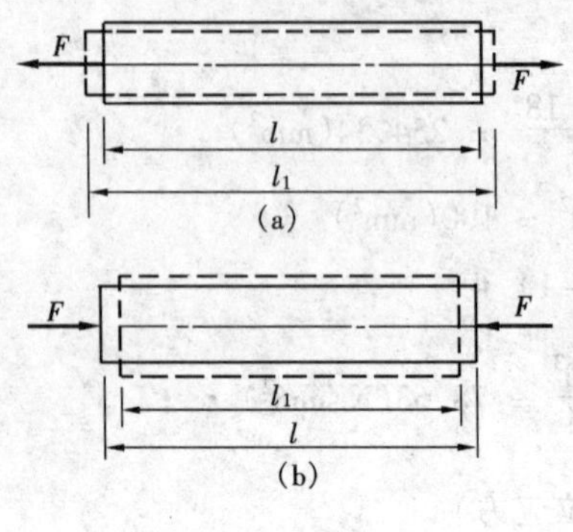

图 7－9　绝对变形

在研究虎克定律以前，先介绍变形的基本量度问题。

设有一根等径直杆，两端受轴向外力 F 作用。杆件原长为 l，变形后的长度为 l_1，设长度的改变量为 Δl，$\Delta l = l_1 - l$。显然当 $l_1 > l$ 时，Δl 为正值，是绝对拉伸变形，如图 7－9 (a) 所示，反之，Δl 为负值是绝对压缩变形，如图 7－9 (b) 所示。Δl 统称为绝对变形，它的单位是 cm 或 mm。

在同样大小的轴向外力作用下，对于不同长度的杆件，其绝对变形 Δl 是不一样的。一般来说，杆件原来的长度越长，那么在 F 力作用下，它的变形也越大，反之亦然。因此，要消除杆件原长的影响，通常用杆件的相对变形来表示。单位长度上的变形，叫相对变形，也叫应变，用字母 ε 表示

$$\varepsilon = \frac{\Delta l}{l} \qquad (7-2)$$

由于相对变形是两个长度的比值，所以是无量纲，通常用百分比表示。

Δl 和 ε 两个量从不同的角度反映了杆件变形的大小。那么 Δl 和 ε 究竟与哪些因素有关，虎克定律全面地解决了这个问题。

三、虎克定律

虎定定律是通过实验得到的。17 世纪中叶，英国科学家虎克根据实验研究，发现了变形与轴力之间的关系：当杆件内的轴力 F_N 不超过某一限度时，杆件的绝对变形 Δl 与轴力 F_N 及杆长 l 成正比，与横截面积 A 成反比。即

$$\Delta l \propto \frac{F_N l}{A}$$

此外，Δl 还与杆件的材料性能有关，引入比例常数 E，Δl 可用等式来表达

$$\Delta l = \frac{F_N l}{EA} \tag{7-3}$$

将式（7－3）改写为

$$\frac{F_N}{A} = \frac{\Delta l E}{l}$$

将 $\frac{F_N}{A} = \sigma$，$\frac{\Delta l}{l} = \varepsilon$ 代入上式，得

$$\sigma = E\varepsilon \tag{7-4}$$

式（7－4）是虎克定律的另一种表达式。它的含义是：当应力不超过某一极限时，应力与应变成正比。

虎克定律中的应力极限值称为比例极限。各种材料的比例极限由实验测定。

比例常数 E，叫做材料的弹性模量。从式（7－4）知，当应力 σ 不变时，E 越大，则应变 ε 越小。所以，弹性模量反映了材料抵抗变形的能力。由于应变 ε 是无量纲，故 E 的单位与应力 σ 的单位相同。各种材料的 E 值都不一样，可由实验测定。几种常用材料的 E 值列表 7－1。

从式（7－3）可看出，当轴力 F_N、长度 l 一定时，EA 越大，则 Δl 越小，表明刚度越好。所以称 EA 为杆件的抗拉（压）刚度。

表 7－1　　几种常用材料的 E 值

材料名称	弹性模量 E（MPa）
低碳钢	$(2.0 \sim 2.2) \times 10^5$
合金钢	$(1.9 \sim 2.2) \times 10^5$
铸　铁	$(1.15 \sim 1.6) \times 10^5$
铜及其合金	$(0.74 \sim 1.3) \times 10^5$
硬铅合金	0.71×10^5
混凝土	$(0.146 \sim 0.36) \times 10^5$
木材（顺纹）	$(0.10 \sim 0.12) \times 10^5$
木材（横纹）	$(0.005 \sim 0.010) \times 10^5$
橡　胶	8

第四节　常用材料拉（压）时的力学性质

为了研究构件或结构的强度和刚度，必须了解材料的力学性质。现以低碳钢（含碳量≤0.25%）和铸铁为例，介绍材料在做拉伸和压缩试验时，从开始受力直到破坏的全过程中所表现出来的力学性质，为设计和使用构件提供必要的依据。

图 7－10　拉伸试件

一、拉伸试验

拉伸试验按规定常采用如图 7－10 所示的标准圆柱形试件，其工作段长度 $l=10d$（d 为试件直径）。

（一）低碳钢［Q235（A3）钢］拉伸试验

1. 试验过程的四个阶段

从低碳钢试件作拉伸试验得到的应力－应变（$\sigma-\varepsilon$）曲线中可以看出，材料从加力到破坏，整个过程呈现四个不同的阶段（图 7－11）。

（1）弹性阶段（Ob 段）。Ob 段由直线 Oa 和微弯的 ab 线组成。应力－应变曲线在 Oa 段为一直线，说明在此阶段内应力与应变成正比关系。正比阶段的最高点 a 对应的应力称为材料的比例极限，以 σ_p 表示。只有在比例极限内，虎克定律才能适用。Q235 钢的比例极限 $\sigma_p=200\text{MPa}$。

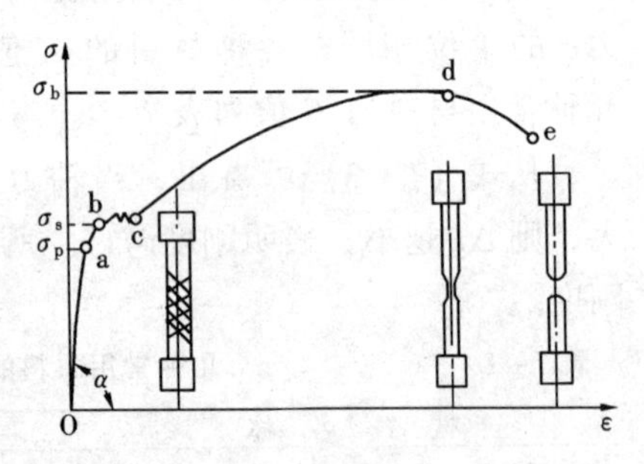

图 7－11　低碳钢拉伸时的四个阶段

（2）屈服阶段（bc 段）。通过比例极限后，应力与应变之间不再保持正比关系，当过了 b 点时，图线出现有微小波动的水平线段。在此阶段内，应力几乎不再增加，而应变却显著增加，材料好像暂时丧失了抵抗变形的能力，这种现象叫材料的屈服现象。如果试件光滑，则可看到许多与试件轴线成 45°角的斜线（图 7 - 12）。对应于 b 点的应力称为材料的屈服极限，用 σ_s 表示。Q235 钢的屈服极限 $\sigma_s = 235\text{MPa}$。由于工程结构不允许发生塑性变形，所以屈服极限 σ_s 是衡量材料强度的重要指标。

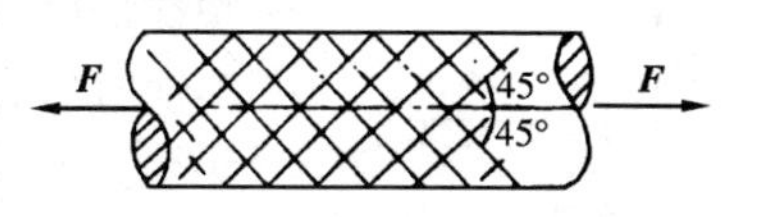

图 7 - 12　Q235 钢屈服现象

（3）强化阶段（cd 段）。经过屈服阶段后，材料又增强了抵抗变形的能力，这时要使材料继续变形需要增大拉力，这种现象称为强化。强化阶段的最高点 d 所对应的应力，称为材料的强度极限，用 σ_b 表示。Q235 钢的强度极限 $\sigma_b = 380\text{MPa}$。

（4）局部收缩阶段（de 段）。应力超过强度极限后，变形开始集中在试件某一局部区域，该区横截面迅速减小（图 7 - 13），产生缩颈现象。由于缩颈部分截面积急剧减小，所以抗拉能力大大下降，最后导致试件断裂。

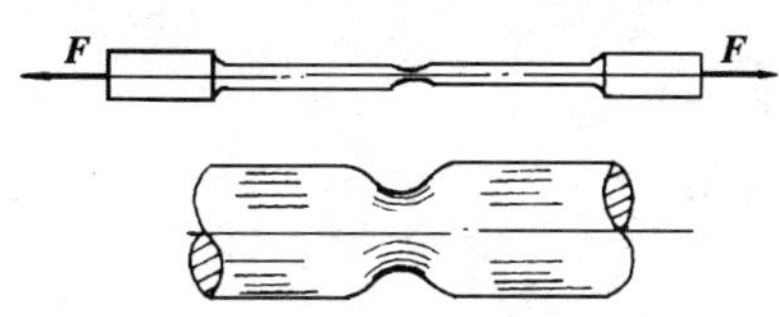

图 7 - 13　Q235 钢缩颈现象

综上所述，在整个拉伸过程中，材料经历了正比、屈服、强化和局部收缩四个阶段，并存在三个特征点，其相应的应力依次为比例极限 σ_p、屈服极限 σ_s 和强度极限 σ_b。对塑性材料来说，屈服极限和强度极限是衡量其强度的主要指标。

2. 延伸率

试件断裂后，残留下来的变形就是试件的塑性变形。在断口处把试件对接起来，量得标距间的最终长度为 l_1。若标距原长为 l，则试件断裂后的相对伸长，叫延伸率，用字母 δ 表示，即

$$\delta = \frac{l_1 - l}{l} \times 100\% \qquad (7-5)$$

延伸率是衡量材料塑性变形程度的重要指标。δ 值越大，材料的

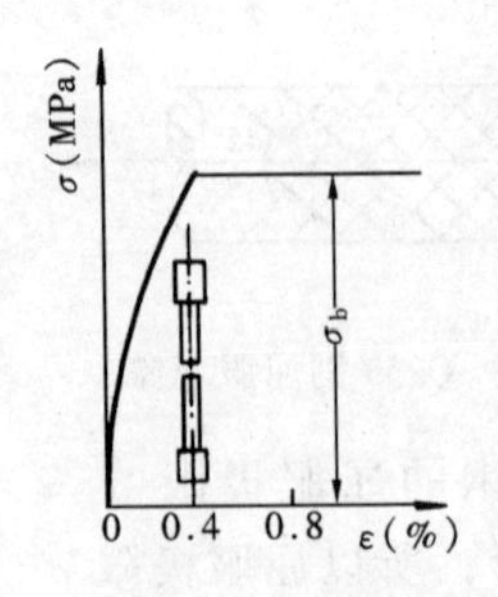

图 7－14 铸铁圆拉伸试验

塑性性能越好。通常将 $\delta \geqslant 5\%$ 的材料称为塑性材料，如 Q235 钢的延伸率 $\delta = 20\% \sim 30\%$；$\delta < 5\%$ 的材料称为脆性材料，如混凝土、铸铁。

（二）铸铁拉伸试验

试验结果表明，铸铁被拉伸时，在破坏之前没有明显的塑性变形，拉断时没有缩颈现象产生。$\sigma - \varepsilon$ 曲线如图 7－14 所示，只有强度极限 σ_b 这一强度指标，延伸率几乎等于零。

二、压缩试验

压缩试验常用短圆柱形试件，如图 7－15（a）所示来做，其长 l 为直径 d 的 1.5～3 倍。

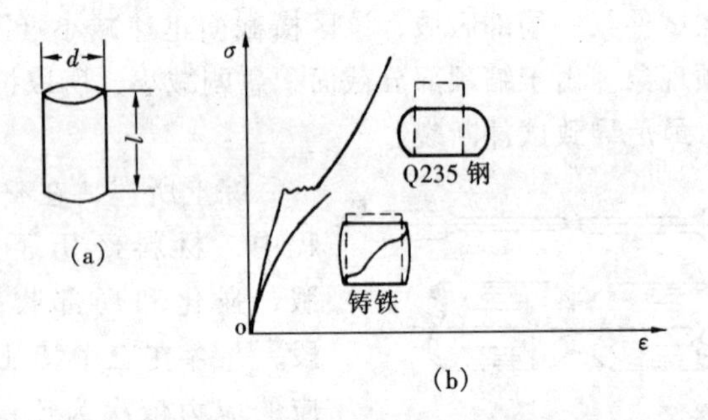

图 7－15 压缩试验

Q235 钢和铸铁压缩时的破坏情况及应力－应变曲线，如图 7－15（b）所示。Q235 钢压缩时的比例极限 σ_p、屈服极限 σ_s 都与拉伸时相同。由于加压到屈服极限后，试件越压越扁，横截面积不断增大，故不会断裂，因此得不到强度极限。$\sigma - \varepsilon$ 曲线在屈服阶段后为上升曲线。铸铁则不然，压缩时 $\sigma - \varepsilon$ 曲线没有明显的比例极限和屈服极限，破坏时试件沿与坐标轴线大体成 45° 的斜面被错开。压缩时的强度极限比拉伸时的强度极限大近 4～5 倍。因此，脆性材料通常是用来制造受压的构件。

第五节 拉（压）杆的强度条件

一、安全系数、许用应力

在施工生产中，为了保证构件安全可靠的工作，是不允许构件产生较大的塑性变形或断裂的。如果将构件产生较大的塑性变形或断裂时的应力叫极限应力，那么塑性材料的极限应力就是屈服极限 σ_s；脆性材料的极限应力就是强度极限 σ_b。构件在工作中允许产生的最大应力，称为材料的许用应力，用［σ］表示。为了保证构件的安全性，以应付偶然事件的发生，构件的许用应力必须低于极限应力。极限应力与许用应力的比值，称为材料的安全系数，用 K_s 或 K_b 表示。许用应力可写成：

塑性材料 $$[\sigma] = \frac{\sigma_s}{K_s} \tag{7-6a}$$

脆性材料 $$[\sigma] = \frac{\sigma_b}{K_b} \tag{7-6b}$$

安全系数 K_s 或 K_b 都大于 1。它的取值直接关系到构件安全储备的大小和是否经济。这是一个较为复杂的问题。影响安全系数的因素大体包括材料质地的均匀程度、荷载计算的准确性、制造工艺、工作条件，乃至结构的重要性等。在实际应用中，安全系数可从有关资料中查得。一般规定：塑性材料 $K_s = 1.5 \sim 2.0$；脆性材料 $K_b = 2.0 \sim 5.0$。

表 7-2 列出了几种常用材料的许用应力。

表 7-2　　几种常用材料的许用应力

材料名称	许用应力［σ］（MPa）		材料名称	许用应力［σ］（MPa）	
	拉伸	压缩		拉伸	压缩
Q235 钢	160	160	松木（顺纹）	6 ~ 7.5	9 ~ 12
16 锰钢	230	230	杉木（顺纹）	5.5 ~ 9	8 ~ 11
灰口铸铁	34 ~ 54	160 ~ 200	砖砌体	0.2	0.6 ~ 2.5
混凝土	0.1 ~ 0.7	1 ~ 9			

二、拉压杆的强度条件

为了保证杆件能安全正常的工作，在外力作用下，杆件内产生的最大应力不允许超过材料的许用应力，即

$$\sigma = \frac{F_N}{A} \leqslant [\sigma] \tag{7-7}$$

式（7－7）称为杆件在拉压时的强度条件。根据这个强度条件，可以解决杆件强度方面的三类实际问题。

1. 校核强度

若杆件材料的许用应力 $[\sigma]$、横截面面积 A 和所受外力 F（或轴力 F_N）均为已知，只要将 $[\sigma]$、A、F_N 代入式（7－7），就可以检验杆件的强度是否满足强度条件，从而判断出杆件在外力作用下能否安全工作。

2. 选择截面尺寸

如果已知杆件所受外力和许用应力，根据强度条件则可以确定杆件所需横截面面积，此时式（7－7）可以改写为

$$A \geqslant \frac{F_N}{[\sigma]}$$

3. 确定杆件的许用轴力

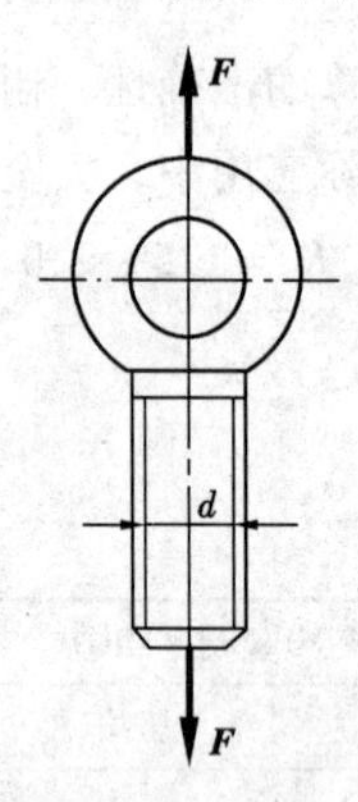

图 7－16　吊环

如果已知杆件的尺寸和许用应力，根据强度条件则可以确定杆件所能承受的许用轴力 F_N，此时

$$F_N \leqslant A[\sigma]$$

再根据构件的具体情况进一步求出构件的许用荷载。

例 7－4　一个总重力为 710N 的电动机，安装了一个 M8 螺钉吊环，已知吊环螺钉根部直径 $d = 6.4$mm，如图 7－16 所示，许用应力 $[\sigma] = 40$MPa，问起吊电动机时吊环螺钉是否安全（不考虑圆环部分）。

解　由吊环螺钉根部的强度条件可得

$$\sigma = \frac{F_N}{A} = \frac{F_N}{\frac{\pi}{4}d^2} = \frac{710}{\frac{\pi}{4} \times 6.4^2}$$

$$= 22(\mathrm{N/mm^2}) = 22\mathrm{MPa}$$

$$\sigma < [\sigma]$$

所以吊环螺钉是安全的。

例 7－5 图 7－17 为一起重机吊钩，用 20 号碳素钢锻造。取 $[\sigma] = 55\mathrm{MPa}$，最大起重物的重力为 60kN。试选吊钩螺杆部分的内径。

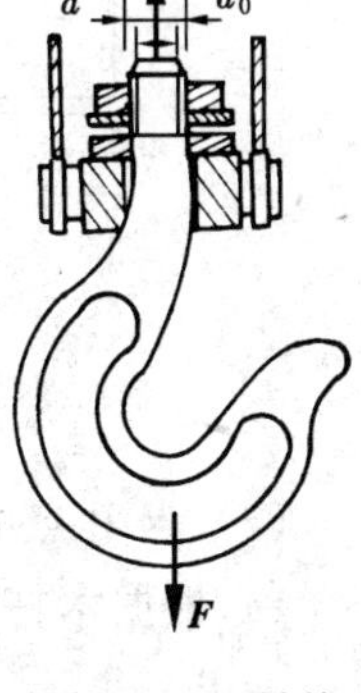

图 7－17　吊钩

解　本题为已知外荷载 F 和许用应力 $[\sigma]$，求截面尺寸 d。根据强度条件

$$A \geqslant \frac{F_N}{[\sigma]} = \frac{F}{[\sigma]} = \frac{60000}{55}$$

$$= 1090(\mathrm{mm^2})$$

因为

$$A = \frac{\pi d_0^2}{4}$$

所以

$$d_0 = \sqrt{\frac{4A}{\pi}} = \sqrt{\frac{4 \times 1090}{3.14}}$$

$$= 37.28(\mathrm{mm})$$

取

$$d = 38.0\mathrm{mm}$$

例 7－6 图 7－18（a）为钢木结构支架，AB 为木杆，其横截面积 $A_1 = 100\mathrm{cm^2}$，许用应力 $[\sigma]_1 = 7\mathrm{MPa}$，BC 为钢杆，其横截面积 $A_2 = 6\mathrm{cm^2}$，许用应力 $[\sigma]_2 = 160\mathrm{MPa}$。试求 B 处可吊的最大许用荷载 F。

解　(1) 求 F_{BC}、F_{AB}与荷载 F 间的关系，取节点 B 为研究对象，画受力图（图 7－18，b）。

由

$$\Sigma F_y = 0$$

得

$$F_{BC}\sin30° - F = 0$$

$$F_{BC} = \frac{F}{\sin30°} = 2F$$

由

$$\Sigma F_x = 0$$

得

$$F_{AB} - F_{BC}\cos 30° = 0$$

$$F_{AB} = F_{BC}\cos 30° = 2F \times \frac{\sqrt{3}}{2} = \sqrt{3}F$$

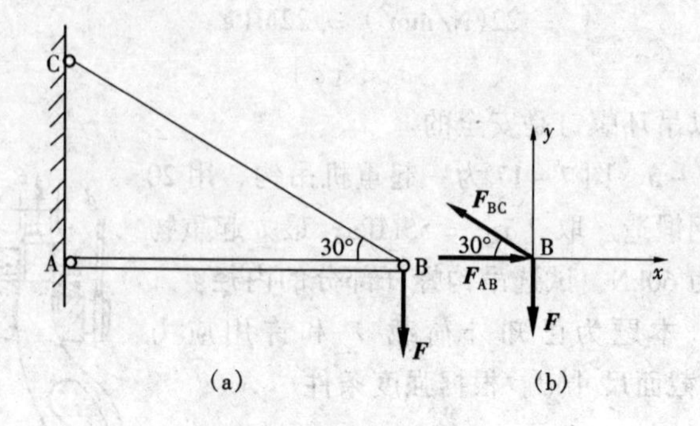

图 7-18　钢木结构架

(2) 求 B 点的最大许用荷载。

1) 根据木杆的强度条件

$$\frac{F_{AB}}{A_1} \leqslant [\sigma]_1$$

得

$$F_{AB} \leqslant A_1[\sigma]_1$$

即

$$\sqrt{3}F \leqslant A_1[\sigma]_1$$

$$F \leqslant \frac{A_1[\sigma]_1}{\sqrt{3}} = \frac{100 \times 10^2 \times 7}{\sqrt{3}}$$

$$= 40415(\text{N}) = 40.42(\text{kN})$$

2) 根据钢杆的强度条件

$$\frac{F_{BC}}{A_2} \leqslant [\sigma]_2$$

得

$$F_{BC} \leqslant A_2[\sigma]_2$$

即

$$2F \leqslant A_2[\sigma]_2$$

$$F \leqslant \frac{A_2[\sigma]_2}{2} = \frac{6 \times 10^2 \times 160}{2}$$

$$= 48000(\text{N}) = 48(\text{kN})$$

因此，为保证此结构安全，B 处可吊的最大许用荷载为 40.42kN。

第六节　剪切和挤压的实用计算

一、剪切的实用计算

剪切变形是杆件基本变形之一，剪切变形多发生在工程结构和机械零件的联接件上。如联接两个构件的螺栓、铆钉、销和键等，都是一些常见的受剪联接构件（图 7 – 19)。

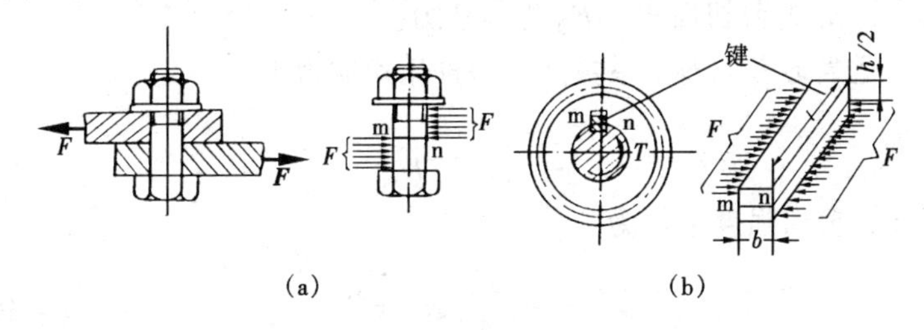

图 7 – 19　螺栓和键

以铆钉为例，说明这类联接构件受力和变形的主要特点。图 7 – 20（a）是用铆钉联接的两块钢板。当钢板受到一对外力 F 作用时，力 F 传到铆钉上，铆钉上下两部分有沿截面 m – n 错开的趋势。在截面 m – n 上将产生平行于截面的内力 F_Q，F_Q 称为剪切力，简称切力。切力随外力的增大而增大，当外力过大时，铆钉将沿截面 m – n 被剪断，截面 m – n 称为剪切面。为了进一步研究剪切面上的切力和应力，取截面 m – n 的下部为研究对象，如图 7 – 20（c）所示。设 m – n 面上的内力为 F_Q，根据铆钉下部的平衡条件得知，$F_Q = F$。切力以切应力（平行于横截面上的应力为切应力）的形式分布在截面上，如图 7 – 20（d）所示。

在忽略弯曲及拉伸时，仅考虑剪切作用，横截面上的切应力 τ 按下式计算：

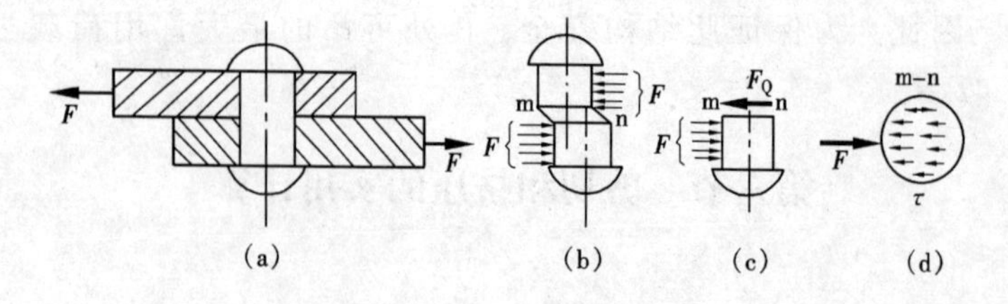

图 7－20　铆钉受力

$$\tau = \frac{F_Q}{A_j} \tag{7-8}$$

式中：A_j 为剪切面积；F_Q 为剪切力。

适当地考虑安全系数 K，得许用切应力为

$$[\tau] = \frac{\tau}{K}$$

因此，剪切强度条件为

$$\tau = \frac{F_Q}{A_j} \leqslant [\tau] \tag{7-9}$$

塑性材料　　$[\tau] = (0.6 \sim 0.8)[\sigma]$

脆性材料　　$[\tau] = (0.8 \sim 1.0)[\sigma]$

二、挤压的实用计算

相接触的两物体在接触表面相互压紧并传递压力的现象称为挤压。铆钉在受剪切的同时，往往还受到挤压力 F_{jy} 作用。挤压应力在接触面上的分布是不均匀的，为简化计算，认为挤压应力均匀分布，并按下式计算：

$$\sigma_{jy} = \frac{F_{jy}}{A_{jy}} \tag{7-10}$$

式中　σ_{jy}——铆钉或钢板的挤压应力；

F_{jy}——挤压面上的挤压力；

A_{jy}——挤压面面积。

值得注意的是挤压面面积的计算。如键［见图 7－19，(b)］的挤压面面积可近似认为

$$A_{jy} = \frac{h}{2} l$$

销、铆钉和螺栓的挤压面实际是半圆柱面。为简化计算，一般取通过圆柱直径的面积作为挤压面的计算面积，如图 7－21 所示，$A_{jy} = dt$。

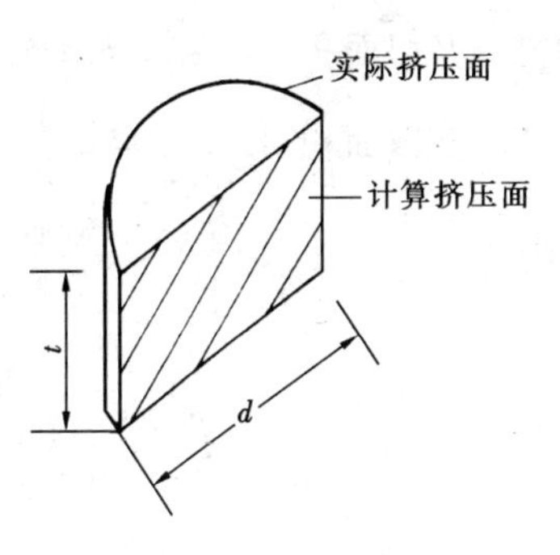

图 7－21　挤压面

为了防止挤压破坏，挤压强度条件为

$$\sigma_{jy} = \frac{F_{jy}}{A_{jy}} \leqslant [\sigma_{jy}] \quad (7-11)$$

式中 $[\sigma_{jy}]$ 称为许用挤压应力。对于塑性较好的低碳钢，许用挤压应力 $[\sigma_{jy}]$ 与许用拉应力 $[\sigma]$ 的关系为 $[\sigma_{jy}] = (1.7 \sim 2.0)[\sigma]$。

例 7－7　如图 7－19（a）所示两块钢板用螺栓联接，已知螺栓的直径 $d = 14\text{mm}$，它的许用切应力 $[\tau] = 80\text{MPa}$。试求螺栓所能承受的力。

解　由剪切强度条件

$$\tau = \frac{F_Q}{A_j} \leqslant [\tau]$$

得

$$F = F_Q \leqslant A_j[\tau] = \frac{\pi d^2}{4}[\tau]$$

$$= \frac{\pi \times 14^2}{4} \times 80 = 12309(\text{N})$$

即螺栓所能承受的力

$$F \leqslant 12.3\text{kN}$$

例 7－8　图 7－19（b）中齿轮通过键进行传动。已知键的尺寸为 $b = 5\text{mm}$、$l = 25\text{mm}$、$h = 5\text{mm}$，材料采用 45 号钢，许用切应力 $[\tau] = 100\text{MPa}$，许用挤压应力 $[\sigma_{jy}] = 150\text{MPa}$，加在键上的力 $F = 5\text{kN}$。试校核键的剪切强度和挤压强度。

解

$$F_Q = F_{jy} = F = 5000\text{N}$$

剪切面积　　$A_j = bl = 5 \times 25 = 125$（$mm^2$）

挤压面积 $A_{jy} = \frac{1}{2}hl = \frac{1}{2} \times 5 \times 25 = 62.5$（$mm^2$）

则

$$\tau_j = \frac{F_Q}{A_j} = \frac{5000}{125} = 40(N/mm^2) = 40MPa$$

$$\tau_j < [\tau_j]$$

$$\sigma_{jy} = \frac{F_{jy}}{A_{jy}} = \frac{5000}{62.5} = 80(N/mm^2) = 80MPa$$

$$\sigma_{jy} < [\sigma_{jy}]$$

所以键的剪切和挤压强度都足够。

第七节　焊缝的强度计算

在工程中，两个构件的联接经常采用焊接。焊接的主要形式有对接和搭接两种。

一、对接焊缝的强度计算

图 7－22 所示为钢板的对接焊缝。这种焊缝的破坏常常是焊缝被拉断所引起的，而焊缝的受拉面积等于焊缝长度和钢板厚度的乘积。因此，要使焊件满足强度条件要求，就必须使焊缝的拉应力 σ_h 小于它的许用拉应力 $[\sigma_h]$，即

$$\sigma_h = \frac{F}{l_f t} \leqslant [\sigma_h] \qquad (7-12)$$

式中　l_f——焊缝的计算长度。考虑焊缝两端有未熔透部分，一般规定 $l_f = l_0 - 10mm$（l_0 为实际焊缝长度）。

例 7－9　试校核图 7－22 所示的轴向受拉钢板的焊缝强度。已知钢板厚度 $t = 20mm$，宽度 $l_0 = 400mm$，轴向拉力 $F = 1000kN$，$[\sigma_h] = 140MPa$。

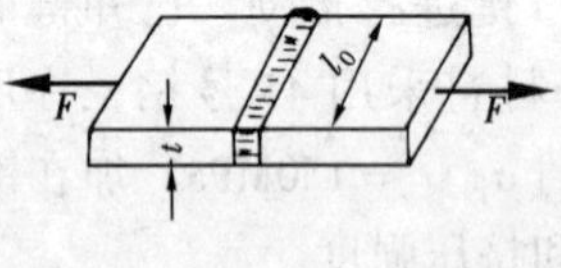

图 7－22　钢板的对接焊缝

解　由式（7－12）可知

$$\sigma_h = \frac{F}{l_f t} = \frac{1000 \times 10^3}{(400 - 10) \times 20} = 128.2(MPa)$$

$$\sigma_h < [\sigma_h]$$

可见焊缝强度满足要求。

二、搭接焊缝的强度计算

如图 7－23（a）所示，一个构件放在另一个构件之上的焊接为搭接。搭接焊缝内的应力分布是很复杂的，很难准确计算，通常采用近似计算的方法。

由实验和实践可知，焊缝常常沿着最薄弱的截面 m－n 被剪断，如图 7－23（b）所示。一般情况下，认为焊缝断面呈等腰直角三角形，所以 m－n 的长度，即等腰直角三角形的高 $h = t\sin45° \approx 0.7t$，而最薄弱的断面面积就等于焊缝的计算长度 l_f 与 $0.7t$ 的乘积，因此焊缝在 m－n 断面上的切应力为

$$\tau_h = \frac{F}{0.7 l_f t}$$

这个切应力应小于焊缝的许用切应力 $[\tau_h]$，其强度条件为

$$\tau_h = \frac{F}{0.7 l_f t} \leqslant [\tau_h] \tag{7-13}$$

当外力 F、板厚 t，以及焊缝的许用切应力 $[\tau_h]$ 已知时，就可以利用搭接焊缝的强度条件来设计焊缝的长度。

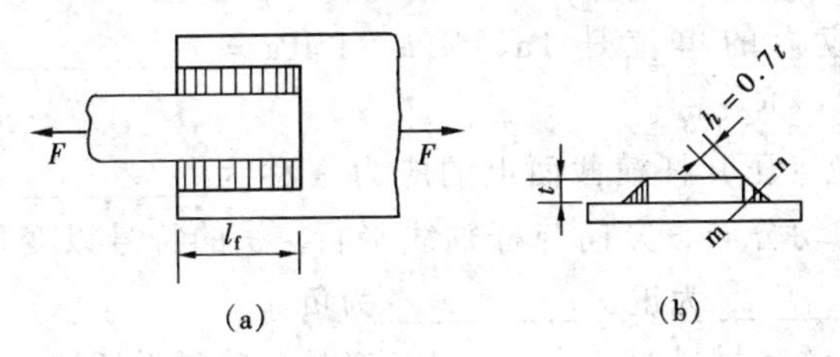

图 7－23　钢板的搭接焊缝

例 7－10　两块厚度 $t = 10$mm 的钢板用焊缝搭接在一起，如图 7－23（a）所示，设拉力 $F = 100$kN，焊缝的许用切应力 $[\tau_h] = 110$MPa，求实际焊缝长度。

解　由式（7－13）可知焊缝的计算长度 l_f 为

$$l_f = \frac{F}{0.7t[\tau_h]} = \frac{100 \times 10^3}{0.7 \times 10 \times 110} = 130(\mathrm{mm})$$

边焊缝分设在板的两侧，故每侧焊缝的计算长度应为总长的一半，即65mm，实际焊缝长度 $l_0 = 65 + 10 = 75\mathrm{mm}$。

复习题

一、填空题

1. 构件在外力作用下抵抗__________的能力称为强度。

2. 构件安全工作的基本要求是：构件具有足够的强度、__________和__________。

3. 构件在外力作用下抵抗变形的能力称为__________。

4. 构件在外力作用下维持原有平衡状态的能力称为__________。

5. 构件正常工作只发生__________变形。通常把构件发生断裂或显著塑性变形的现象称为__________。

6. 受等值、反向、与杆轴线重合的两外力作用的杆件将发生__________变形。

7. 应力的单位是 Pa、MPa，1MPa = __________ $\mathrm{N/m^2}$ = __________ $\mathrm{N/mm^2}$。

8. 拉（压）杆横截面上的应力 σ 称为__________。σ 在横截面上均匀分布，方向与杆轴线平行。σ 的符号以变形结果确定，__________为正、__________为负。

9. E 称为材料的__________。它是反映材料抵抗__________能力的系数。E 的常用单位为 MPa，1MPa = __________ Pa。

10. σ_s 称为__________。它是衡量__________材料强度的一项重要指标。

11. σ_b 称为__________，其值表示材料__________前所能承受的最大应力。

12. 通常工程材料丧失工作能力的情况是：塑性材料发生

__________现象，脆性材料发生__________现象。

13. 许用应力 [σ] 是__________时允许承受的最大应力。

14. 拉（压）杆强度条件可用于解决校核强度、__________和__________三类问题。

15. 通常，各种工程材料的许用切应力 [τ] 不大于其许用__________应力。

16. 挤压接触面为平面时，计算挤压面积按__________计算；挤压接触面为半圆柱面时，计算挤压面积为半圆柱的__________与__________之积。

17. 剪切强度条件表达式为__________；挤压强度条件表达式为__________。

二、判断题（在题末括号内作记号："√"表示对，"×"表示错）

1. 设计构件时，须在节省材料的前提下尽量满足安全工作的要求。（　）

2. 塑性变形指撤销外力后构件上残留的永久性变形（　）。浇铸成形的铸铁零件就是材料发生塑性变形的具体实例。（　）

3. 截面法是广泛使用的内力显示方法（　）。此方法表明，只要将受力构件切断，即可观察到断面上的内力。（　）

4. 拉（压）杆横截面上的应力称为正应力（　）。正应力又可分为正值正应力和负值正应力。（　）

5. 拉（压）杆横截面上的应力是均匀分布的（　），其方向垂直于杆轴线。（　）

6. 无论拉（压）杆受载如何，其应力和应变总成正比。（　）

7. 两拉杆的尺寸和荷载相同，则两杆横截面上的应力大小相同（　），应变大小相同（　），材料的许用应力相同。（　）

8. 剪切变形是杆件基本变形之一（　），挤压变形也属于基本变形。（　）

9. 强度是构件在外力作用下抵抗变形的能力。 (　　)

10. 材料力学的研究对象必须满足连续假设、弹性假设和小变形条件。 (　　)

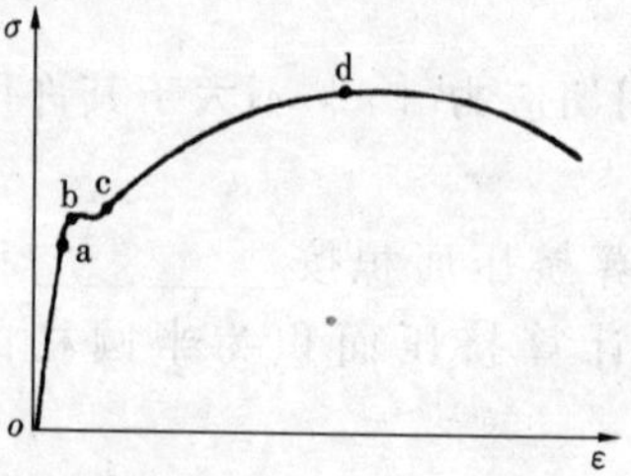

11. 拉（压）杆线应变 ε 是有量纲（　　），在弹性范围内 $\varepsilon=\dfrac{\Delta l}{l}$。 (　　)

12. 图 7－24 的 $\sigma-\varepsilon$ 曲线上，对应 a 点的应力称为比例极限（　　），对应 b 点的应力称为屈服极限（　　），对应 d 点的应力称为强化极限。 (　　)

图 7－24　题二－12

13. 脆性材料抗拉强度弱，故常用其制造受压构件。 (　　)

14. 工程实用计算中，认为切应力在构件的剪切面上分布不均匀。 (　　)

15. 挤压面的计算面积一定是实际挤压面的面积。 (　　)

三、选择题

1. 图 7－25 中，真正符合拉杆受力特点的是________。

2. 为研究构件的内力和应力，材料力学中广泛使用了________法：(1) 几何；(2) 解析；(3) 投影；(4) 截面。

3. 构件抵抗变形的能力称为________，抵抗破坏的能力称为________：(1) 强度；(2) 刚度；(3) 稳定性；(4) 弹性；(5) 塑性。

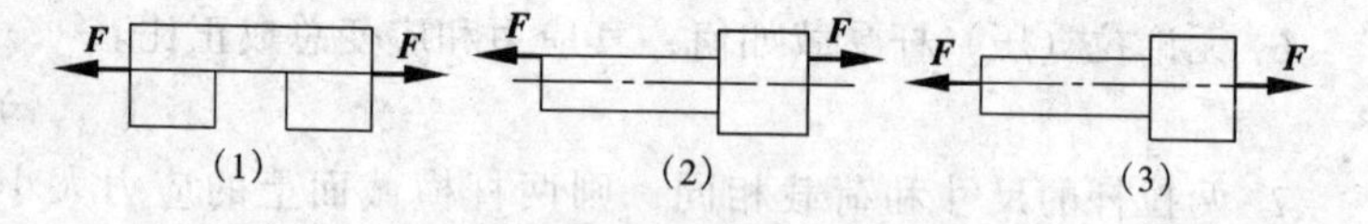

图 7－25　题三－1

4. 材料的塑性变形指：________：(1) 受力超过弹性极限的变形；(2) 撤销外力后残留的变形；(3) 撤销外力后消失

的变形。

5. 材料力学的研究对象是符合理想化基本假设的__________：(1) 刚体；(2) 质点；(3) 静平衡物体；(4) 弹性体。

6. 通常工程中不允许构件发生__________变形：(1) 弹性；(2) 塑性；(3) 任何；(4) 小。

7. 构件在外力作用下__________的能力称为稳定性：(1) 不发生断裂；(2) 维持原有平衡状态；(3) 不发生变形；(4) 保持静止。

8. 长度和横截面积相同的钢质拉杆 1 和铝质拉杆 2 在相同轴向外力作用下，它们的应力 σ 和应变 ε 有如下关系__________：(1) $\sigma_1=\sigma_2$，$\varepsilon_1=\varepsilon_2$；(2) $\sigma_1=\sigma_2$，$\varepsilon_1\neq\varepsilon_2$；(3) $\sigma_1\neq\sigma_2$，$\varepsilon_1=\varepsilon_2$；(4) $\sigma_1\neq\sigma_2$，$\varepsilon_1\neq\varepsilon_2$。

9. 长度和轴向荷载相同的钢拉杆 1 和木拉杆 2 产生的绝对伸长量相同，则

1) 两杆横截面积关系为__________：(1) $A_1>A_2$；(2) $A_1=A_2$；(3) $A_1<A_2$；

2) 两杆应力 σ 和应变 ε 关系为__________：(4) $\sigma_1=\sigma_2$，$\varepsilon_1<\varepsilon_2$；(5) $\sigma_1<\sigma_2$，$\varepsilon_1>\varepsilon_2$；(6) $\sigma_1>\sigma_2$，$\varepsilon_1=\varepsilon_2$。

10. 低碳钢等塑性材料的极限应力是材料的__________：(1) 许用应力；(2) 屈服极限；(3) 强度极限；(4) 比例极限。

11. 虎克定律表明：在材料的弹性变形范围内，应力和应变__________：(1) 相等；(2) 互为倒数；(3) 成正比；(4) 成反比。

12. 为保证构件安全工作，其最大工作应力须小于或等于材料的__________：(1) 正应力；(2) 切应力；(3) 极限应力；(4) 许用应力。

13. 拉（压）杆的危险截面必为全杆中__________的横截面：(1) 正应力最大；(2) 面积最小；(3) 轴力最大。

14. 在弹性范围内，拉杆抗拉刚度 EA 数值越大，杆件变形

__________：（1）越容易；（2）越不易；（3）越显著。

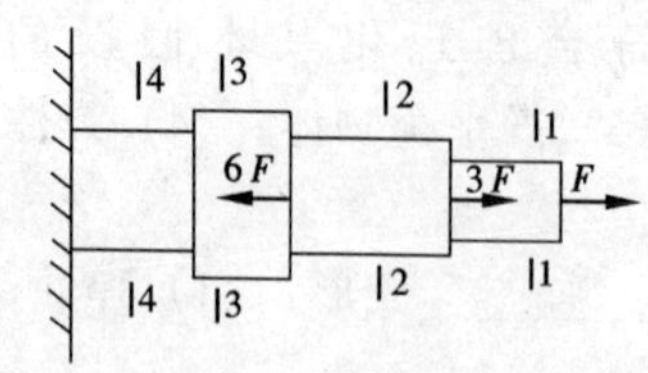

图 7－26　题三－15

15. 图 7－26 为受多个轴向力的阶梯杆，各段横截面积关系 $3A_1 = 2A_2 = 2A_4 = A_3$。

1）轴力最大的截面为__________，应力最大的截面为__________：（1）1－1；（2）2－2；（3）3－3；（4）4－4；

2）最大工作应力为__________应力：（5）拉；（6）压；

3）设此杆为铸铁制件，其抗压能力比抗拉能力大 1 倍，则杆件危险截面为__________，杆的破坏形式为__________：（7）1－1；（8）2－2；（9）3－3；（10）4－4；（11）拉断；（12）压断；（13）拉断或压断。

四、绘图

1. 试在图 7－27 两坐标系内分别绘出低碳钢拉伸和压缩试验的 $\sigma-\varepsilon$ 曲线，并标出曲线上各特征点及其对应的应力。

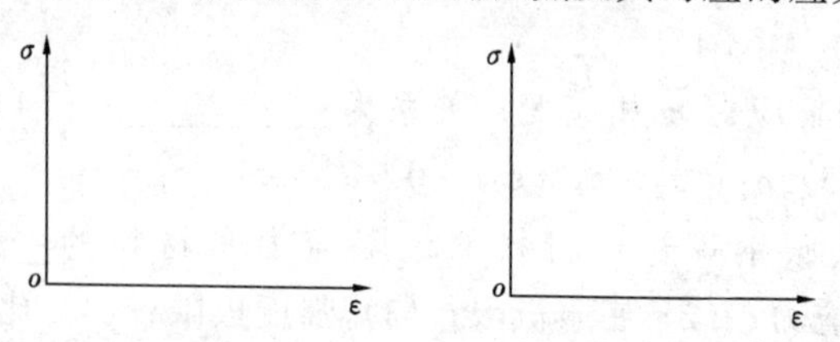

图 7－27　题四－1

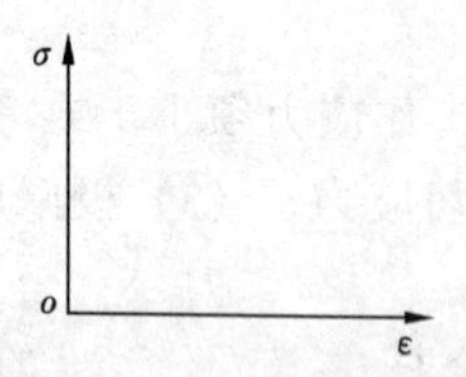

图 7－28　题四－2

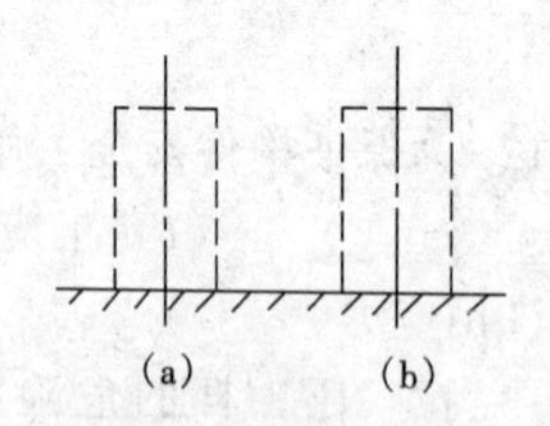

图 7－29　题四－3

2. 试在图 7－28 坐标系内同时绘出铸铁拉伸和压缩试验的 $\sigma-\varepsilon$ 曲线（要求：拉伸为实线，压缩为虚线），并标出各曲线上的特征应力点。

3. 图 7－29 虚线表示圆柱形压缩试件原状，已知图（a）为低碳钢，图（b）为铸铁。试用实线在图上画出试件受力压缩至破坏时的示意形状。

五、计算题

1. 分别求图 7－30 所示杆件截面 1－1，2－2 上的内力和应力。已知 $A_1=10\text{cm}^2$，$A_2=15\text{cm}^2$（杆重不计）。

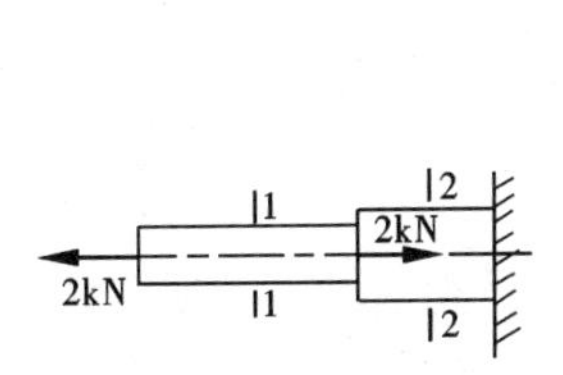

图 7－30　题五－1

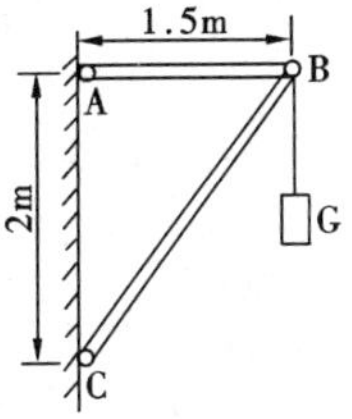

图 7－31　题五－2

2. 图 7－31 中，$G=12\text{kN}$，钢杆 AB、BC 的横截面面积 $A=3\text{cm}^2$。求钢杆横截面的应力。

3. 装物的木箱用绳索起吊，设绳索的直径 $d=4\text{cm}$，许用应力 $[\sigma]=10\text{MPa}$，木箱重力 $G=10\text{kN}$，（图 7－32）试问：

（1）绳索的强度是否足够？

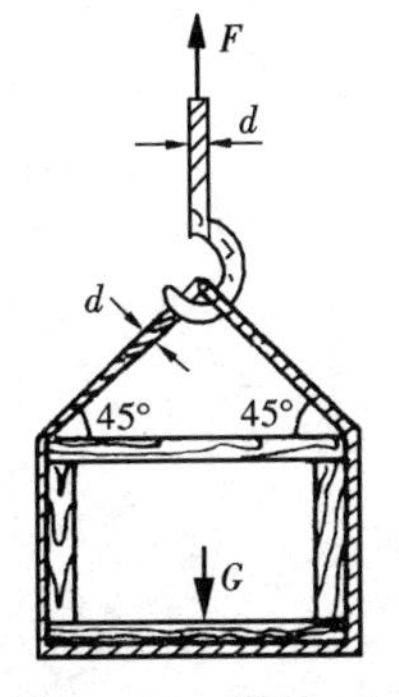

图 7－32　题五－3

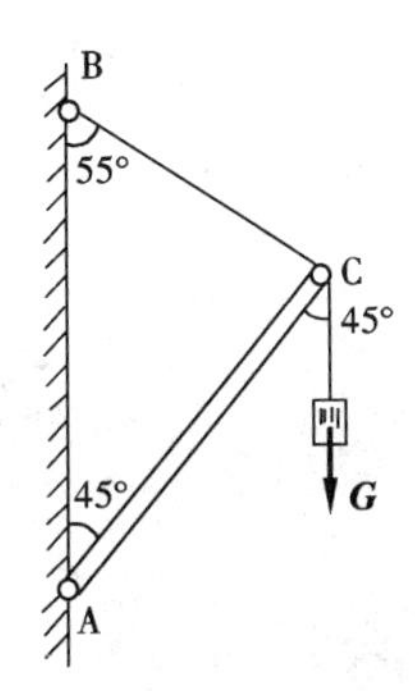

图 7－33　题五－4

(2) 绳索直径 d 应为多少最为经济?

*4. 如图 7-33 所示，AC 为坚固的圆木起重桅杆。$d = 8\text{cm}$，$[\sigma]_1 = 10\text{MPa}$。BC 为钢丝绳，其截面面积为 175.4mm^2，考虑到起重安全及动荷载的影响，取钢丝绳的 $[\sigma]_2 = 80\text{MPa}$。试求起重机的许可荷载 G。

5. 钢杆长度 $l = 2\text{m}$，横截面面积 $A = 2\text{cm}^2$，受到的拉力 $F = 30\text{kN}$。问这个钢杆将伸长多少（设 $E = 2 \times 10^5\text{MPa}$）?

6. 如果一直径为 25mm、长 6m 的钢杆，在拉伸时其绝对伸长为 3mm。问杆中受到的内力是多少（$E = 2 \times 10^5\text{MPa}$）?

圆 轴 扭 转

第一节　圆轴扭转的概念

扭转是杆件变形的基本形式之一。日常生活中所用的钥匙、

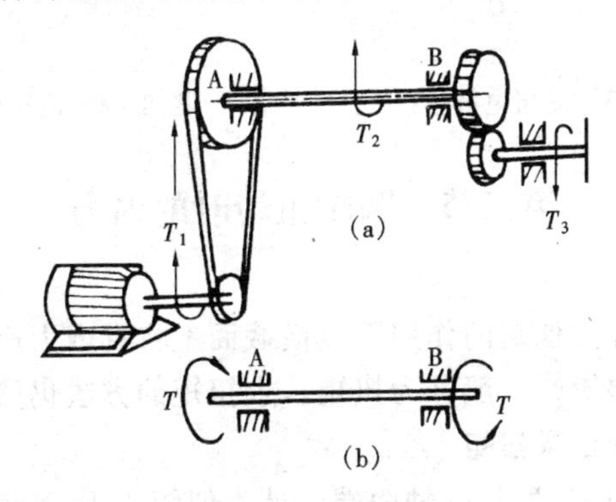

图 8－1　传动轴

螺钉旋具，以及生产中遇到的各种传动轴（图 8－1)、钻头、丝锥（图 8－2)、输电线路上受到断线张力时的电杆（图 8－3)等，都是受扭构件。它们的受力特点是：轴为直杆，在垂直于轴线的两个平面内，受一对大小相等、方向相反的力偶矩作用，轴的各横截面都绕其轴线作相对转动。如汽车转向轴（图 8－4)，上端受方向盘给的主动力偶矩 T（$T = FD_1$）作用，下端传动齿轮产生阻抗力偶矩 T'。T 与 T' 大小相等，转向相反。

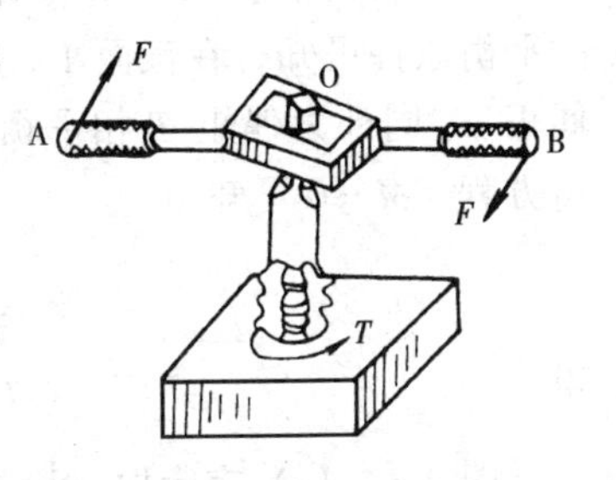

图 8－2　丝锥

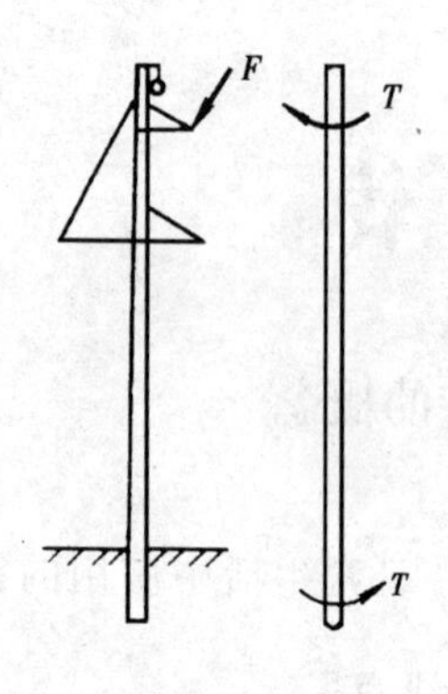

图 8-3　受扭电杆

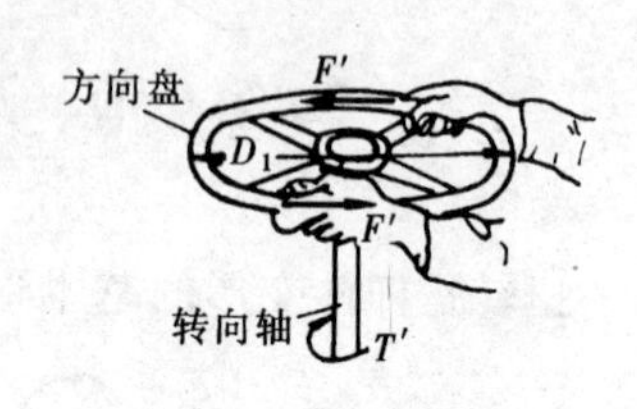

图 8-4　汽车转向轴

第二节　圆轴扭转时的内力

圆轴在外力偶矩的作用下，横截面上将有内力产生，这个内力就是内力偶矩，一般称为扭矩。求扭矩的方法仍然是截面法。

一、截面法求扭矩

图 8-5（a）所示圆轴两端受外力偶矩 T 作用而处于平衡状态。若要计算 1-1 截面的内力，则可用一假想的平面将轴在 1-1处切成两段，取左段为研究对象，见图 8-5（b）。由左段的平衡条件可知，在截面 1-1 上必有一个围绕杆轴旋转的内力偶矩 T_n 同外力偶矩 T 相平衡。该内力偶矩 T_n 就是扭矩。由平衡方程 $\Sigma M=0$ 可知

$$T_n - T = 0$$

得

$$T_n = T$$

图 8-5（c）表示取右段为研究对象的情形，所得结果与图 8-5（b）相同。

扭矩的单位与外力偶矩的单位相同，为 N·m 或 kN·m。为了避免计算上的混乱，对扭矩 T_n 正、负符号规定如下：用右手的四指代表扭矩的旋转方向，大拇指的指向背离截面时扭矩为正，

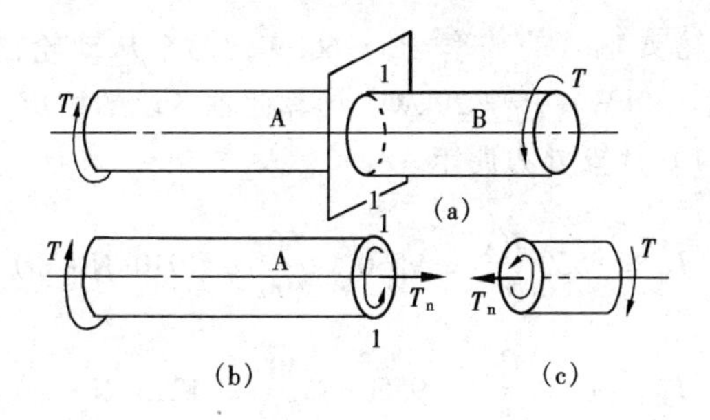

图 8－5　截面法求扭矩

见图 8－6（a）和（b），反之为负，见图 8－6（c）和（d）。以后在计算扭矩时，均先假设扭矩为正扭矩。

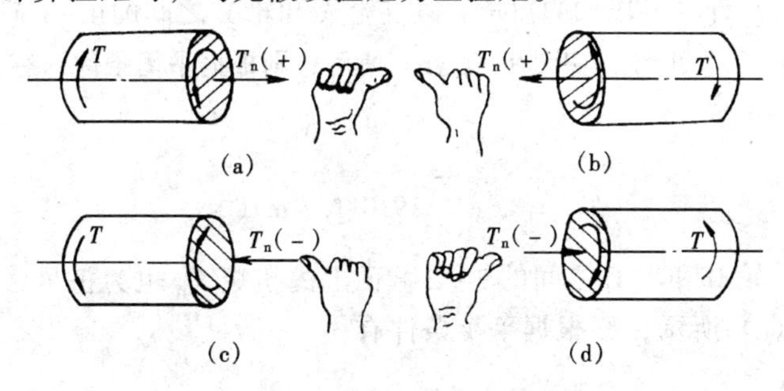

图 8－6　扭矩正、负号的规定

二、外力偶矩的计算

为了求扭矩，必须知道作用在圆轴上的外力偶矩。通常，很少直接给出作用在传动轴上的外力偶矩，而是给出轴的转速 n 和轴所传递的功率 P，这样还需运用下式来计算出外力偶矩 T。

$$T = 9550\frac{P}{n}(\mathrm{N \cdot m}) \tag{8-1}$$

式中　P——轴所传递的功率，kW（千瓦）；

　　　n——轴的转速，r/min（转/分）。

例 8－1　有一传动轴如图 8－7（a）所示，其转速 $n = 300\mathrm{r/}$

min，主动轮 A 输入的功率 $P_A = 60kW$，两个从动轮输出的功率分别为 $P_B = 40kW$，$P_C = 20kW$。计算此轴各段的扭矩。

解 （1）计算外力偶矩。

$$T_A = 9550\frac{P_A}{n} = 9550 \times \frac{60}{300} = 1910(N \cdot m)$$

$$T_B = 9550\frac{P_B}{n} = 9550 \times \frac{40}{300} = 1273(N \cdot m)$$

$$T_C = 9550\frac{P_C}{n} = 9550 \times \frac{20}{300} = 637(N \cdot m)$$

（2）计算各段轴的扭矩。假设轮 A 和轮 B 之间的 1－1 截面上的扭矩 T_{n1}为正号，如图 8－7（b）所示，则根据平衡条件，有

$$T_{n1} - T_A = 0$$

$$T_{n1} = T_A = 1910(N \cdot m)(+)$$

设轮 B 和轮 C 之间的 2－2 截面上的扭矩 T_{n2}也为正号，如图 8－7（c）所示，则根据平衡条件有

$$T_{n2} + T_B - T_A = 0$$

$$T_{n2} = T_A - T_B = 1910 - 1273$$

$$= 637(N \cdot m)(+)$$

如果取右段，则 $T'_{n2} - T_C = 0 \quad T'_{n2} = T_C = 637$（N·m）（＋）

三、扭矩图

扭矩图是用来表示整个轴上各截面扭矩变化规律的图，如图 8－7（e）为图 8－7（a）所示轴的扭矩图。在扭矩图中横坐标表示轴各截面位置，纵坐标表示相应横截面上的扭矩。扭矩为正值时，图线画在横坐标的上方；扭矩为负值时，图线画在横坐标的下方。用扭矩图可以分析最大扭矩所在截面的位置，图 8－7（e）中所示轴上 AB 段各截面的扭矩最大，$T_{nmax} = 1910N \cdot m$。

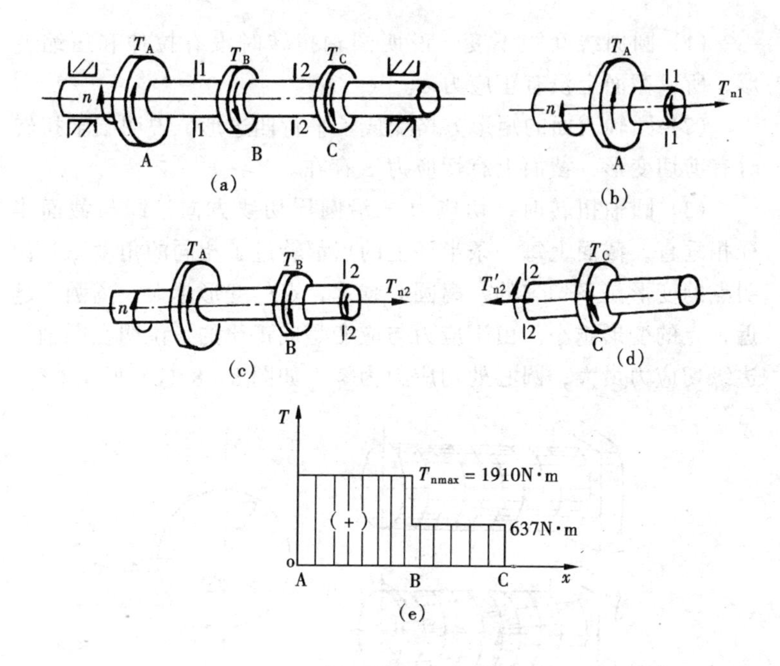

图 8-7　传动轴的扭矩及扭矩图

第三节　圆轴扭转时的切应力和强度条件

一、切应力

1. 切应力的分布规律

为了解圆轴扭转时截面上应力的分布规律，先来观察一个简单的实验现象。

取一段圆截面的橡胶棒，表面画上一些等间距的纵线和圆周线，形成一系列大小相同的矩形网络，如图 8-8（a）所示。扭转后，各圆周线都绕圆轴的轴线旋转了一个角度 φ，但仍然保持原来的周长，形状和间距。各纵线都倾斜了同一角度 γ，原来的矩形均变成了同样大小的平行四边形，如图 8-8（b）所示。

分析上面实验：

（1）圆周线间距不变，说明圆轴扭转时没有拉伸和压缩变形，所以截面上没有正应力 σ。

（2）圆轴表面的矩形方格变成了平行四边形，说明圆轴扭转时有剪切变形，截面上有切应力 τ 存在。

（3）圆轴扭转时，切应力 τ 沿圆周切线方向，即与截面半径相垂直，截面上每一条半径上的点都转过了相同的角度 φ，说明点的变形是不均匀的，离圆心越远，点的变形越大，离圆心越近，点的变形越小。由于应力与应变是成正比的，说明在圆轴外边缘切应力最大，圆心处切应力为零，如图 8－8（c）所示。

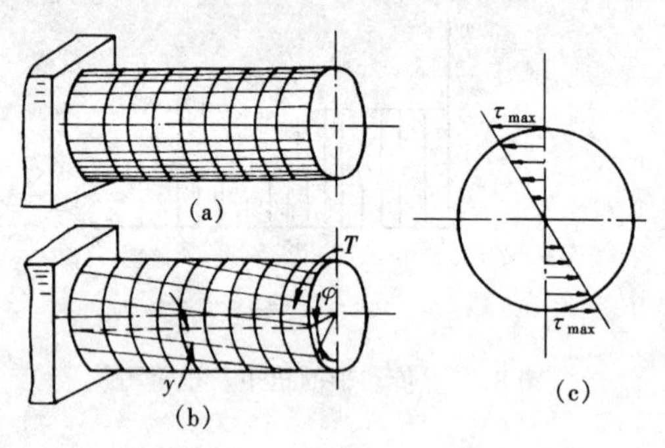

图 8－8　圆轴扭转实验

2. 切应力的计算

知道了截面上切应力的分布规律，再应用静力学中的平衡条件，就可以计算出圆轴横截面上最大切应力 τ_{max} 的值。τ_{max} 的计算公式是：

$$\tau_{max} = \frac{T_n}{W_p} \qquad (8-2)$$

式中：W_p 叫做抗扭截面系数，单位为 mm^3。从式（8－2）中可以看出，当扭矩 T_n 不变时，W_p 越大，τ_{max} 越小，所以 W_p 是反映圆轴截面抵抗扭转能力的一个几何量。

通常，轴的截面采用实心圆截面或空心圆截面两种形状。

（1）实心轴的抗扭截面系数

$$W_p = \frac{\pi d^3}{16} \approx 0.2d^3 \tag{8-3}$$

式中　d——实心轴的直径。

（2）空心轴的抗扭截面系数

$$W_p = \frac{\pi D^3}{16}(1-\alpha^4)$$
$$\approx 0.2D^3(1-\alpha^4) \tag{8-4}$$

式中　D——空心轴的外径；

$\alpha = \frac{d}{D}$，d 为空心轴的内径。

例 8-2　在图 8-4 中，汽车方向盘的直径 $D_1 = 520\text{mm}$，驾驶员每只手加在盘上的最大切向力 $F = F' = 300\text{N}$，方向盘下的转向轴为空心圆轴，外径 $D = 32\text{mm}$，内径 $d = 24\text{mm}$。试计算空心轴的最大切应力 τ_{max}。

解　作用在方向盘上的外力偶矩为

$$T = FD_1 = 300 \times 0.52 = 156(\text{N}\cdot\text{m})$$

利用截面法可知转向轴任意横截面上的扭矩为

$$T_n = T = 156(\text{N}\cdot\text{m})$$

转向轴的抗扭截面系数为

$$W_p = 0.2D^3(1-\alpha^4)$$
$$= 0.2 \times 32^3 \times \left[1 - \left(\frac{24}{32}\right)^4\right]$$
$$= 4480(\text{mm}^3)$$

轴的最大切应力为

$$\tau_{max} = \frac{T_n}{W_p} = \frac{156 \times 10^3}{4480}$$
$$= 34.82(\text{N/mm}^2)$$
$$= 34.82(\text{MPa})$$

二、圆轴扭转时的强度条件

为了保证圆轴能安全正常的工作，应使危险截面上最大工作切应力 τ_{max}不超过材料的许用切应力 $[\tau]$。由此得圆轴扭转时的

强度条件为

$$\tau_{\max} = \frac{T_n}{W_p} \leqslant [\tau] \qquad (8-5)$$

式中许用切应力 [τ] 由扭转试验测定，可从有关手册中查得。在静荷载作用下，它与许用拉应力 [σ] 之间有如下关系：

塑性材料：$[\tau] = (0.5 \sim 0.6)[\sigma]$

扭转强度条件可用来校核强度、选择截面尺寸及确定许用荷载。

例 8－3 如图 8－9（a）所示，解放牌汽车的传动轴 AB 由 45 号无缝钢管制成。已知轴外径 $D = 90\text{mm}$，壁厚 $t = 2.5\text{mm}$，传递的最大转矩 $T = 1.5\text{kN}\cdot\text{m}$，材料的 $[\tau] = 60\text{MPa}$。

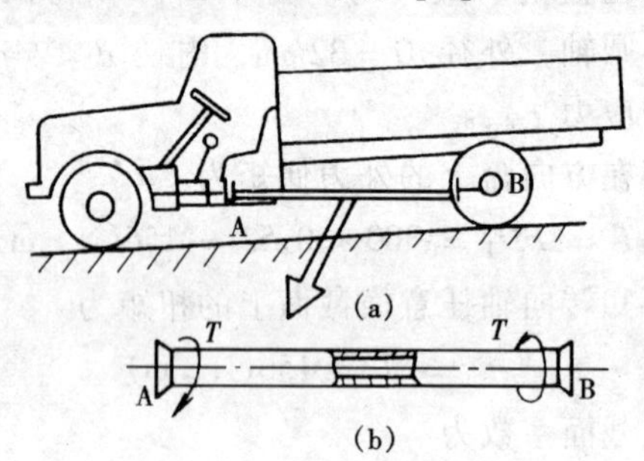

图 8－9　汽车传动轴

（1）试计算其抗扭截面系数，并校核强度；

（2）若改用相同材料的实心轴，并要求它和原来的传动轴强度相同，试计算其直径；

（3）比较空心轴和实心轴的重量。

解 （1）取传动轴 AB 为研究对象［图 8－9（b）］，各截面扭矩都相同，其大小为

$$T_n = T = 1.5(\text{kN}\cdot\text{m})$$

空心轴内径　　$d = D - 2t = 90 - 5 = 85(\text{mm})$

$$\alpha = \frac{d}{D} = \frac{85}{90} = 0.94$$

所以

$$W_p \approx 0.2D^3(1-\alpha^4)$$
$$=0.2\times 90^3\times(1-0.94^4)$$
$$=31967(\text{mm}^3)$$

由强度条件式（8－5）

得 $$\tau_{max}=\frac{T_n}{W_p}=\frac{1.5\times 10^3\times 10^3}{31967}$$
$$=46.92(\text{MPa})$$
$$\tau_{max}<[\tau]$$

所以传动轴 AB 的强度足够。

（2）改用实心轴后，当材料和扭矩相同时，要使它们的强度相同，必须抗扭截面系数 W_p 相等。设实心轴直径为 d_1，由

$$W_p=0.2d_1^3=31967$$

得 $$d_1=\sqrt[3]{\frac{31967}{0.2}}=54.29(\text{mm})$$
$$\approx 54\text{mm}$$

（3）当空心轴和实心轴的材料及长度都相同时，其重量之比就是它们的横截面面积之比。

空心轴 $$A=\frac{\pi}{4}(D^2-d^2)=\frac{\pi}{4}(90^2-85^2)$$
$$=687(\text{mm}^2)$$

实心轴 $$A_1=\frac{\pi}{4}d_1^2=\frac{\pi}{4}\times 54^2=2289(\text{mm}^2)$$

二者的比值 $$\frac{A}{A_1}=\frac{687}{2289}=0.30=30\%$$

即空心轴的重量仅为实心轴重量的30%。

由此可见，在条件相同的情况下，采用空心轴可以节省大量材料，减轻自重，提高承载能力。因此，汽车、船舶、水轮机等使用的轴类零件大多采用空心轴。

第四节　圆轴扭转时的变形和刚度条件

一、扭转角

为了研究圆轴扭转时的变形规律，可把圆轴看成是由一串刚硬的圆盘所组成。圆轴扭转时，仅仅是这些圆盘绕轴线发生了相对转动。如图 8－10 所示，将圆轴的左端看成是固定端，则 O_1 截面相对固定端转动了 φ_1 角，O_2 截面相对固定端转动了 φ_2 角，φ_1、φ_2 就叫做截面的扭转角。扭转角是用来度量圆轴扭转变形大小的量，单位为 rad（弧度）。

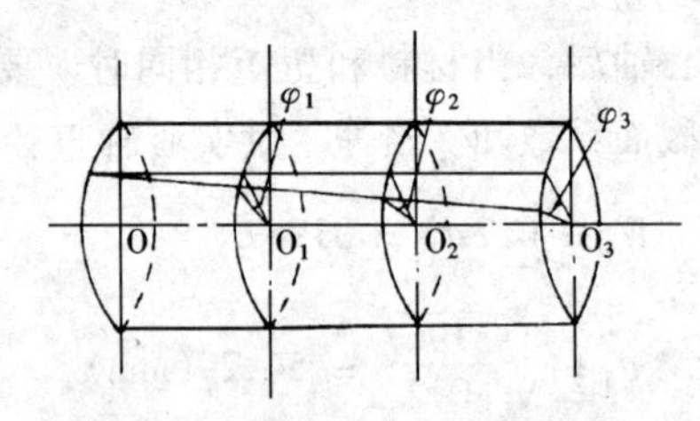

图 8－10　扭转角

由图 8－10 可以看出，扭转角 φ 在各横截面上的大小是不相等的。那么，φ 与哪些因素有关，实验结果指出，扭转角 φ 与扭矩 T_n 及圆轴长 l 成正比，与圆轴横截面的极惯性矩 I_p 成反比，即

$$\varphi \propto \frac{T_n l}{I_p}$$

引入比例常数 G，就可用等式来表示，即

$$\varphi = \frac{T_n l}{GI_p} \tag{8－6}$$

式中：GI_p 称为抗扭刚度。当扭矩 T_n、圆轴长 l 一定时，GI_p 越大，φ 则越小，表明圆轴刚度越好。

二、圆轴扭转时的刚度条件

工程中，如果圆轴扭转的变形过大（扭转角 φ 过大），就要影响机械工作时所要求的精度或引起振动。因此，规定单位长度的扭转角 θ 不能超过允许扭转角 $[\theta]$。

由
$$\theta = \frac{\varphi}{l} = \frac{T_n}{GI_p}$$

得
$$\theta_{max} = \frac{T_n}{GI_p} \leqslant [\theta] \tag{8-7a}$$

这就是圆轴扭转的刚度条件。

式中 $[\theta]$——单位长度的允许扭转角（rad/m）；

θ——单位长度的扭转角（rad/m）；

T_n——扭矩（kN·m）；

G——剪切模量（MPa）；

I_p——圆轴横截面的极惯性矩（m^4）。

实心圆截面

$$I_p = \frac{\pi d^4}{32} \approx 0.1d^4$$

空心圆截面

$$I_p = \frac{\pi d^4}{32} - \frac{\pi D^4}{32} = \frac{\pi D^4}{32}(1-\alpha^4)$$
$$\approx 0.1D^4(1-\alpha^4)$$

在工程中 $[\theta]$ 常用的单位是°/m（度/米），故将式（8－7a）的单位换算成°/m，得

$$\theta_{max} = \frac{T_n}{GI_p} \times \frac{180}{\pi} \leqslant [\theta] \tag{8-7b}$$

利用圆轴扭转的刚度条件可以校核圆轴的刚度、设计截面尺寸和确定截面上的最大扭矩。

复习题

一、填空题

1. 圆轴扭转横截面上的内力称为＿＿＿＿＿＿，应力称为

__________。

2. 圆轴扭转变形前后各横截面为__________面，其大小和各截面间距__________。

3. 若弹性变形范围内的其它条件不变，当等截面实心圆轴的长度增大 1 倍时，在相同扭矩作用下圆轴的最大切应力__________，总扭转角__________。

4. 实心圆轴扭转横截面__________处切应力最大，中心处切应力为__________。

5. I_p 称为横截面的__________，其单位为长度的__________次方。

6. 式 $\varphi = T_n l / (GI_p)$ 的含义与拉（压）杆的式__________相似。

7. 式 $\theta = \varphi / l$ 中的 θ 称为__________，其单位为__________。

二、判断题（在题末括号内作记号："√"表示对，"×"表示错）

1. 圆轴扭转危险截面一定是扭矩和横截面积均达到最大值的截面。 （ ）

2. 材料和外圆直径相同时，空心圆轴的抗扭强度一定大于实心圆轴的抗扭强度。 （ ）

3. 实心圆轴直径增大 1 倍，其抗扭强度将增加为原来的 4 倍。 （ ）

4. 荷载和直径相同，长度不同的两根实心圆轴，长轴的绝对变形（扭转角数值）一定较大（ ），短轴的相对变形（单位长度扭转角数值）可能较大。 （ ）

5. 受力情况及尺寸都相同的两根轴，一根是钢轴，一根是铜轴，它们的最大切应力相同（ ），强度也相同。 （ ）

三、选择题

1. 图 8－11 所示各圆轴扭转横截面，切应力正确分布的有__________。

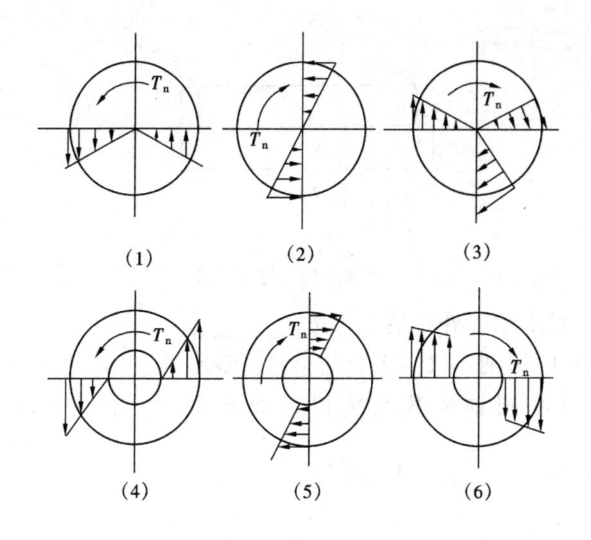

图 8-11　题三-1

2. 图 8-12 所示各圆轴上均有三个传动轮，若各轮转矩 $T_1 = T_2 + T_3$，且 $T_2 \neq 0$，$T_3 \neq 0$，从扭转强度方面考虑，________轴的外荷载分布较合理。

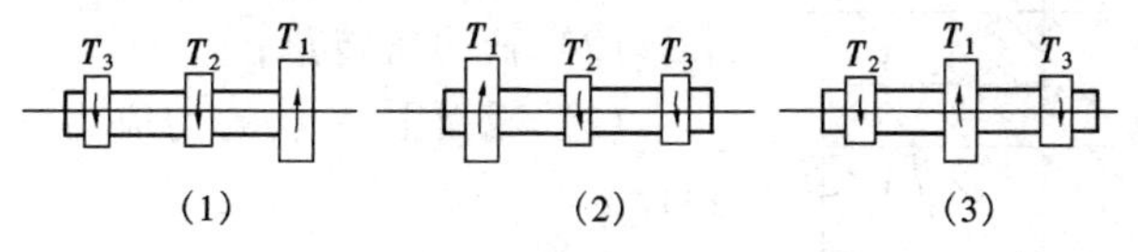

图 8-12　题三-2

3. 图 8-13 所示等截面实心圆轴一端固定，其上外力偶矩 $T_2 > T_1 > T_3 > 0$，则 A-A 横截面上的扭矩为________：(1) T_1；(2) $-T_2 + T_1 + T_3$；(3) $T_3 - T_2$；(4) 0。

4. 实心圆轴扭转的危险截面上________存在切应力为零的点：(1) 一定；(2) 一定不；(3) 不一定。

5. 当材料和横截面面积相同时，空心圆轴的抗扭承载能力________实心圆轴的：(1) 大于；(2) 等于；(3) 小于。

6. 若材料和受载条件不变：

1) 要求轴的重量最轻，选________；

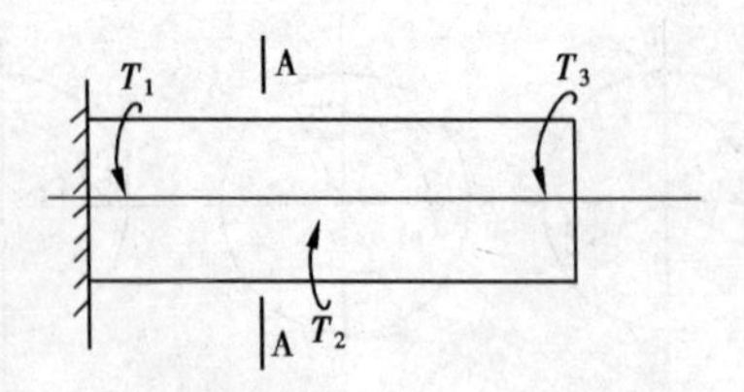

图 8－13　题三－3

2）要求轴的外径最小，选________。

（1）阶梯轴；（2）实心轴；（3）空心轴；（4）细长轴。

7. 空心圆轴横截面抗扭截面系数 W_p 的正确表达式为________：（1）$\frac{\pi D^3}{16}$（$1-\alpha^3$）；（2）$\frac{\pi D^3}{16}$（$1-\alpha^4$）；（3）$\frac{\pi D^3}{16}$（$1-\alpha^5$）。

四、计算题

*1. 有一实心轴，两端受到外力偶矩 $T = 14\text{kN}\cdot\text{m}$ 的作用，轴的直径 $d = 10\text{cm}$，长度 $l = 100\text{cm}$，$G = 8\times10^4\text{MPa}$；试计算：

（1）截面上最大的切应力；

（2）轴的扭转角；

（3）截面上 A 点的切应力（图 8－14）。

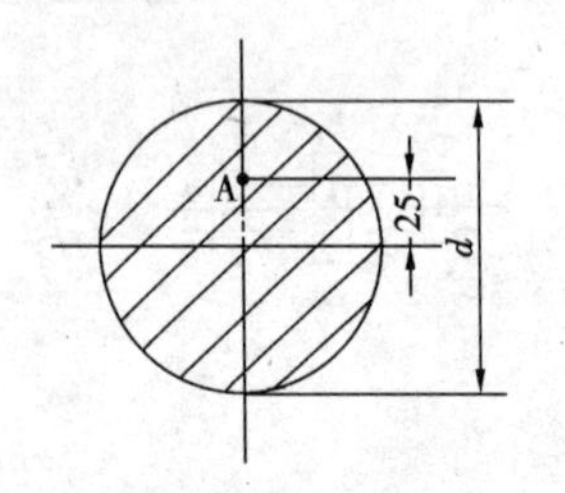

图 8－14　题四－1

2. 某齿轮实心轴上只有两个齿轮（一个主动轮，一个从动轮），已知轴的转速 $n = 945\text{r/min}$，传递功率 $P = 5\text{kW}$，轴的直径 $d = 22\text{mm}$，［τ］$= 40\text{MPa}$，试校核轴的强度。

3. 某万吨轮的主机到螺旋桨的传动轴直径 $D = 430\text{mm}$，如轴的［τ］$= 50\text{MPa}$，轴的转速 $n = 120\text{r/min}$，问它允许传递的功率可达多少 kW?

弯　曲

第一节　平面弯曲的概念

一、弯曲的概念

在施工、生产和日常生活中，经常会遇到受弯的构件，如桥式吊车的横梁（图9－1），电杆横担（图9－2），拧螺母时扳手柄（图9－3）等。这些构件受力的共同特点是：外力的作用线都与杆件的轴线相垂直，受力后杆件的轴线由直线变成一条曲线（图中用虚线表示）。这种变形形式称为弯曲。在工程中把以弯曲为主要变形的构件统称为梁。

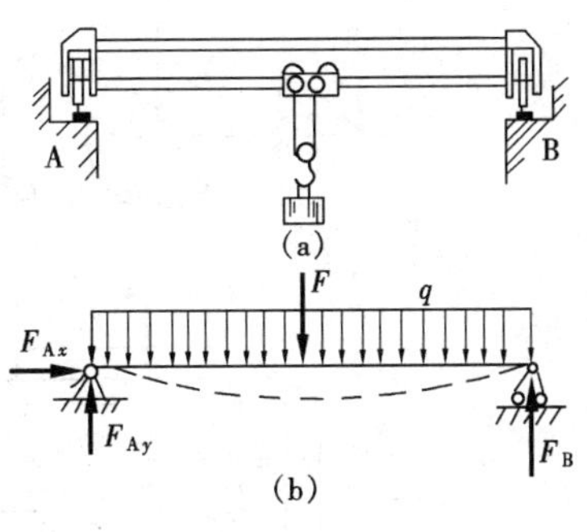

图9－1　吊车横梁（简支梁）

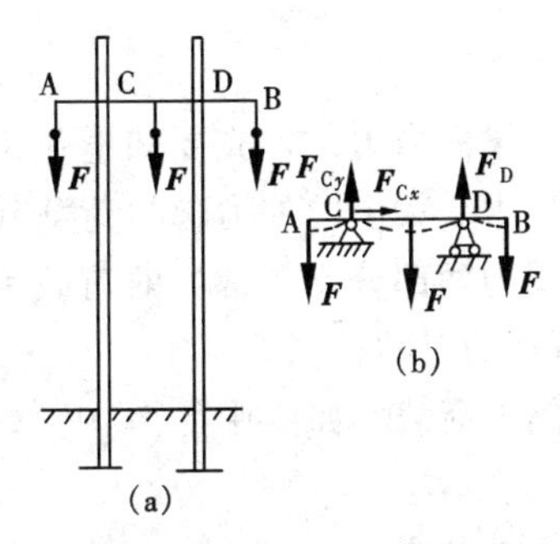

图9－2　电杆横担（外伸梁）

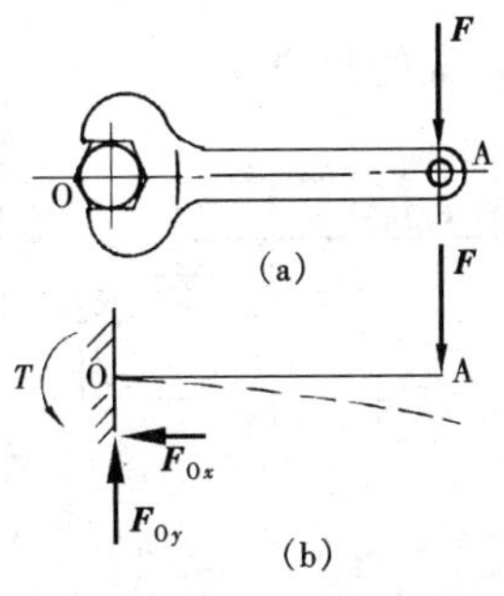

图9－3　拧螺母时的扳手柄（悬臂梁）

二、平面弯曲

工程中常见的梁，其横截面通常至少有一个对称轴如图 9－4（a）所示的 y-y'轴，通过此轴线可作一个纵向对称面，一般梁上所有外力（包括荷载与约束反力）都作用在此纵向对称面内，如图 9－4（b）所示。在发生弯曲变形后，梁的轴线仍然在这纵向对称面内，这种弯曲叫做平面弯曲。平面弯曲是弯曲变形中最简单、最基本的一种变形。

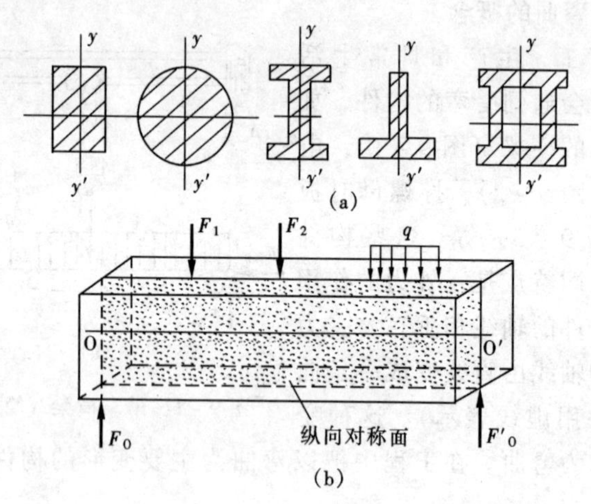

图 9－4　平面弯曲

三、梁的外力

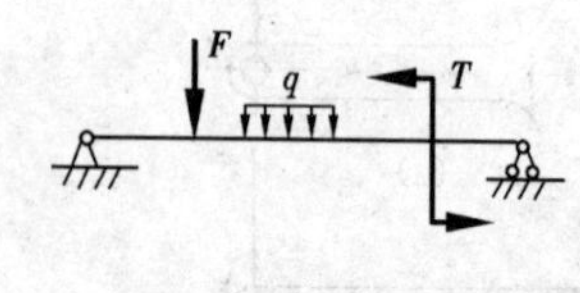

图 9－5　梁的荷载

要计算梁的内力，首先要知道作用在梁上的外力。梁上的外力包括荷载和支座约束反力两部分。最常见的荷载为图 9－5 所示的三种：

（1）集中荷载。如图中的力 F，单位为 N。

（2）均布荷载。如图中的力 q，单位为 N/m 或 kN/m。

（3）力偶矩。如图中的力偶矩 T，单位为 N·m 或 kN·m。

支座约束反力的形式根据梁的支座情况而定。最常见的梁可分为以下三种基本形式：

（1）简支梁。一端是固定铰链支座，另一端是活动铰链支座（图 9－1)。

(2)外伸梁。支座与简支梁相同，但梁身的一端或两端伸出支座以外（图 9－2)。

（3）悬臂梁。一端为固定端支座，另一端自由（图 9－3)。

工程中，作用于梁上的荷载一般是已知的，而支座反力却是未知的。简支梁、外伸梁、悬臂梁都只有三个未知力，均可用三个静力平衡方程式求出。

在求支座反力时，为了方便，常用梁的计算简图。梁的计算简图就是用梁的轴线来表示原梁，再加上支座反力与荷载，如图 9－1（b)、图 9－2（b)、图 9－3（b）所示。两个支座之间的距离叫做梁的跨度。

第二节　梁的内力

一般情况下，直梁受荷载时，其横截面上同时存在着切力和弯矩两种内力。

一、切力和弯矩

在外力的作用下，梁任一截面上的内力都可用截面法求得。

图 9－6（a）所示为一简支梁 AB，力 F 作用在梁的中点 D 处。由静力平衡方程可求得支座反力 $F_A = F_B = \frac{F}{2}$。若要计算距 A 点 x 处 C 点截面上的内力，就可用一假想平面 n－n 在 C 点将梁截成两部分。取左部分为研究对象（图 9－6，b)。由于 A 点受向上的力 F_A 作用，因此在 C 点截面上必有一个向下的与外力 F_A 平行的内力 F_Q 存在，F_Q 抵抗梁的相邻截面发生相对错动，故称为切力。F_Q 与 F_A 形成一对力偶，有使梁延顺时针方向转动的趋势。因此，在截面 n－n 上必然还作用着一个延逆时针方向转动的内力偶矩 T 与之相平衡。内力偶矩 T 称为弯矩，它作

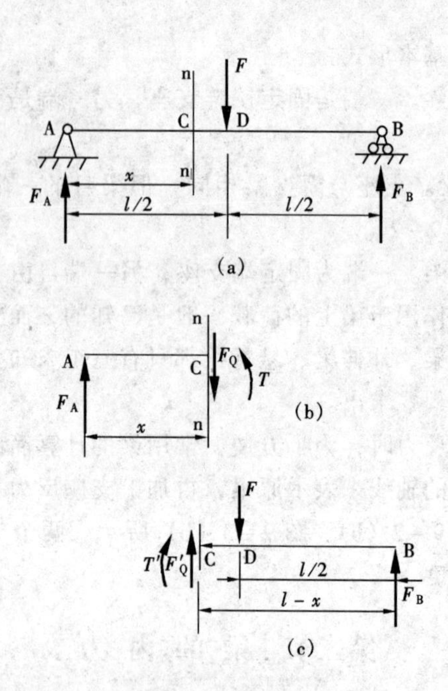

图 9-6　梁的截面法

用在纵向对称面内，抵抗梁的弯曲变形。因此，被截去的右段对左段的作用可用切力 F_Q 和弯矩 T 来代替。由左段梁的平衡条件知：

$$\Sigma F_y = 0$$

得
$$F_A - F_Q = 0$$

$$F_Q = F_A = \frac{F}{2}(\text{方向向下})$$

对截面形心 C 点取矩

$$\Sigma M_C(F) = 0$$

得
$$T - F_A x = 0$$

$$T = F_A x = \frac{F}{2}x(\text{逆时针转})$$

式中　x——所取截面的位置。

若取右段梁分析如图 9-6（c）所示，根据右段梁的平衡条件

$$\Sigma F_y = 0$$

得

$$F_B + F'_Q - F = 0$$

$$F'_Q = F - F_B = F - \frac{F}{2} = \frac{F}{2}(方向向上)$$

由

$$\Sigma M_C(F) = 0$$

得

$$-T' - F\left(l - x - \frac{l}{2}\right) + F_B(l - x) = 0$$

$$T' = F_B(l - x) - F\left(\frac{l}{2} - x\right)$$

$$= \frac{F}{2}(l - x) - F\left(\frac{l}{2} - x\right) = \frac{F}{2}x(顺时针转)$$

所得 F'_Q 与 F_Q、T' 与 T 大小相等、方向相反，说明右段梁截面上的内力与左段梁同一截面上的内力是一对作用力与反作用力的关系。

为了避免符号上的混淆，弯矩的符号规定如下：凡是使梁凹向上弯的弯矩规定为正弯矩，反之为负弯矩（图 9-7）。今后在计算弯矩时，均先假设弯矩为正弯矩。

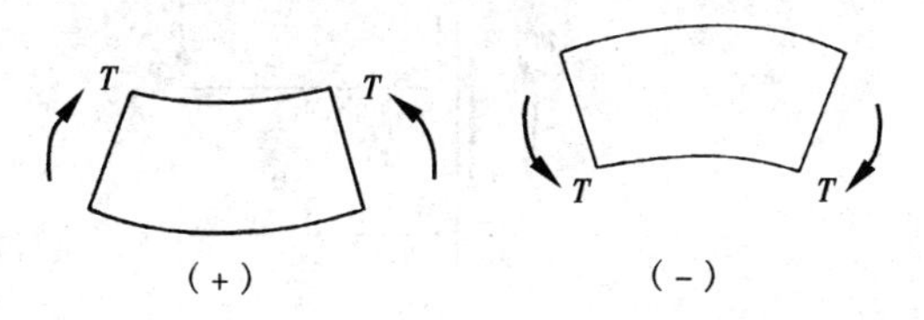

图 9-7　弯矩 T 的正负号规定

由以上分析可知，梁中任一横截面上的弯矩，在数值上等于此截面任一侧梁上的外力对该截面形心之矩的代数和。

通常，梁的跨度较大，切力对梁的影响很小，可以忽略不计。因此，在一般情况下，只考虑弯矩的作用。

例 9-1　如图 9-8（a）所示，悬臂梁 AB 跨度为 l，自由端荷载为 F。试分别求梁跨中的弯矩和最大弯矩。

解 (1) 计算支座反力。梁在荷载 F 作用下的支座反力有力 F_{Ax}、F_{Ay}和力偶矩 T_A。由静力平衡条件得知：

$$\Sigma F_x = 0 \qquad \Sigma F_{Ax} = 0$$

$$\Sigma F_y = 0 \qquad \Sigma F_{Ay} - F = 0$$

得
$$F_{Ay} = F$$

由
$$\Sigma M_A(F) = 0 \qquad T_A - Fl = 0$$

得
$$T_A = Fl$$

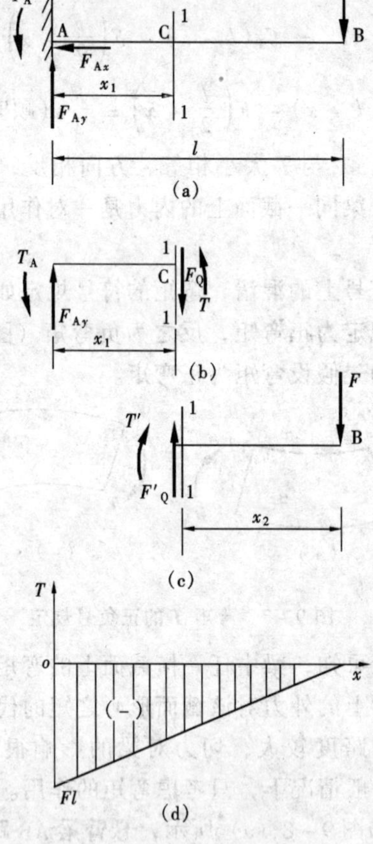

图 9-8 悬臂梁及其弯矩图

（2）计算1－1截面（距A端为 x_1 处）的弯矩。取左段梁为研究对象，设截面上弯矩 T 如图9－8（b）所示。由力矩平衡方程

$$\Sigma M_C(F) = 0$$

得
$$T + T_A - F_{Ay}x_1 = 0$$

所以
$$\begin{aligned} T &= - T_A + F_{Ay}x_1 \\ &= - Fl + Fx_1 \\ &= - F(l - x_1) \end{aligned}$$

（3）计算跨中 $x_1 = l/2$ 处的弯矩。将 $x_1 = l/2$ 代入式 $T = - F(l - x_1)$ 中，得

$$T = - F\left(l - \frac{l}{2}\right) = - \frac{1}{2}Fl$$

结果 T 为负值说明弯矩与图示方向相反，是负弯矩。

（4）求梁上最大弯矩。由式 $T = - F(l - x_1)$ 可知，当 $x_1 = 0$ 时，T 的绝对值最大。

$$T_{max} = - F(l - 0) = - Fl$$

当 $x_1 = l$ 时，$T = - F(l - l) = 0$，弯矩为零。

计算结果说明，悬臂梁的最大弯矩在梁的固定端，在梁的自由端弯矩为零。

在计算1－1截面的弯矩时，如果取右边一段为研究对象，如图9－8（c）所示，设截面离B端距离为 x_2 由平衡条件得

$$- T' - Fx_2 = 0$$

$$T' = - Fx_2$$

当 $x_2 = \frac{l}{2}$ 时截面在梁的跨中，$T = - \frac{1}{2}Fl$

当 $x_2 = l$ 时，截面在梁的固定端，$T_{max} = - Fx_2 = - Fl$
所以计算结果与取左段相同。

二、弯矩方程和弯矩图

由以上分析可知，弯矩 T 是随截面 x 位置而变化的。因此，梁内各截面的弯矩可以写成坐标 x 的函数，即 $T = M(x)$。这个

关系式就称为弯矩方程。它表示了弯矩沿梁的轴线变化的规律。例 9－1 中式 $T=-F(l-x_1)$ 和 $T'=-Fx_2$ 分别是图 9－8（b）和图 9－8（c）的弯矩方程。

为了形象地表示弯矩的变化，可用图形将弯矩方程式所反映出来的各截面弯矩变化的规律表示出来，这个图形就叫做弯矩图。如图 9－8（d）就是图 9－8（a）所示悬臂梁的弯矩图。

下面举例说明弯矩方程的建立和弯矩图的绘制方法。

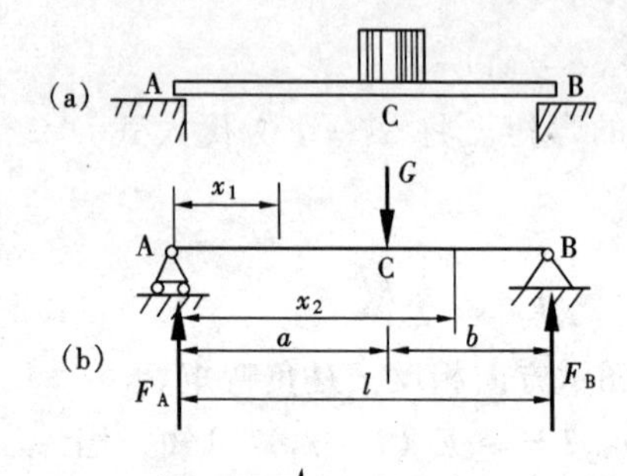

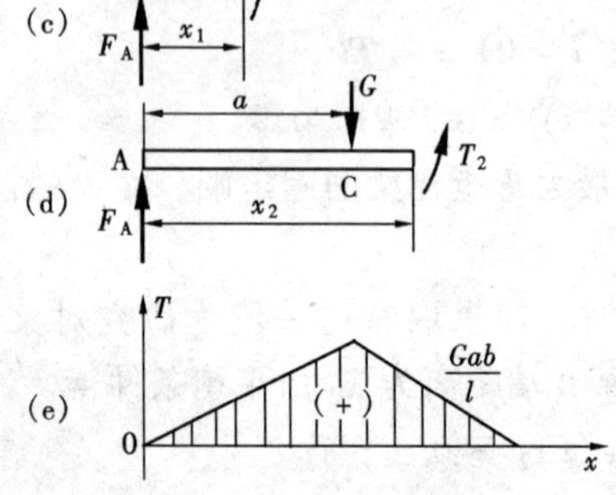

图 9－9　简支梁及其弯矩图

例 9－2　图 9－9（a）中的横梁受到重物重力 G 的作用，如果不考虑横梁本身的重力，则受力简图如图 9－9（b）所示。试作此梁的弯矩图。

解　（1）求支座反力 F_A 和 F_B。由静力平衡条件

$$\Sigma M_B(F)=0$$

$$-F_A l+Gb=0$$

得
$$F_A=\frac{Gb}{l}$$

由
$$\Sigma M_A(F)=0$$

得
$$F_B l-Ga=0$$

$$F_B=\frac{Ga}{l}$$

（2）列弯矩方程式。由于 F_A、F_B 两力之间还有一个集中力 G，故需分两段列方程：

AC 段：取距 A 端为 x_1 的任意截面［见图 9－9（c）］的左段来分析。这段梁上只有一个外力 F_A，所以

由
$$\Sigma M(F)=0$$

得
$$T_1-F_A x_1=0$$

$$T_1 = F_A x_1 = \frac{Gb}{l} x_1 \quad (0 \leqslant x_1 \leqslant a)$$

AB 段：取距 A 端为 x_2 的任意截面［图 9－9（d）］的左段来分析。这段梁上作用有两个外力 F_A 和 G，所以

由
$$\Sigma M(F) = 0$$

得
$$T_2 + G(x_2 - a) - F_A x_2 = 0$$

$$\begin{aligned} T_2 &= F_A x_2 - G(x_2 - a) \\ &= \frac{Gb}{l} x_2 - G(x_2 - a) \\ &= Ga + \left(\frac{Gb}{l} - G\right) x_2 \quad (a \leqslant x_2 \leqslant l) \end{aligned}$$

由于 AC 段和 AB 段的弯矩方程都是 x 的一次方程，因此只要计算出控制点 C 点的 T 值，就可画出弯矩图。

（3）计算控制点的 T 值。

AC 段　　$x_1 = 0$　　$T_1 = 0$

　　　　$x_1 = a$　　$T_1 = \frac{Gab}{l}$

AB 段　　$x_2 = a$　　$T_2 = \frac{Gab}{l}$

　　　　$x_2 = l$　　$T_2 = 0$

（4）作弯矩图。按一定的比例绘图，如图 9－9（e）所示。

从弯矩图中可看出，最大弯矩在集中力 G 的作用上，其值为 $T_{max} = \frac{Gab}{l}$。

由该例题知：当梁上荷载为集中力时，弯矩图为直线。凡碰到这种情形时，可以不列弯矩方程，只要分段计算出各控制点 T 值，就可直接绘出弯矩图。

例 9－3　图 9－10（a）所示一简支梁，试绘制梁的弯矩图。

解　（1）计算支座反力。由于结构对称，所以

$$F_A = F_B = F$$

（2）计算控制点的 T 值。设 A 点为坐标原点，各控制点到

原点的距离为 x。

A 点　$x=0$　　$T_A=0$

C 点　$x=a$　　$T_C=F_A a=Fa$

D 点　$x=2a$　　$T_D=F_A\times 2a-Fa=Fa$

B 点　$x=3a$　　$T_B=F_A\times 3a-F\times 2a-Fa=0$

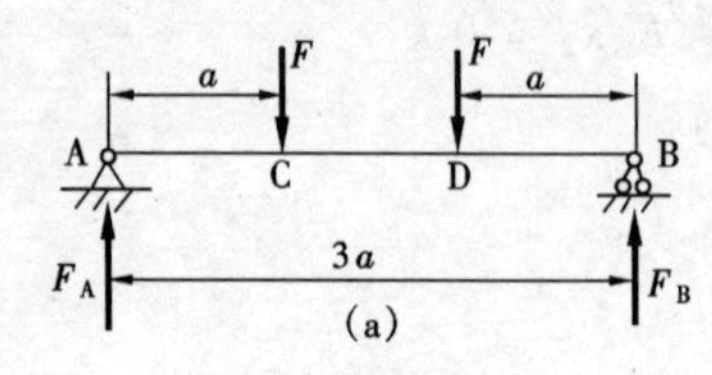

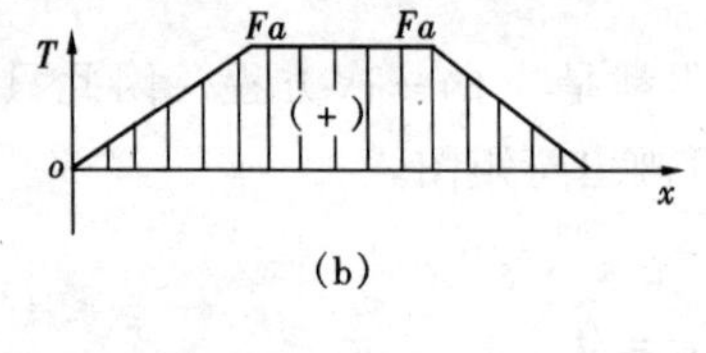

图 9-10　简支梁及其弯矩图

(3) 按一定比例绘弯矩图，如图 9-10 (b) 所示。

综上所述，弯矩图的绘制步骤可归纳如下：

(1) 计算支座反力；

(2) 列弯矩方程式；

(3) 确定控制点，并计算各控制点的弯矩 T 值；

(4) 建立坐标根据控制点的 T 值，按一定比例绘出弯矩图。

注意绘出的弯矩图，除了表示弯矩的变化规律外，还须在图中注上正负号及控制点处弯矩的绝对值。

第三节　梁的正应力和强度条件

已知梁横截面上的弯矩，还不能进行梁的强度计算。只有找出梁上最大正应力，才能计算梁的强度。

一般情况下，梁弯曲时横截面上既有弯矩，又有切力。若梁横截面上只有弯矩而没有切力，则这样的弯曲称为纯弯曲。下面通过梁的纯弯曲实验来分析应力在横截面上的分布规律。

一、正应力的分布规律

取一根矩形截面梁，在梁表面画出纵线和横线，如图 9-11 (a) 所示，然后在梁的纵向对称面的两端施加一对力偶矩 T，使梁处于纯弯受力状态，如图 9-11 (b) 所示。从实验中可观察到：

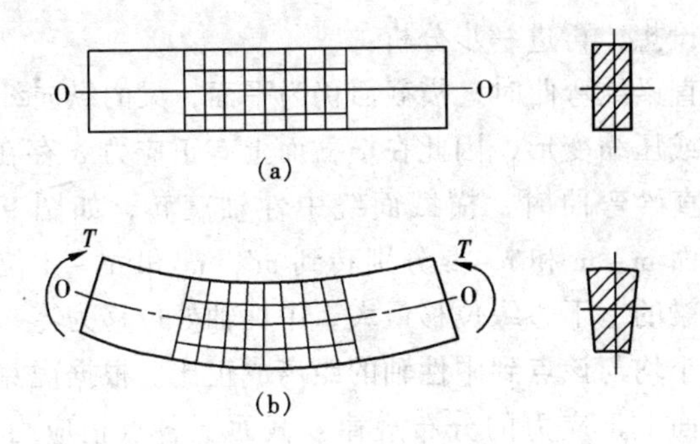

图 9-11　纯弯曲实验

(1) 横线仍保持为垂直于纵线的直线，只是相对旋转了一个角度；

(2) 纵线变为弧线，上边的纵线缩短了，下边的纵线伸长了，而中间的纵线 O-O 既不伸长也不缩短；

(3) 在纵线伸长区，梁的宽度减小，在纵线缩短区，梁的宽度增大。

根据实验观察到的现象，可以设想：梁内部与表面的变形情况一样，横线所代表的梁的横截面在弯曲前后均保持为平面；梁是由一束纵向纤维所组成，实验中纵线的变化说明，梁的上部分纤维不同程度的缩短，下部分纤维不同程度的伸长，那么中间一定有一层纤维既不伸长也不缩短。这层纤维所在的平面叫做中性层。中性层与横截面的交线叫中性轴，如图 9-12（a）中的 z 轴所示梁在弯曲过程中，每个横截面都绕着各自的中性轴旋转一角度。

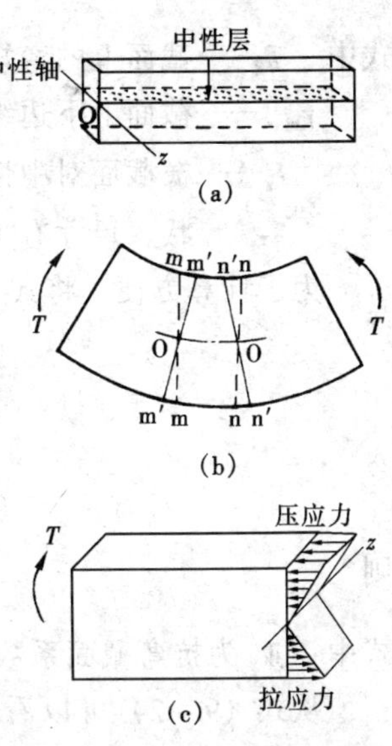

图 9-12　正应力的分布规律

根据设想，再进一步分析：

(1) 直梁纯弯曲时，横截面仍为平面，梁的纵向纤维受到简单的拉伸或压缩变形，因此在横截面上有正应力 σ 存在。

(2) 直梁弯曲时，横截面绕中性轴旋转，如图 9－12（b）所示，截面 m－m 和 n－n 分别转到 m′－m′和 n′－n′位置。从图中看出，梁的上下边缘位移最大，中性轴处位移为零，其余各点位移的大小均与该点到中性轴的距离成正比。根据虎克定律便可得到横截面上正应力的分布规律：截面上各点正应力 σ 与该点到中性轴的距离 y 成正比。在中性轴上（$y=0$），各点的正应力为零，在离中性轴最远的上下边缘处（$y=|y_{max}|$），正应力最大。当截面上下对称时，上下边缘的最大正应力在数值上相等。

二、最大正应力的计算

根据正应力的分布规律，可以推算出直梁横截面上最大正应力的计算式：

$$\sigma_{max} = \frac{Ty_{max}}{I_z} \quad (9-1)$$

式中 T——截面上的弯矩；

y_{max}——截面上下边缘到中性轴的距离；

I_z——横截面对中性轴 z 的惯性矩，它是一个与横截面形状、尺寸有关的几何量，单位是 m^4 或 mm^4。

为了计算方便，将式（9－1）变换为

$$\sigma_{max} = \frac{T}{I_z/y_{max}}$$

令

$$W_z = \frac{I_z}{y_{max}}$$

则

$$\sigma_{max} = \frac{T}{W_z} \quad (9-2)$$

式中：W_z 为抗弯截面系数，单位是 m^3 和 mm^3。

从式（9－2）可以看出，当弯矩 T 不变时，W_z 越大，σ_{max} 就越小，所以 W_z 是反映了直梁横截面抵抗弯曲变形能力的一个几何量。

工程中常见梁的 I_z 和 W_z 计算式列于表 9－1 中。其他工字形、L形、槽形等截面形状的梁的 I_z、W_z 可查有关手册。

表 9－1　　常用梁的 I、W 计算公式

截面图形	惯性矩 I	抗弯截面系数 W
矩形截面（b、h，轴 y、z）	$I_z = \frac{bh^3}{12}$ $I_y = \frac{hb^3}{12}$	$W_z = \frac{bh^2}{6}$ $W_y = \frac{hb^2}{6}$
圆形截面（d，轴 y、z）	$I_z = I_y = \frac{\pi d^4}{64}$ $\approx 0.05d^4$	$W_z = W_y = \frac{\pi d^3}{32}$ $\approx 0.1d^3$
圆环截面（D、d，轴 y、z）	$I_z = I_y$ $= \frac{\pi}{64}(D^4 - d^4)$ $= \frac{\pi D^4}{64}(1 - \alpha^4)$ $\approx 0.05D^4(1 - \alpha^4)$	$W_z = W_y$ $= \frac{\pi D^3}{32}(1 - \alpha^4)$ $\approx 0.1D^3(1 - \alpha^4)$

注　$\alpha = \frac{d}{D}$。

三、梁的弯曲强度条件及其应用

由于梁截面上的弯矩是随截面的位置而变化的，所以在研究梁的强度时，首先要计算出最大弯矩 T_{max}并找出危险截面。在危险截面上，离中性轴最远点的应力则是整个梁（设梁是等截面的）最大弯曲正应力，破坏往往从这里开始。为保证梁正常工作，梁的弯曲强度条件为

$$\sigma_{max} = \frac{T_{max}}{W_z} \leqslant [\sigma] \tag{9-3}$$

式中 T_{max}——危险截面的弯矩；

W_z——危险截面的抗弯截面系数；

[σ]——材料的许用应力（一般情况下，可采用拉压时的许用应力值）。

梁的弯曲强度条件可用来校核梁的强度、选择梁的截面尺寸和确定许用荷载。

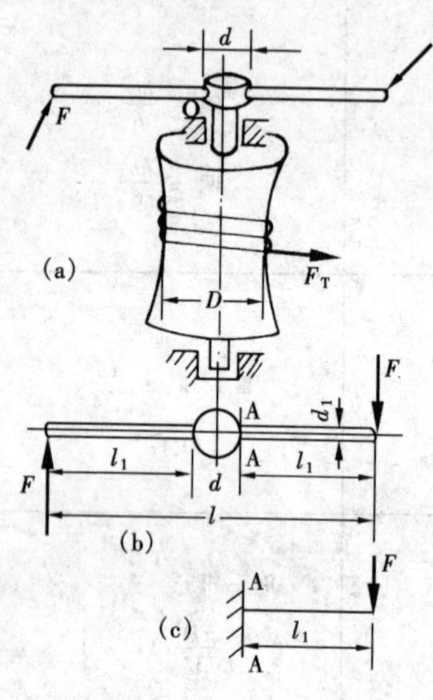

图 9-13　手推绞磨

例 9-4　如图 9-13 所示手推绞磨，钢丝绳的最大牵引力 $F_T = 20kN$，磨芯直径 $D = 25cm$，磨顶（插磨杠处）直径 $d = 10cm$，磨杠为长 $l = 3m$ 的钢管，钢管外径 $d_1 = 70mm$，壁厚 $t = 4mm$，材料许用应力 [σ] $= 110MPa$。试校核磨杠的强度。

解　磨杠可看作是在自由端受到集中力 F 作用的悬臂梁，如图 9-13（b）所示其危险截面在 A-A 截面，计算简图如图 9-13（c）所示。

（1）求推动绞磨所需力 F 的最小值。由图可知，当绞磨匀速转动时，作用在它上面的顺时针转动的力偶矩 Fl 等于逆时针转动的力偶矩 $F_T \times \dfrac{D}{2}$。

由
$$\Sigma M_o(F) = 0$$

得
$$Fl - F_T \times \frac{D}{2} = 0$$

所以
$$F = \frac{F_T D}{2l} = \frac{20 \times 25}{2 \times 300} = 0.83(\text{kN})$$

（2）求 T_{max}。由图 9-13（c）可知作用在 A-A 截面的弯矩为

$$T_{max} = Fl_1 = F\left(\frac{l}{2} - \frac{d}{2}\right)$$

$$= 0.83 \times \left(\frac{3}{2} - \frac{0.1}{2}\right)$$

$$= 1.2\text{kN} \cdot \text{m}$$

(3) 计算最大正应力 σ_{max}。由表 9-1 可知，钢管的

$$W_z = 0.1D^3(1 - \alpha^4)$$

式中 $\alpha = \frac{D - 2t}{D} = \frac{70 - 2 \times 4}{70} = 0.89$。

所以
$$\sigma_{max} = \frac{T_{max}}{W_z} = \frac{T_{max}}{0.1D^3(1 - \alpha^4)}$$

$$= \frac{1.2 \times 10^3 \times 10^3}{0.1 \times 70^3 \times (1 - 0.89^4)}$$

$$= 93.90(\text{MPa}) < 110\text{MPa}$$

$$\sigma_{max} < [\sigma]$$

所以磨杠的强度是够的。

例 9-5 图 9-14 (a) 所示为混凝土电杆接头部分，已知钢圈外径 $D = 280$mm，壁厚 $t = 8$mm，采用电焊接头，取焊缝许用应力 $[\sigma] = 100$MPa。试计算电杆能承受的最大弯矩 T_{max}。

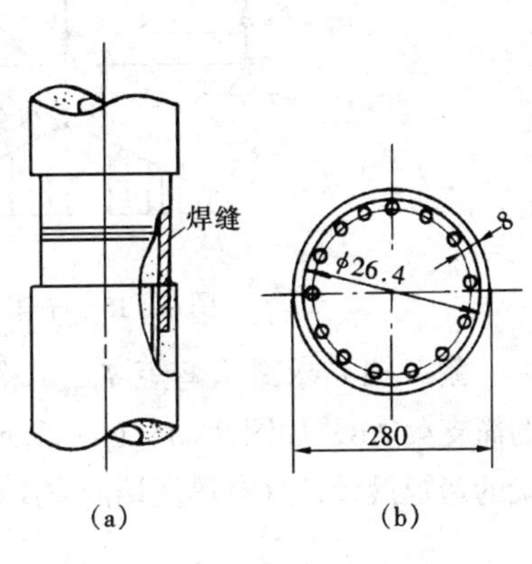

图 9-14 混凝土电杆接头

解 一般钢板的许用应力大于焊缝的许用应力，故电杆能承受的最大弯矩由焊缝承受的最大弯矩来控制。由梁的强度条件

$$\sigma_{max} = \frac{T_{max}}{W_z} \leqslant [\sigma]$$

得　　$T_{\max} \leqslant W_z[\sigma] = 0.1D^3(1-\alpha^4)[\sigma]$

$$= 0.1 \times 280^3 \times \left[1 - \left(\frac{280-16}{280}\right)^4\right] \times 100 \times 10^{-6}$$

$$= 46.04(\text{kN} \cdot \text{m})$$

所以，电杆能承受的最大弯矩 $T_{\max}$ 为 46kN·m。

例 9-6　图 9-15（a）所示吊车梁，已知起吊的最大荷载（包括小车的重力）$G = 40\text{kN}$，梁跨 $l = 15\text{m}$，钢材的许用应力 $[\sigma] = 160\text{MPa}$。试分别确定工字形、矩形（设 $h/b = 2$）和实心圆形截面梁的横截面面积和三种截面梁的重力之比。

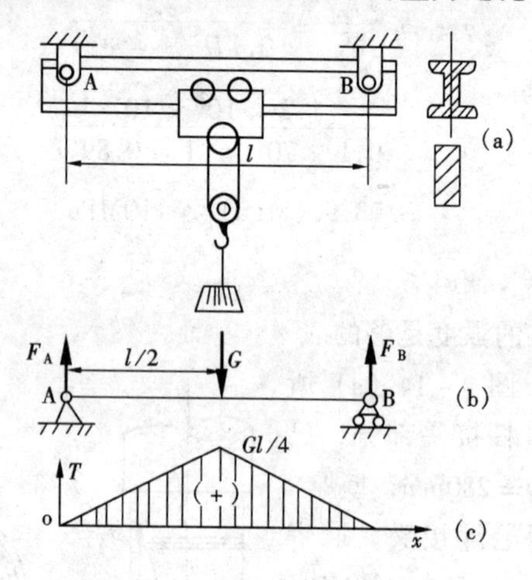

图 9-15　吊车梁及其弯矩图

解　(1) 求最大弯矩 $T_{\max}$。将吊车梁简化为承受一集中力为 G 的简支梁 AB，如图 9-15（b）所示，显然，当吊车在梁的跨中时，梁的弯矩最大，这时梁两端的支座反力 $F_A = F_B = G/2$，所以

$$T_{\max} = F_A \times \frac{l}{2} = \frac{Gl}{4}$$

$$= 40 \times 10^3 \times 15 \times \frac{1}{4}$$

$$= 15 \times 10^4(\text{N} \cdot \text{m})$$

(2) 求三种梁的横截面面积。

1）工字形截面

由梁的弯曲强度条件 $\sigma_{\max} = \dfrac{T_{\max}}{W_z} \leqslant [\sigma]$

得知：$W_z = \dfrac{T_{\max}}{[\sigma]} = \dfrac{15 \times 10^4 \times 10^3}{160} = 938 \times 10^3$（$mm^3$）

从型钢表中查得 36a 号工字钢的 $W_z = 963 \times 10^3 mm^3$，大于 $938 \times 10^3 mm^3$，故可选用它的横截面面积 A，查得

$$A = 9070mm^2$$

2）矩形截面

$$W_z = \frac{bh^2}{6} = \frac{b(2b)^2}{6} = \frac{2b^3}{3}$$

所以 $$b = \sqrt[3]{\frac{3W_z}{2}} = \sqrt[3]{\frac{3 \times 938 \times 10^3}{2}} = 112(mm)$$

$$A = bh = 112 \times 2 \times 112 = 25088(mm^2)$$

3）圆形截面

$$W_z = 0.1d^3$$

所以 $$d = \sqrt[3]{\frac{W_z}{0.1}} = \sqrt[3]{\frac{938 \times 10^3}{0.1}} = 211(mm)$$

$$A = \frac{\pi}{4}d^2 = \frac{\pi}{4} \times 211^2 = 34949(mm^2)$$

（3）比较三种梁的重力。在材料、长度相同时，梁重力之比等于横截面面积之比，即

$$A_{工} : A_{矩} : A_{圆} = 9070 : 25088 : 34949$$

$$= 1 : 2.77 : 3.85$$

计算结果表明，矩形截面梁的重力是工字形截面梁的 2.77 倍，而圆形截面梁的重力是工字形截面梁的 3.85 倍。显然，这三种方案中，工字形截面最合理。

第四节　提高梁弯曲强度的主要措施

从梁弯曲强度条件 $\sigma_{\max} = \dfrac{T_{\max}}{W_z} \leqslant [\sigma]$ 可以看出，梁的强度

与外力引起的最大弯矩、横截面的形状和尺寸以及所用的材料有关。因此，要提高梁的强度，可从三方面考虑：一是合理布置梁的荷载，以降低最大弯矩 T_{max}值；二是采用合理的截面，以提高抗弯截面系数 W_z 值；三是采用［σ］较大的材料。从既安全又经济的角度出发，在选定材料的条件下，应从提高 W_z 和降低 T_{max}两方面采取措施。

一、合理布置荷载，降低最大弯矩值

梁的最大弯矩值 T_{max}不仅决定于荷载大小，而且决定于荷载在梁上的分布。所以，采取合理的加载方式和安排支座的位置，将会显著减小梁的最大弯矩。

如图 9－16（a）所示的简支梁 AB，当集中力 F 作用于梁的中点$\frac{l}{2}$处时，$T_{max}=F_A\times\frac{l}{2}=\frac{F}{2}\times\frac{l}{2}=\frac{Fl}{4}$。当力 F 距离 A 端$\frac{l}{6}$时，如图 9－16（b）所示，则 $T_{max}=F_A\times\frac{l}{6}=\frac{5}{6}F\times\frac{l}{6}=\frac{5Fl}{36}$，相比之下，后者的最大弯矩就减小了很多。

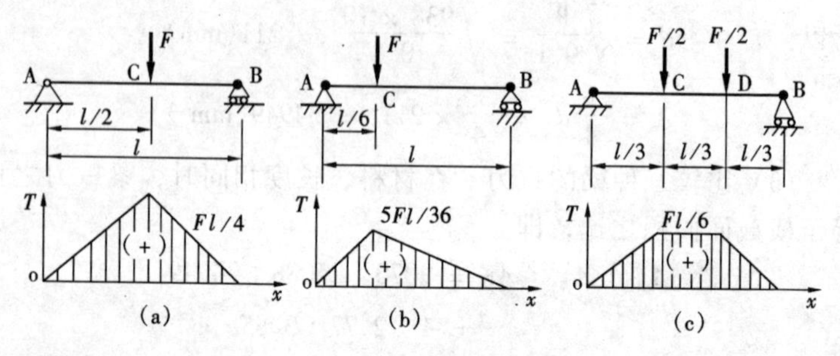

图 9－16　简支梁三种加载方式下的 T_{max}

此外，在结构允许的条件下，若把集中力改变为分散的较小的集中力，最大弯矩也将减小很多。如图 9－16（c）所示将简支梁中点的集中力 F 分成两个分散作用的集中力$\frac{F}{2}$，则最大弯矩 T_{max}将由$\frac{Fl}{4}$降低为$\frac{Fl}{6}$。如某厂装配车间就利用这种方法（图 9－17），用 4t 的吊车吊起了 6t 重的设备。再如电力建设单位运输大型变压器过桥梁时，一般都用大平板拖车（图 9 - 18)。平板车上的 64 个车轮，将荷载分布在较长的一段桥上，从而减小了最大弯矩值。

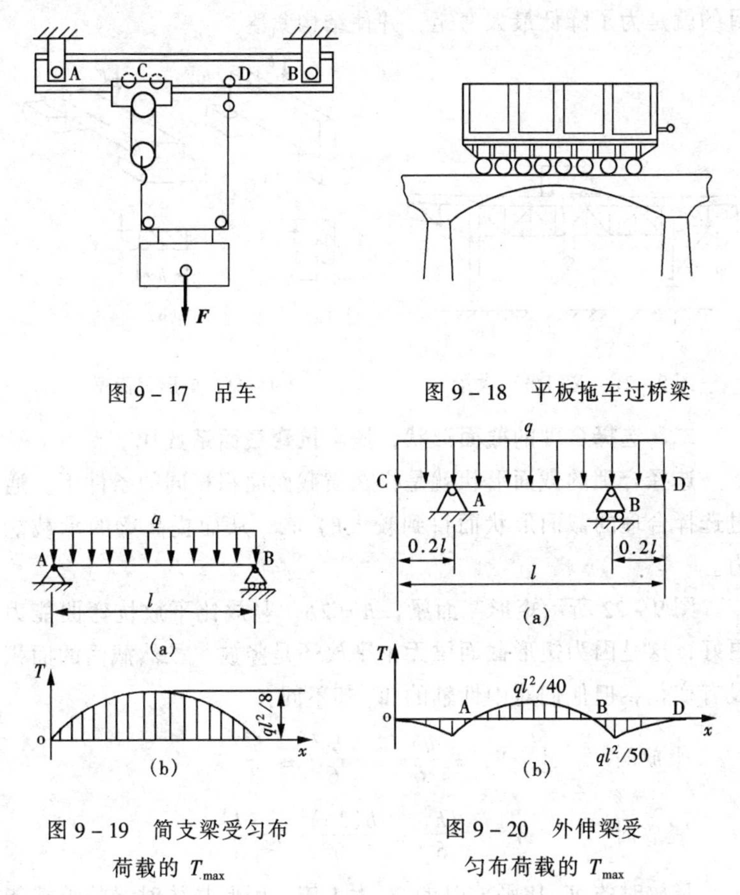

图 9 - 17　吊车

图 9 - 18　平板拖车过桥梁

图 9 - 19　简支梁受匀布荷载的 T_{max}

图 9 - 20　外伸梁受匀布荷载的 T_{max}

如果将图 9 - 16（a）中的集中力 F 分解成匀布荷载 q，如图 9 - 19（a）所示，即 $q = F/l$，则其最大弯矩只有图 9 - 16（a）所示的最大弯矩值的一半。若再合理布置支座位置，将图 9 - 19（a）所示梁的两端支座各向里移动 $0.2l$，见图 9 - 20，改成外伸梁，则最大弯矩为前者的 $\frac{1}{5}$，也就是说，在梁的截面积相同时，荷载还可增加4倍。因此，龙门吊车的大梁，（见图9－21）、高压电杆上的横担、汽车底盘、卧式锅炉等都可简化为受均布荷载的梁；它们的支承点不在梁的两端而是向里移动了一段距离，其目的就是为了降低最大弯矩，并使结构紧凑。

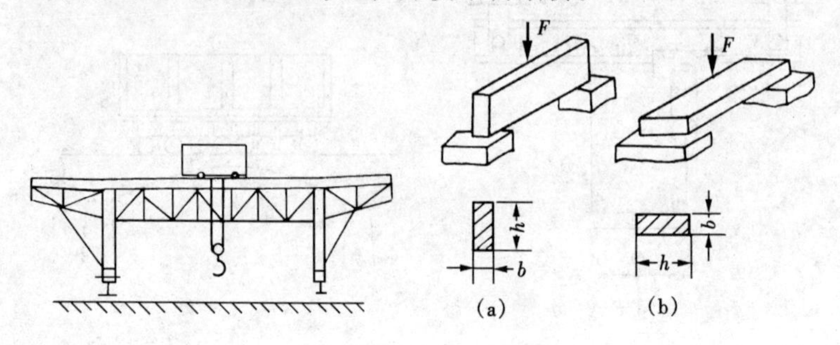

图9－21　龙门吊车大梁　　　　图9－22　矩形截面梁

二、选择合理的截面形状，提高抗弯截面系数 W_z

选择合理的截面形状就是指在横截面面积相同的条件下，通过选择合理的截面形状而得到较大的 W_z，从而提高梁的承载能力。

图9－22所示矩形截面梁，$h=2b$，竖放比平放抗弯曲能力更好，这是因为矩形截面梁无论平放还是竖放，虽然截面的面积没有变化，但他们对中性轴的 W_z 却不同：

平放时 $$W_z=\frac{hb^2}{6}=\frac{2bb^2}{6}=\frac{b^3}{3}$$

竖放时 $$W_z=\frac{bh^2}{6}=\frac{b(2b)^2}{6}=\frac{2b^3}{3}$$

竖放时的 W_z 比平放时的 W_z 大1倍，因此竖放时梁的承载能力也比平放时大1倍。

其实，竖放的矩形截面还不是最理想的，由于梁横截面上正应力的最大值只发生在上下边缘，而靠近中性轴处正应力很小，也就是说中性轴的附近处的材料并未充分发挥其作用，所以应将矩形截面中性轴附近的材料转移到远离中性轴的部位，充分发挥它们的作用。如工程中常采用的箱形截面和工字形截面就是这个道理(图 9-23)。

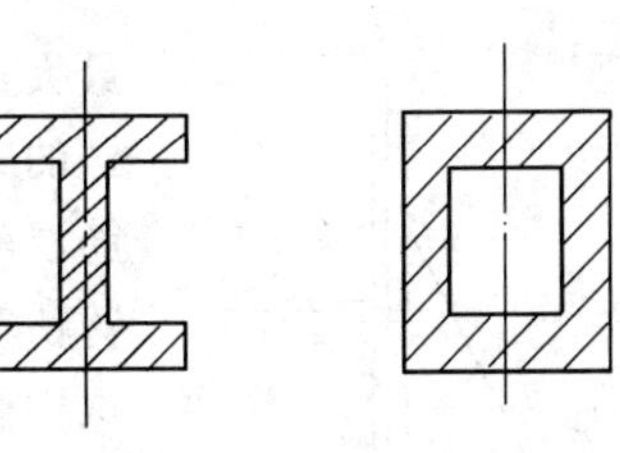

图 9-23　箱形、工字形截面梁

此外，为了使截面形状符合经济原则，还应尽量使截面上下边缘处的最大拉应力和最大压应力同时达到许用应力。对于用塑性材料（钢、木材等）制成的梁，其许用拉应力和许用压应力值是相等的，应采用对中性轴对称的截面形状（矩形、圆环形、工字形），如图 9-24（a）所示；对于用脆性材料（混凝土）制成的梁，一般许用压应力大于许用拉应力，应采用T形的截面，使受拉一侧的截面面积大些，且靠中性轴近些，如图 9-24（b）所示。

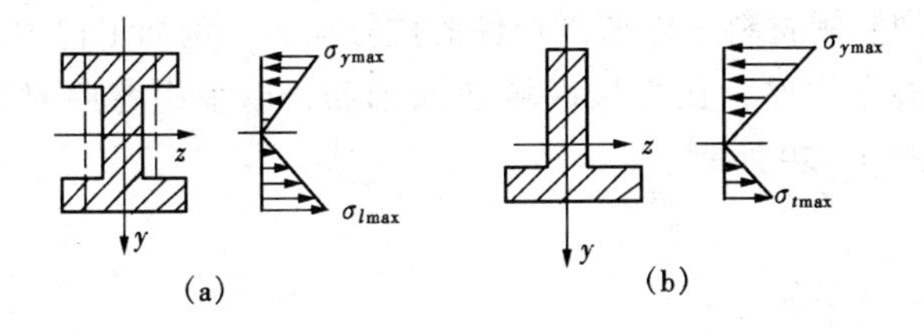

图 9-24　截面上应力分布

三、采用等强度梁

从强度观点看，为了充分发挥材料的作用，根据弯矩图的变化情况，沿着梁的轴线，将梁作成变截面梁，使所有横截面上的

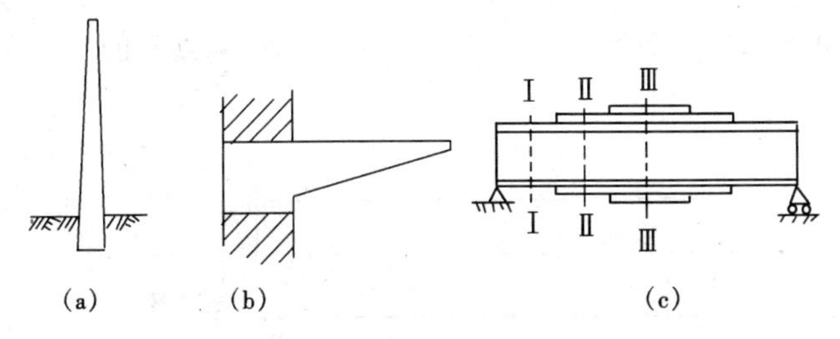

图 9-25　等强度梁

(a) 拔梢电杆；(b) 悬臂梁；(c) 汽车板弹簧

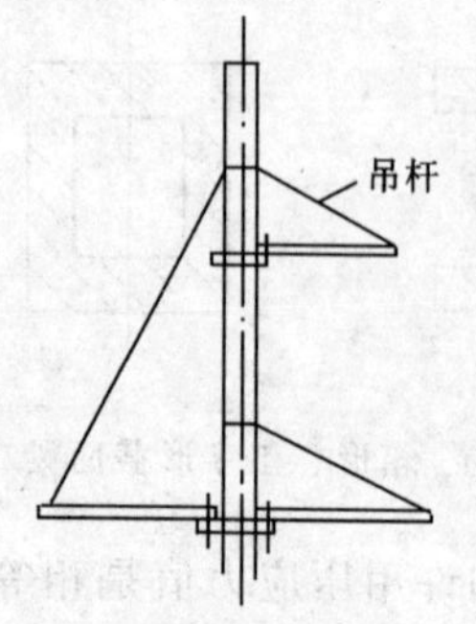

图 9－26　加吊杆

最大正应力都大致等于许用应力 $[\sigma]$，这样的梁称为等强度梁。如环形截面拔梢钢筋混凝土电杆、悬臂梁、汽车板弹簧、摇臂钻等都是等强度梁的实例（图 9－25）。这样做，不仅可以节约材料，而且可以减轻自重。

四、采取加强措施，减小弯矩

在电杆横担上加吊杆（图 9－26），在安装变压器的横梁下加斜撑（图 9－27），安装起立电杆时，由单点起吊改为两点或多点起吊（图 9－28）等都是减小弯矩的措施。

五、合理利用材料

合理利用材料可以增强构件的抗拉能力，例如工程中常用的钢筋混凝土构件，在受拉区域加入钢筋，以承担弯曲时的拉应力，如图 9－29 所示。

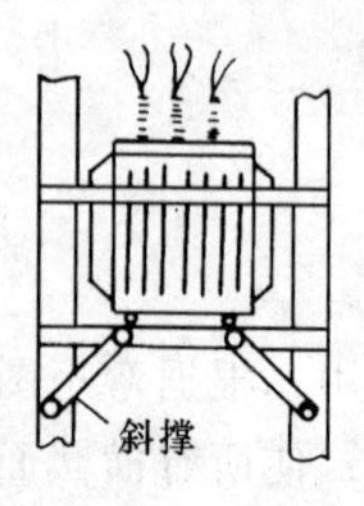

图 9－27　加斜撑

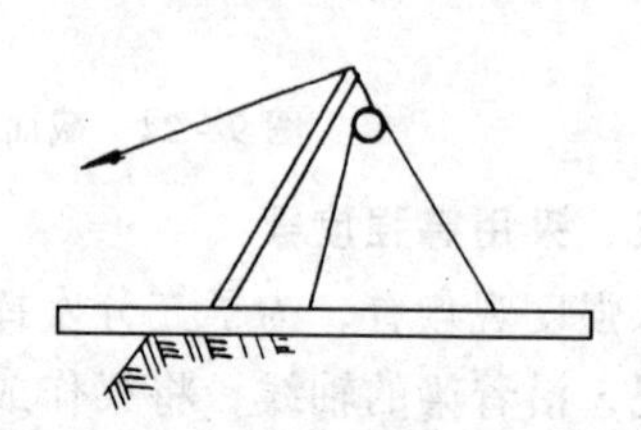
图 9－28　两点吊电杆

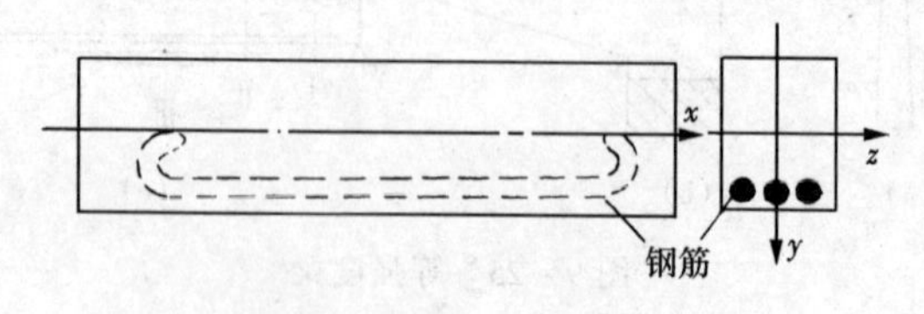

图 9－29　钢筋混凝土构件

第五节　梁的弯曲变形简介

工程中承受弯曲的构件，除了要满足强度条件外，还必须满足一定的刚度要求，使构件的弯曲变形不超过规定的数值，以保证其正常工作。如变速器的传动轴（图 9－30），如果传动轴的变形过大，则势必影响齿轮间的正常啮合，产生噪声，降低寿命。又如浇制混凝土的模板，弯曲变形超过一定限度时，会造成工程质量事故。

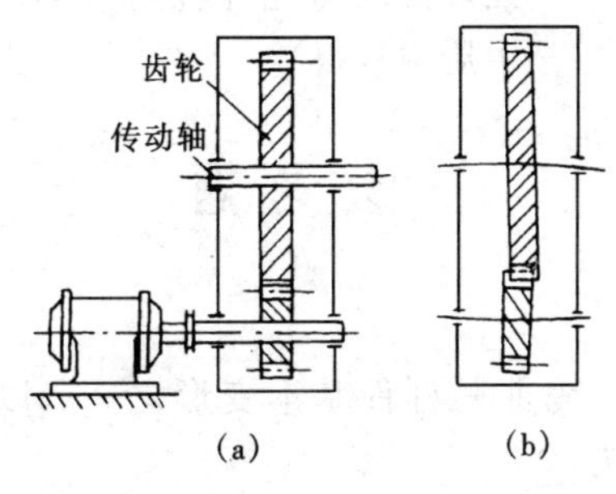

图 9－30　变速器

梁在未产生变形时，其轴线是一条直线，但在平面弯曲时，梁的轴线就变成了一条平面曲线。从图 9－31 可看出，悬臂梁在受 F 力后将产生弯曲变形，梁上过 C 点的截面不仅发生了位置变化（C 点可看成是截面的形心，梁变形后 C 点沿垂直方向移动了一段距离 f 而到了 C′点），而且横截面也相对转过了一个角度 θ。对于不同的截面位置，其位移 f 值和转过的角度 θ 是不相等的，这两个变形量即为梁弯曲变形的指标。截面形心在垂直方向的位移 f 叫作该截面的挠度，θ 称为该截面的转角。因此，研究梁的变形问题，就是要找出梁截面的挠度 f 和转角 θ。实践证明，f 和 θ 与梁所受到的

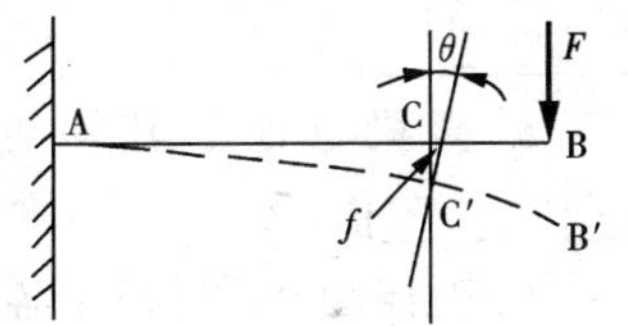

图 9－31　梁的挠度和转角

弯矩有关，并且与材料的力学性质、梁截面的几何形状有关。工程中用 f、θ 的最大值来量度构件在外力作用下弯曲变形的大小，并且规定 f_{max}、θ_{max}不允许超过梁的变形许用值，所以梁的弯曲刚度条件是

$$f_{max} \leqslant [f]$$

$$\theta_{max} \leqslant [\theta]$$

式中 f_{max}和 θ_{max}——截面的最大挠度和最大转角(其计算式可从计算手册中查得)；

$[f]$ 和 $[\theta]$ ——允许挠度与允许转角（具体数值可从有关手册中查得)。

复习题

一、填空题

1. ＿＿＿＿＿弯曲是杆件基本变形之一。以弯曲变形为主要变形的构件称为＿＿＿＿＿。

2. 梁的三种基本形式是：＿＿＿＿＿梁、＿＿＿＿＿梁和悬臂梁。

3. 悬臂梁受＿＿＿＿＿约束，外伸梁受＿＿＿＿＿约束。

4. 梁上三种基本荷载的形式是：集中力、＿＿＿＿＿和＿＿＿＿＿。

5. 直梁弯曲后其轴线凹面向上，则横截面上的弯矩为＿＿＿＿＿值。

6. 对照图 9－32 所示各梁，完成下列填空。

(1)（a）图简支梁中点受力 F，梁内最大弯矩为＿＿＿。

(2)（b）图两个 $F/2$ 集中力在简支梁上等距离作用，梁内最大弯矩为＿＿＿＿＿。

(3)（c）图简支梁受均布荷载 $q = F/l$，梁内最大弯矩为＿＿＿＿＿。

7. 在中性层凸出一侧的梁内各点，正应力均为＿＿＿＿

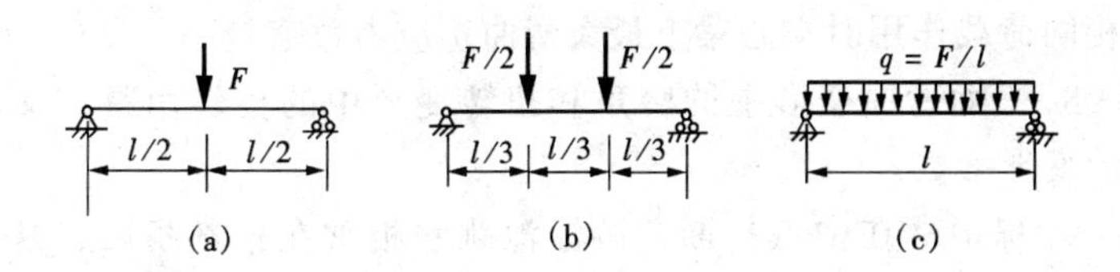

图 9-32　题一-6

值，即为__________应力。

8. 直径为 d 的实心圆截面梁，其 I_z = __________，W_z __________。

9. 边长为 a 的实心正方形截面梁，其 I_z = __________，W_z = __________。

10. 在材料、长度、受荷载情况和横截面积都相同的情况下，__________较大的梁的抗弯承载能力较强。

二、判断题（在题末括号内作记号："√"表示对，"×"表示错）

1. 凡弯矩图曲线折点处，梁上对应点必有集中外力作用。（　　）

2. 空心圆截面梁的抗弯截面系数 $W_z = \pi D^3/32 - \pi d^3/32$。（　　）

3. 式 $\sigma_{max} = T_{max}/W_z$ 中，σ_{max}值一般随横截面位置不同而异。（　　）

4. 用脆性材料制作的梁，若横截面形状不对称于中性轴，无论受载如何，都必须分别校核危险截面上的最大拉应力和最大压应力。（　　）

5. 材料、外径相同的空心梁和实心梁，前者承载能力强（　　），重量轻。（　　）

6. 合理布置支座可减小梁内最大工作应力（　　）；在梁的横截面面积不变情况下合理选择梁的截面形状亦可减小梁内最大工作应力（　　）。以上两种措施的理论根据完全相同。（　　）

7. 若空心圆截面梁和实心圆截面梁的材料、外径相同，则

受相同荷载作用时空心梁上最大弯曲正应力数值较小。（　）

8. 平面弯曲变形中的转角和扭转变形中的扭转角是定义相同的变形参数。（　）

9. 扁担常在中点折断，游泳池跳水板常在根部折断，是因为折断处承受最大荷载。（　）

10. 梁的合理截面形状应是不增加横截面面积，而使其 I_z 数值尽可能大的形状。

三、选择题

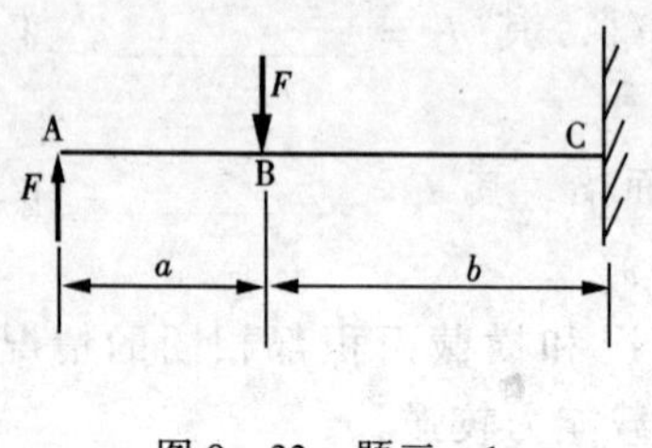

图 9－33　题三－1

1. 已知图 9－33 所示梁的尺寸及荷载。

1）AB 段各横截面的弯矩__________：（1）相等且为正；（2）相等且为负；（3）不等且为正；（4）不等且为负；

2）弯矩图线过 B 截面时__________：（5）有折点；（6）有突变；（7）无变化；

3）__________段为纯弯曲梁：（8）AB；（9）BC；（10）AC。

2. 图 9－34 各梁的 q、l 值相同，其中__________梁最大弯矩的数值最小。

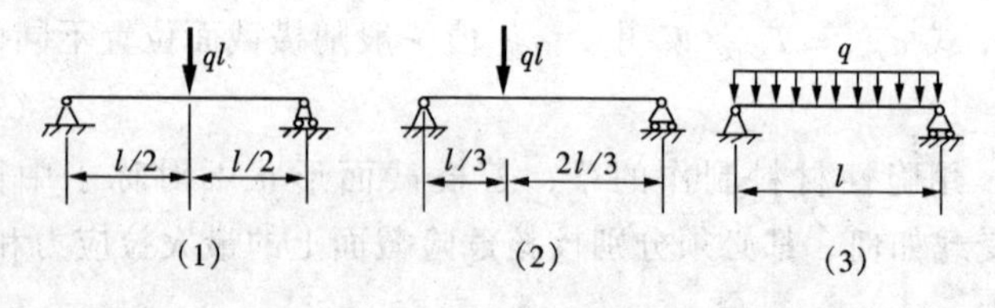

图 9－34　题三－2

3. 矩形截面梁发生平面弯曲时，横截面的最大正应力分布在__________：（1）上下边缘处；（2）左右边缘处；（3）中性轴处。

4. 梁横截面上的正应力与__________有关：（1）截面形状；（2）截面位置；（3）截面尺寸；（4）外荷载大小；（5）材料性质。

5. 梁平面弯曲时，横截面上最大拉、压应力不相等的梁是________。(1) 圆形截面梁；(2) 矩形截面梁；(3) T形截面梁。

6. 图 9－35 所示各图的实体面积相等，z 为中性轴，其抗弯截面系数由大到小排列的顺序应为________：(1) $W_{z1} > W_{z2} > W_{z3}$；(2) $W_{z2} > W_{z3} > W_{z1}$；(3) $W_{z3} > W_{z1} > W_{z2}$；(4) $W_{z3} > W_{z2} > W_{z1}$。

7. 当材料、长度、横截面积和受载情况均相同时，空心圆截面梁的抗弯承载能力________实心圆截面梁：(1) 优于；(2) 等于；(3) 不及。

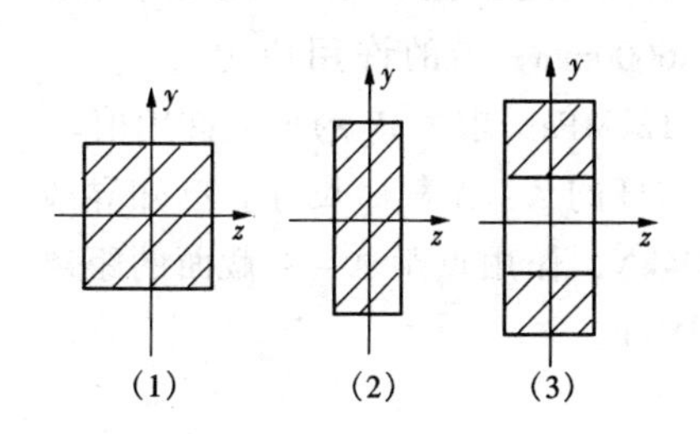

图 9－35　题三－6

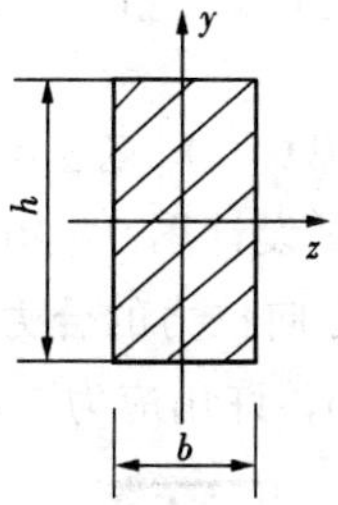

图 9－36　题三－8

8. 一根受集中力作用的矩形截面梁，$h = 2b$（图 9－36）。

1) 当分别以 y、z 轴作中性轴（即平放和竖放）时，梁内最大弯曲正应力________：(1) 相等；(2) 不等；(3) 同为零；

2) 竖放时最大正应力为平放时的________倍：(4) 2；(5) 1；(6) 0.5。

9. 等强度梁各横截面上________数值相等：(1) 最大正应力；(2) 弯矩；(3) 面积；(4) 抗弯截面系数。

10. 挠度和转角从不同的侧面描述了梁的________：(1) 受力；(2) 抵抗变形的能力；(3) 变形位移。

四、绘图题

1. 试绘制图 9－37 所示梁 AB 的弯矩图。

2. 试绘出图 9－38 所示悬臂梁 AB 的弯矩图。

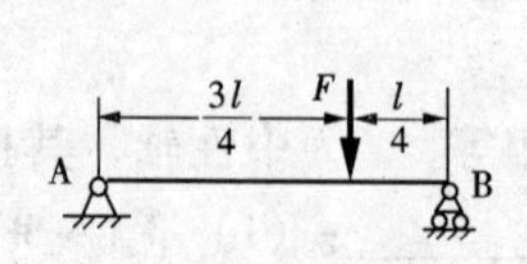

图 9－37　题四－1

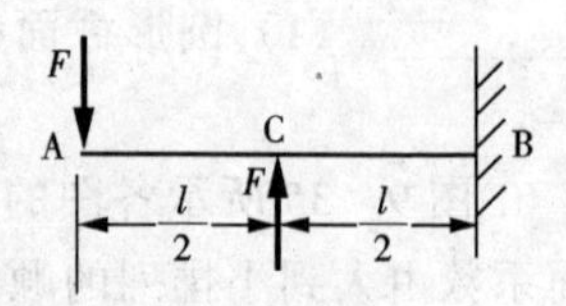

图 9－38　题四－2

五、计算题

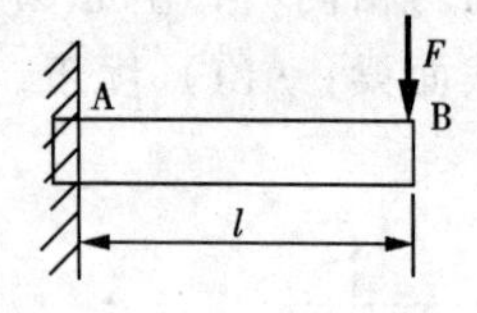

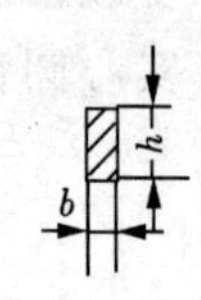

图 9－39　题五－1

1. 如图 9－39 所示矩形截面的悬臂梁在 B 端受力 F 作用。已知 b = 200mm，h = 600mm，l = 6000mm，梁的许用应力 [σ] = 120MPa。求力 F 的最大许用值。

2. 试设计图 9－40 所示圆木杆的 A－A 截面尺寸。已知导线沿水平方向拉力的合力 F = 1.04kN，作用点距 A－A 截面的距离 h = 8.8m，许用应力 [σ] = 12MPa。

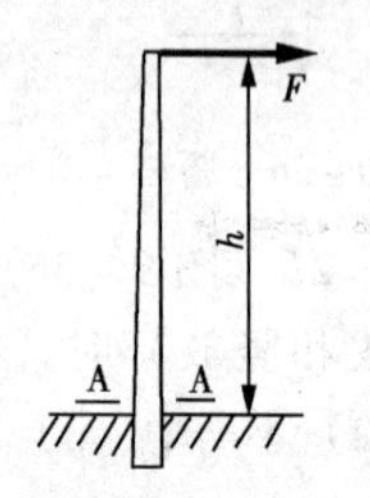

图 9－40　题五－2

图 9－41　题五－3

3. 扳手旋紧螺母时受力情况如图 9－41 所示。已知 l = 130mm，l_1 = 100mm，b = 6mm，h = 18mm，F = 300N，扳手许用

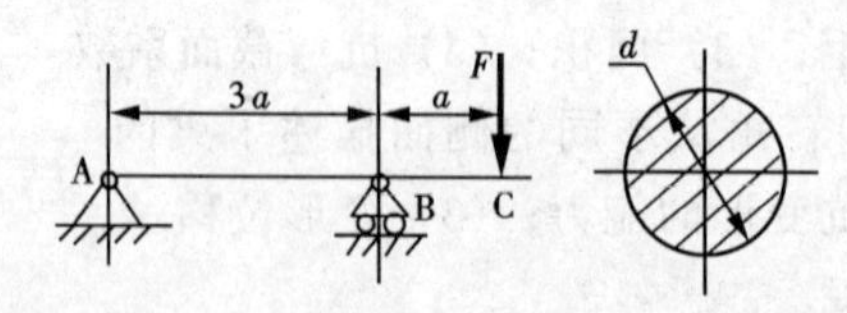

图 9－42　题五－4

应力［σ］=120MPa。试核算扳手手柄部分的强度。

4. 图9-42所示一圆截面外伸梁，已知 $a=0.4$m，荷载 $F=$ 8.4kN，材料许用应力［σ］=160MPa。试确定此梁的直径 d。

第十章

压杆的稳定计算

第一节　压杆稳定的基本概念

承受轴向压力的细长直杆，仅仅满足强度条件是不够的，还必须具有足够的稳定性。当杆两端所加的压力还不很大，且杆内应力还远小于其极限应力时，细长杆有可能突然弯曲，甚至折断。细长压杆的这种不能维持原有直线平衡状态而突然弯曲，甚至折断的现象，称为压杆失去稳定性，简称压杆失稳。

压杆失稳的现象,在日常生活中是能观察到的。如取一根细长而薄的木条,当以不太大的力沿其轴线往下压时,这根木条就被压弯,如图 10－1(a)所示;若再增大压力,木条就有可能折断。但是,对于同样截面尺寸的短木块,加同样大小的压力,就不会发生上述现象,如图 10－1(b)所示。

工程中经常会遇到较细长的受压杆件,如螺旋千斤顶的螺杆,如图 10－2(a)所示、自卸载重汽车液压装置的活塞杆、内燃机配汽机构的挺杆,如图 10－2(b)所示、起重吊装中用的抱杆等。对这类较细长的受压杆件的稳定性,必须引起高度重视。

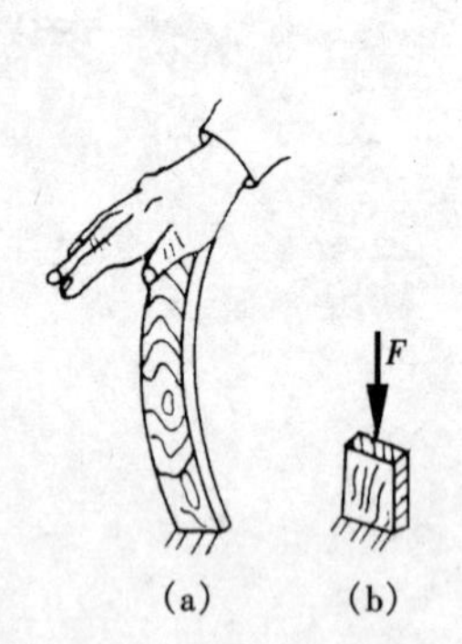

图 10－1　压杆失稳现象

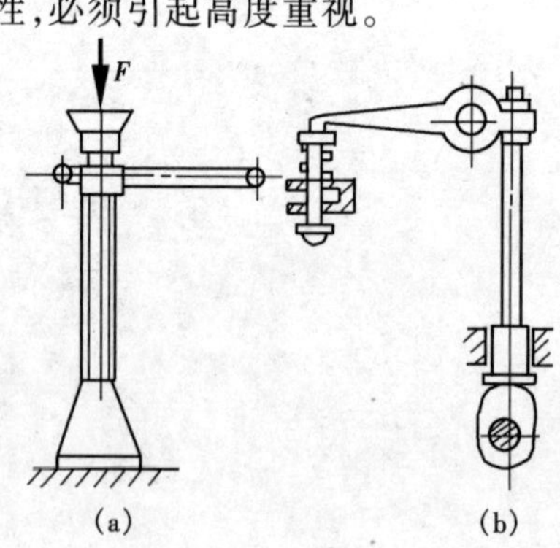

图 10－2　压杆实例

杆件丧失了稳定，就丧失了承载能力，不能正常工作。历史上曾多次发生过桥梁突然被破坏的严重事故，原因是当初人们对压杆失稳还缺乏充分认识，对桥梁桁架中受压杆件只进行了强度计算，而未进行稳定计算。

第二节　细长压杆的临界力

一、临界力

为了分析细长压杆是否稳定，可做图 10－3 所示的简单试验。取一细长直杆 AB，两端用铰固定，在两端沿轴线方向施加压力 F，此杆在力 F 的作用下处于直线平衡状态，如图 10－3（a）所示。然而，如果再给杆一个微小的横向力 F_1，使其变弯，如图 10－3（b）所示，那么在撤去横向力后可以看到两种不同的现象：当轴向压力较小时，压杆最终将恢复到原有的直线状态，如图 10－3（c）所示，压杆的这种直线平衡状态是稳定的；当轴向压力 F 较大时，则压杆不能完全恢复到原有的直线状态，而保持微弯的平衡状态，如图 10－3（d）所示，压杆的这种平衡状态是不稳定的。由此可见，细长压杆的直线平衡状态的稳定，取决于压力 F 的大小。当压力达到一定值 F_{cr}时，压杆就处于由稳定的直线平衡状态过渡到不稳定的临界状态。对应于这种

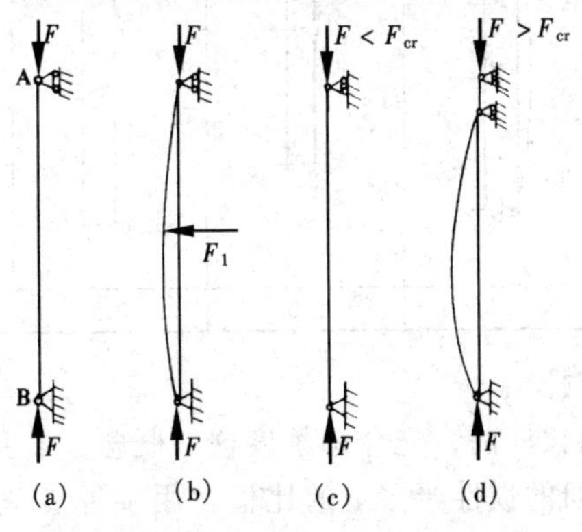

图 10－3　细长压杆

临界状态的压力 F_{cr}，称为临界压力或临界力。前述压杆失稳现象的产生，就是因为轴向压力值达到或超过了临界压力。因此，研究压杆稳定性问题的关键是确定其临界力 F_{cr}。

早在 1744 年俄国彼得堡科学院院士欧拉经过实验和理论分析，提出了确定压杆临界力的一个数学表达式

$$F_{cr} = \frac{\pi^2 EI}{(\mu l)^2} \tag{10-1}$$

式中　F_{cr}——压杆临界力（N）；

E——材料的弹性模量（MPa）；

I——惯性矩（mm^4）；

l——压杆的长度（mm）；

μ——压杆的长度系数，其数值与压杆两端的支承形式有关（表 10－1）；

μl——压杆的计算长度。

式（10－1）又叫做欧拉公式。

表 10－1　各种支座的 μ 值

支持方式	两端铰支	一端自由 一端固定	两端固定	一端铰支 一端固定
挠曲轴形式	F, l	F, l	F, l	F, l
μ	1.0	2.0	0.5	0.7

二、细长杆

在介绍细长杆前，先介绍柔度这一概念。柔度是压杆的计算长度 μl 与截面的惯性半径 i 的比值，用字母 λ 表示。其数学表达式为

$$\lambda = \frac{\mu l}{i} \tag{10-2}$$

$$i = \sqrt{\frac{I}{A}} \tag{10-3}$$

式中　A——压杆的横截面面积；

I——截面惯性矩。

柔度 λ 的数值越大,杆件就越细长,λ 也叫细长比。一般认为 $\lambda > 100$ 的低碳钢杆件和 $\lambda > 75$ 的木杆称为大柔度杆,也叫细长杆。只有细长杆,并且材料在弹性范围内,欧拉公式才能适用。

为了便于计算，再引入临界应力这一概念。

三、临界应力

压杆处于临界状态时，横截面上单位面积的临界力称为压杆的临界应力，临界应力用字母 σ_{cr}表示。

由于

$$\sigma_{cr} = \frac{F_{cr}}{A} = \frac{\pi^2 EI}{(\mu l)^2 A} = \frac{\pi^2 E}{(\mu l)^2} \times \frac{I}{A}$$

$$= \pi^2 E \frac{i^2}{(\mu l)^2} = \frac{\pi^2 E}{\lambda^2}$$

所以

$$\sigma_{cr} = \frac{\pi^2 E}{\lambda^2} \tag{10-4}$$

式（10－4）称为临界应力公式。该式表明，对于由一定材料制成的细长压杆，其临界应力 σ_{cr}只与柔度 λ 有关，柔度越大，临界应力则越小，其稳定性越差；反之，柔度越小，稳定性越好。实验证明，当压杆的柔度小于一定值 λ_0 时，在压杆被破坏前就不存在失稳现象。此时它的承载能力只取决于杆件的抗压强度。因此，把 $\lambda < \lambda_0$ 的压杆称为小柔度杆。Q235 钢，$\lambda_0 = 60$。

第三节　压杆的稳定条件及其应用

一、压杆的稳定条件

为了保证安全，在处理压杆的稳定问题时，应使压杆的实际应力小于压杆的许用临界应力［σ_{cr}］，因此压杆稳定条件为

$$\sigma = \frac{F}{A} \leqslant [\sigma_{cr}] \tag{10-5a}$$

由于压杆的许用临界应力 $[\sigma_{cr}]$ 总是小于一般压缩时的许用应力 $[\sigma]$，为了计算方便，一般把压杆的许用临界应力 $[\sigma_{cr}]$ 看作是一般压缩时的许用应力 $[\sigma]$ 打了一个折扣，即

$$[\sigma_{cr}] = \phi[\sigma]$$

于是就可以把压杆的稳定条件写成

$$\sigma = \frac{F}{A} \leqslant \phi[\sigma] \tag{10-5b}$$

式（10－5b）为轴心受压杆件稳定计算实用公式。其中 $\phi < 1$，ϕ 称为折减系数，它与杆件的柔度 λ 有关，见表 10－2。

表 10－2　　折减系数 ϕ 值

柔度 λ	ϕ			
	Q235 钢	16 锰钢	木材	16 号硬铝
50	0.89	0.84	0.80	0.568
60	0.84	0.78	0.71	0.455
70	0.79	0.71	0.60	0.353
80	0.73	0.63	0.48	0.269
90	0.67	0.54	0.38	0.212
100	0.60	0.46	0.31	0.172
110	0.54	0.39	0.25	0.142
120	0.45	0.33	0.22	0.119
130	0.40	0.28	0.18	0.101
140	0.35	0.25	0.16	0.087
150	0.31	0.22	0.14	0.076
160	0.28	0.20	0.12	
170	0.25	0.18	0.11	
180	0.23	0.16	0.10	
190	0.21	0.14	0.09	
200	0.19	0.13	0.08	
210	0.17	0.12		
220	0.16	0.10		

二、压杆稳定条件的应用

利用压杆的稳定条件，可校核压杆的稳定性，确定压杆的横截面面积及确定最大轴向压力。

例 10－1 有一圆形截面的木支柱，其直径 $d=14\text{cm}$，柱长 $l=4\text{m}$，两端支承情况如图 10－4 所示。若 $[\sigma]=10\text{MPa}$，试校核这根木支柱承受压力 $F=30\text{kN}$ 时是否安全。

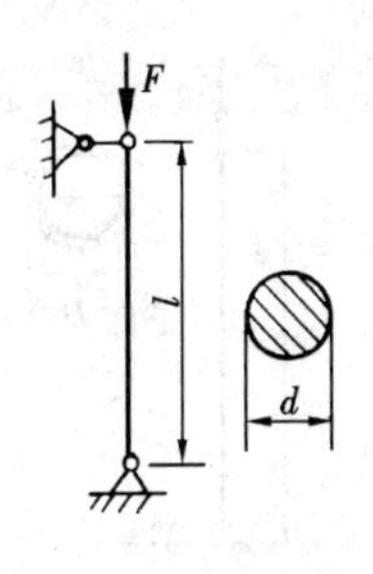

图 10－4 木支柱

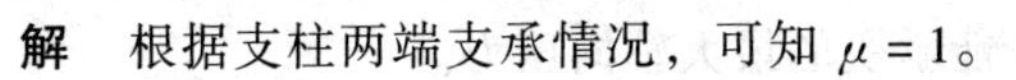

解 根据支柱两端支承情况，可知 $\mu=1$。

(1) 计算柔度 λ。由式 (10－2)、式 (10－3)

$$\lambda=\frac{\mu l}{i}$$

$$i=\sqrt{\frac{I}{A}}$$

得

$$i=\sqrt{\frac{I}{A}}=\sqrt{\frac{\frac{\pi d^4}{64}}{\frac{\pi d^2}{4}}}=\frac{d}{4}$$

$$=\frac{140}{4}=35(\text{mm})$$

$$\lambda=\frac{\mu l}{i}=\frac{1\times4\times10^3}{35}=114.3$$

(2) 求支柱的许用临界应力 $[\sigma_{\text{cr}}]$。由于计算出的 $\lambda=114.3$，$\lambda>75$，所以该支柱可视为细长杆，并由表 10－2 查出当 $\lambda=120$ 时，$\phi=0.22$，取 $\phi\approx0.22$，因此其许用临界应力为

$$[\sigma_{\text{cr}}]=\phi[\sigma]=0.22\times10=2.2\text{MPa}$$

(3) 校核稳定性。支柱在 $F=30\text{kN}$ 力的作用下，横截面的应力为

$$\sigma=\frac{F}{A}=\frac{30\times10^3}{\frac{\pi\times140^2}{4}}=1.95(\text{MPa})$$

$$\sigma<[\sigma_{\text{cr}}]$$

所以，此支柱是稳定的，因而安全。

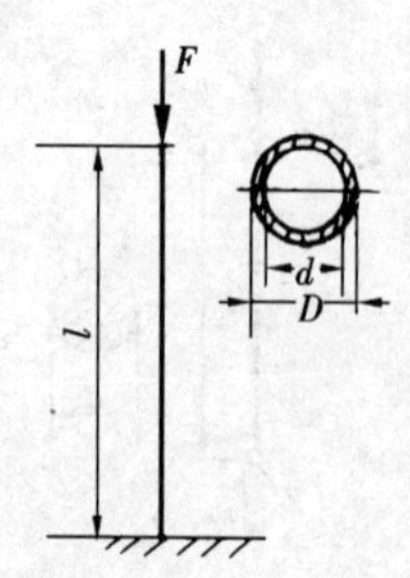

图 10－5　钢管抱杆

例 10－2　某安装工地用钢管作抱杆，抱杆长 $l=6\text{m}$，外径 $D=20\text{cm}$，内径 $d=18\text{cm}$，材料的许用应力 $[\sigma]=120\text{MPa}$，钢管一端立于地面，另一端自由（图 10－5）。试求此抱杆能承受的最大轴向压力。

解　由于抱杆一端固定，一端自由，所以取 $\mu=2$。

（1）计算柔度 λ。

设

$$\alpha=\frac{d}{D}=\frac{18}{20}=0.9$$

$$I=\frac{\pi D^4}{64}\ (1-\alpha^4)$$

$$A=\frac{\pi D^2}{4}\ (1-\alpha^2)$$

而

$$i=\sqrt{\frac{I}{A}}=\sqrt{\frac{\frac{\pi D^4}{64}(1-\alpha^4)}{\frac{\pi D^2}{4}(1-\alpha)^2}}=\frac{D}{4}\sqrt{1+\alpha^2}$$

$$=\frac{20}{4}\times\sqrt{1+0.9^2}=6.73(\text{cm})$$

所以

$$\lambda=\frac{\mu l}{i}=\frac{2\times 600}{6.73}=178$$

（2）确定抱杆的许用临界应力 $[\sigma_{cr}]$。当 $\lambda=178$ 时，从表 10－2 中查得 $\phi=0.23$。所以取 $\phi\approx0.23$

$$[\sigma_{cr}]=\phi[\sigma]=0.23\times120=27.6(\text{MPa})$$

（3）求最大轴向压力 F。

$$F\leqslant A[\sigma_{cr}]=\frac{\pi D^2}{4}(1-\alpha^2)[\sigma_{cr}]$$

$$=\frac{\pi\times200^2}{4}\times(1-0.9^2)\times27.6$$

$$=164662(\text{N})\approx165(\text{kN})$$

即抱杆在保证稳定条件下，可承受的最大轴向压力为165kN。

如果将自由端与其他构件组成刚性联接或铰接，那么抱杆可承受的最大轴向压力将会显著提高。

现以一端固定，一端铰接来分析，此时可取 $\mu=0.7$。

$$\lambda=\frac{\mu l}{i}=\frac{0.7\times 600}{6.73}=62.4$$

因为 $\lambda<100$，所以压杆不会产生失稳现象。

第四节 提高压杆稳定性的措施

由细长压杆临界力的计算式（10－1）$F_{cr}=\frac{\pi^2 EI}{(\mu l)^2}$可以看出，要提高压杆的稳定性，可采取以下措施：

一、选择合理的截面形状

在不增加横截面面积的情况下，尽可能采用具有较大惯性矩 I 的截面形状。如空心的圆环形截面比实心的圆截面合理，方形截面比矩形截面好，箱形截面又比方形截面好。

二、减小压杆的长度

在可能的情况下，应尽量减小压杆的长度，以提高其稳定性。如工作条件不允许减小压杆长度时，则可采用增加中间支承的方法。

三、改善压杆的支承条件

压杆的两端固定得越牢靠，μ 值将越小，柔度 λ 也将随之减小，杆件就越不容易发生弯曲。在例 10－2 的第二种支承情况下，压杆就不会失稳。因此，压杆与其他构件联接时，应尽可能采用刚性联接。

应该指出，压杆的稳定性与材料 E 值有关，而碳素钢与合金钢的 E 值非常接近，所以用合金钢制作细长压杆并不能显著提高压杆的稳定性，因此在工程中细长压杆一般用碳素钢制造。

复 习 题

一、填空题

1. 对受轴向压力的细长杆件要考虑其________性。

2. 压杆失稳的现象是指杆件突然变________，甚至折断。

3. 杆件丧失了稳定性，就丧失了________能力。

4. 对应于压杆由稳定的直线平衡状态过渡到________状态的轴向压力值，称为________力。

5. 临界力的计算公式 $F_{cr}=$________。

6. 压杆的稳定条件用公式表示为________。

7. 提高压杆的稳定性，可采取选择合理的________，减少________，改善压杆的________。

8. 一端自由、一端固定的压杆最________，两端固定的压杆最________。

二、判断题(在题末括号内作记号:"√"表示对,"×"表示错)

1. 是否是细长杆，通常用柔度 λ 值来衡量。 ( )

2. 欧拉公式对任何柔度的杆件都适用。 ( )

3. 临界应力 $\sigma_{cr}=\frac{\pi^2 E}{\lambda^2}$，因此与临界力 F_{cr}无关。 ( )

4. 许用临界应力 $[\sigma_{cr}]$ 等于杆件轴向压缩时的许用应力 $[\sigma]$。 ( )

5. 用合金钢制作的压杆比用碳素钢制作的压杆更能显著提高压杆的稳定性。 ( )

6. 截面惯性矩 I 大的压杆，其稳定性好。 ( )

7. 将压杆的工作压力控制在临界力范围内，压杆就不会失稳。 ( )

8. 折减系数 ϕ 的数值由杆件的柔度 λ 来确定。 ( )

三、选择题

1. 图 10－6 所示各压杆的材料和截面都相同，其中______压杆的允许承载力最大。

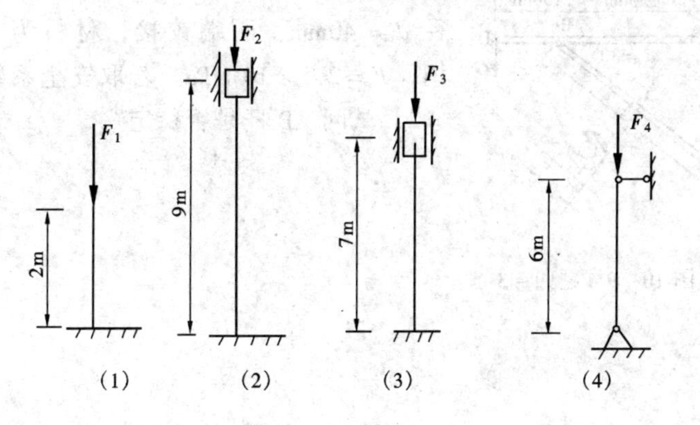

图 10－6　题三－1

2. 图 10－7 所示各图中，稳定性最差的截面形状是______。

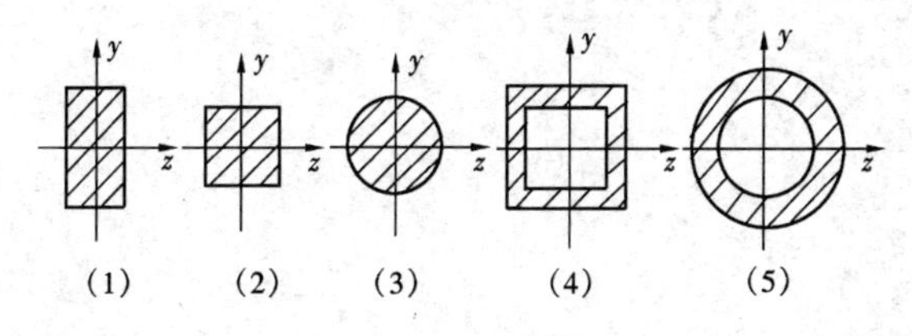

图 10－7　题三－3

四、计算题

1. 一木压杆，直径 $d=50\text{mm}$、杆长 $l=1\text{m}$，一端固定、一端自由，$E=0.1\times10^5\text{MPa}$。试求此杆的临界应力和临界力。

2. 一螺旋千斤顶，螺杆由合金钢制成，取 $[\sigma]=120\text{MPa}$，螺纹内径 $d=32\text{mm}$，最大顶升高度 $h=500\text{mm}$。当顶起重力 $F=30\text{kN}$ 时，取安全系数 $K=3$，问螺杆是否稳定（图 10－8）。

提示：螺杆可看成一端固定，一端自由。

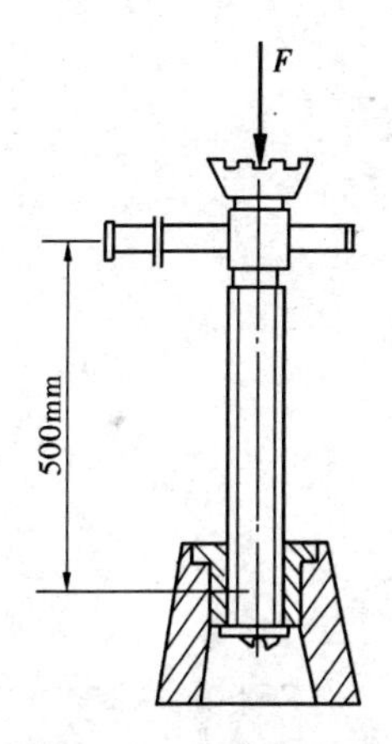

图 10－8　题四－2

3. 图 10－9 所示托架，承受荷载 $G=$

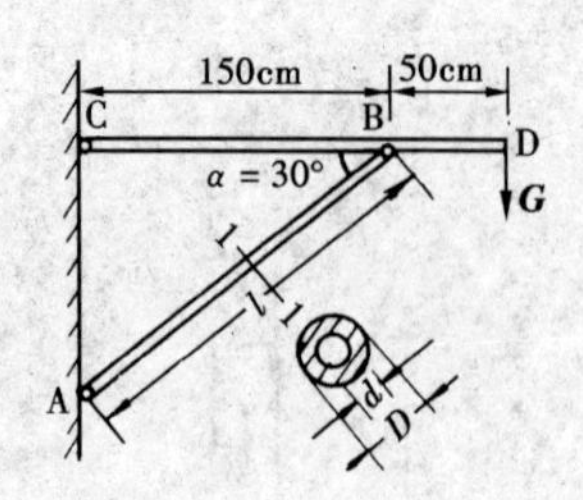

图 10-9　题四-3

20kN，已知 AB 杆的外径 $D=50\text{mm}$，内径 $d=40\text{mm}$，两端铰接，材料为 Q235 钢，$E=2.1\times10^5\text{MPa}$。若取安全系数 $K_n=2$，试问 AB 杆是否稳定。

附录一　复习题解答

第一章　静力学基础知识

一、填空题

1. 运动　变形
2. 牛（顿）　N
3. 大小　方向
4. 合力　分力
5. 合力　静止　匀速直线运动
6. 理想　形状
7. 矢量
8. 等值　共线　反向
9. 约束
10. 阻碍　相反
11. 作用力　力臂
12. 相反　平行

二、判断题

1. ×
2. √　×
3. ×　×
4. ×
5. √
6. √
7. ×
8. √
9. ×

10. ×

11. √

12. √

三、选择题

1.（1）

2.（1）、（2）、（3）

3.（4）

4.（2）

5.（1）

6.（1）

7.（2）

8.（3）

9.（2）

10.（4）

11.（1）

12.（1）

13.（3）

四、识图与绘图题

1. **答：** 物体的受力图见图 1－44（2）。

2. **答：** 改正后的各构件受力图见图 1－45（2）。

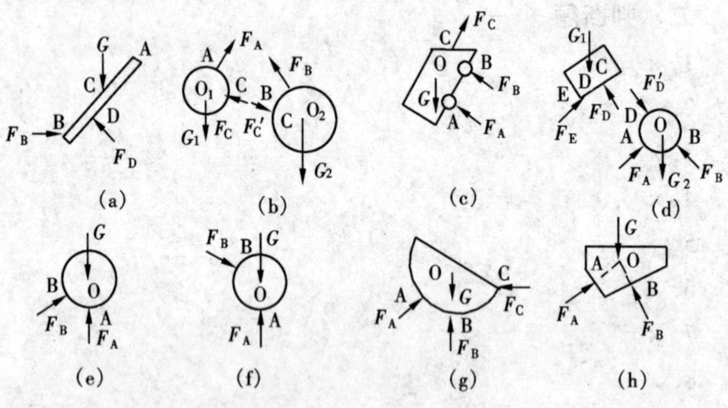

图 1－44（2） 题四－1（一）

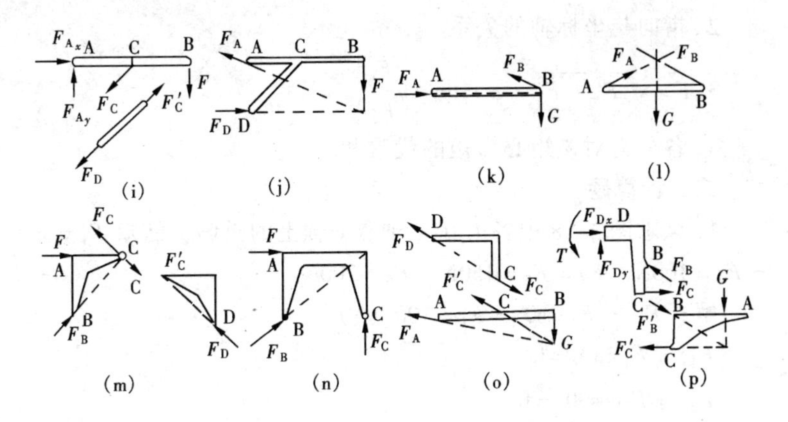

图 1-44（2） 题四-1（二）

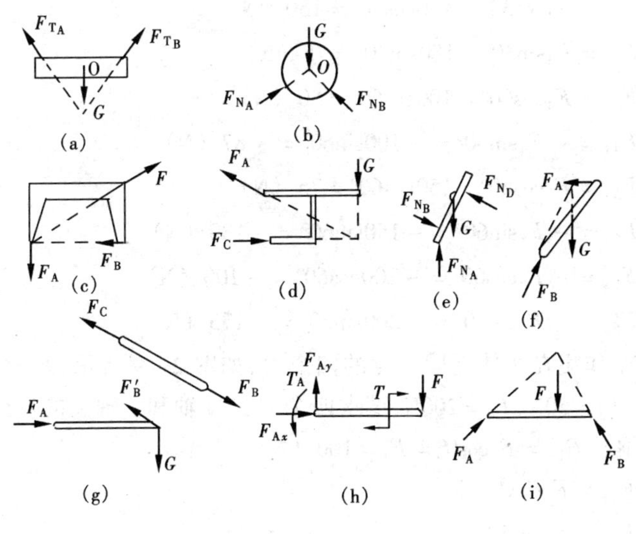

图 1-45（2） 题四-2

第二章 静力学基本定理

一、填空题

1. 同一坐标 代数和

2. 指向与坐标轴的关系

3. $F=\sqrt{F_x^2+F_y^2}\quad \alpha=\mathrm{tg}^{-1}\left|\dfrac{F_y}{F_x}\right|$

4. 各分力对该矩心力矩的代数和

二、计算题

1. 试求图 2-8 中各力在 x 轴和 y 轴上的投影。已知 $F_1=F_2=F_4=100\text{N}$，$F_3=F_5=150\text{N}$，$F_6=200\text{N}$。

解： $F_{1x}=F_1\cos 0°=F_1=100$（N）

$F_{1y}=F_1\sin 0°=0$

$F_{2x}=F_2\cos 90°=0$

$F_{2y}=F_2\sin 90°=F_2=100$（N）

$F_{3x}=F_3\cos 30°=150\cos 30°=130$（N）

$F_{3y}=F_3\sin 30°=150\sin 30°=75$（N）

$F_{4x}=F_4\cos 60°=100\cos 60°=50$（N）

$F_{4y}=-F_4\sin 60°=-100\sin 60°=-87$（N）

$F_{5x}=F_5\cos 60°=150\cos 60°=75$（N）

$F_{5y}=-F_5\sin 60°=-150\sin 60°=-130$（N）

$F_{6x}=-F_6\cos 60°=-200\cos 60°=-100$（N）

$F_{6y}=-F_6\sin 60°=-200\sin 60°=-173$（N）

2. 作用在物体上同一点的四个力，如图 2-9 所示，$F_1=F_2=100\text{N}$，$F_3=50\text{N}$，$F_4=200\text{N}$，试求四个力在 x 轴和 y 轴上的投影。

解： $F_{1x}=F_1\cos 0°=F_1=100$（N）

$F_{1y}=F_1\sin 0°=0$

$F_{2x}=F_2\cos 50°$

$=100\cos 50°=64$（N）

$F_{2y}=F_2\sin 50°=100\sin 50°=77$（N）

$F_{3x}=-F_3\cos 60°=-50\cos 60°=-25$（N）

$F_{3y}=F_3\sin 60°=50\sin 60°=43$（N）

$F_{4x}=-F_4\cos 20°=-200\cos 20°=-188$（N）

$F_{4y} = -F_4\sin20° = -200\sin20° = -68$（N）

3. 试求图 2－10 中各力分别对 o 点和对 A 点的力矩。

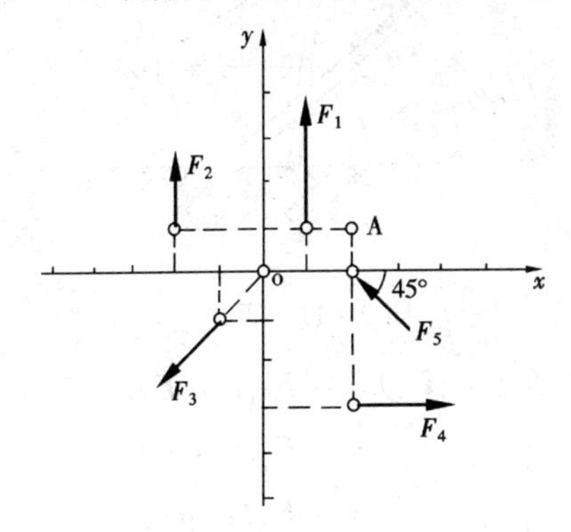

图 2－10　题二－3

解： $M_o(F_1) = F_1 \times 1 = F_1$

$M_o(F_2) = -F_2 \times 2 = -2F_2$

$M_o(F_3) = 0$

$M_o(F_4) = F_4 \times 3 = 3F_4$

$M_o(F_5) = F_5\sin45° \times 2 = \sqrt{2}F_5$

$M_A(F_1) = -F_1 \times 1 = -F_1$

$M_A(F_2) = -F_2 \times 4 = -4F_2$

$M_A(F_3) = -F_3\cos45° \times 2 + F_3\sin45° \times 3 = \frac{\sqrt{2}}{2}F_3$

$M_A(F_4) = F_4 \times 4 = 4F_4$

$M_A(F_5) = -F_5\sin45° \times 1 = -\frac{\sqrt{2}}{2}F_5$

4. 如图 2－11 所示，起吊混凝土电杆，已知吊绳拉力 $\boldsymbol{F}_T$，吊绳与杆的夹角 α 及吊点 A 到支点 O 的长度 l，试求吊绳拉力 $\boldsymbol{F}_T$ 对 O 点的力矩。

解： 将 $\boldsymbol{F}_T$ 分解成 $\boldsymbol{F}_{T1}$ 和 $\boldsymbol{F}_{T2}$，$\boldsymbol{F}_{T1}$ 与杆垂直，$\boldsymbol{F}_{T2}$ 与杆平行且过 O 点。

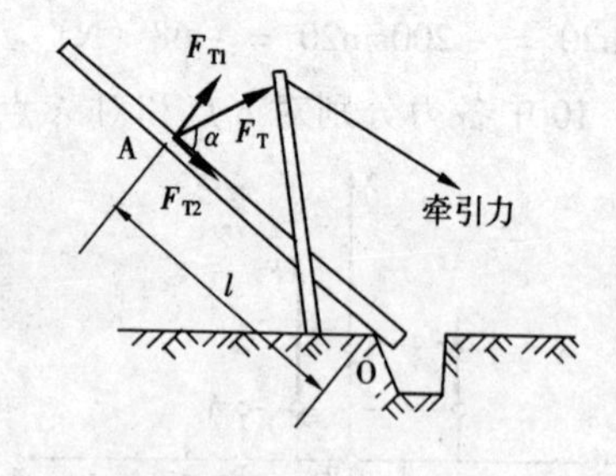

图 2-11　题二-4

$$M_O(\boldsymbol{F}_T) = -\boldsymbol{F}_{T1} l + \boldsymbol{F}_{T2} \times 0$$
$$= -\boldsymbol{F}_T \sin\alpha \cdot l$$
$$= -\boldsymbol{F}_T l \sin\alpha$$

第三章　平面力系的合成与平衡

一、填空题

1. 合力　矢量
2. 平面平行
3. 未知力　未知力的
4. 平面汇交
5. 平面汇交
6. 图解法
7. B　BC
8. 平面一般　A、B 连线与 x 轴不垂直
9. A、B、C 三点不在同一直线上
10. 内　相互

二、判断题

1. ×
2. ×
3. √
4. ×

5. ×

6. √　×

7. √　√　×

8. √　×

9. √　×

三、选择题

1. (2)

2. (2)

3. (2)

4. (1) (2) (3) (4)

5. (4)

6. (4)

7. (3)

四、问答、计算题

1. 如图3-21 (a) 所示，汽车陷入泥坑时，司机用钢丝绳的一端系在汽车上，另一端拉紧并缠绕在大树上，这时司机只要以力 $\boldsymbol{F}$ 沿垂直于绳的方向拉绳，汽车就被拉出来了，为什么？试用受力分析来说明。

解： 取o点为研究对象，并在o点建立直角坐标，如图3-21 (b) 所示。设o点受横向力 $\boldsymbol{F}$ 作用后，两侧绳受的拉力分别为 $\boldsymbol{F}_1$ 和 $\boldsymbol{F}_2$，且 $\boldsymbol{F}_1=\boldsymbol{F}_2$。绳与 x 轴的夹角为 α，$\boldsymbol{F}_1$、$\boldsymbol{F}_2$ 与 $\boldsymbol{F}$ 构成一平面汇交力系，满足 $\Sigma \boldsymbol{F}_y=0$ 的条件。所以

$$\boldsymbol{F}_1\sin\alpha+\boldsymbol{F}_2\sin\alpha-\boldsymbol{F}=0$$

因为

$$\boldsymbol{F}_1=\boldsymbol{F}_2$$

所以

$$\boldsymbol{F}_1=\frac{\boldsymbol{F}}{2\sin\alpha}$$

由于钢丝绳拉得较紧，α 角很小，则 $\sin\alpha$ 值极小，假设 $\alpha=8°$，则 $\boldsymbol{F}_1=\dfrac{\boldsymbol{F}}{2\sin 8°}=\dfrac{\boldsymbol{F}}{0.278}=3.6\boldsymbol{F}$。

答： 如果汽车司机施加了 $\boldsymbol{F}$ 力，当 $\alpha=8°$ 时，则绳将以3.6倍的拉力拉汽车，汽车就较容易被拉出来了。

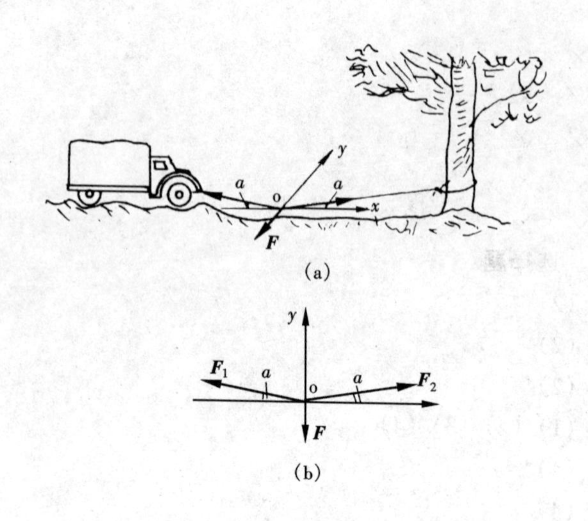

图 3-21 题四-1

2. 图 3-22（a）所示固定环受三根绳的拉力作用，如用另一根绳代替这三根绳的作用，使其作用效果相同，试分别用图解法、数值解法求该绳的拉力 $\boldsymbol{F}_{\mathrm{T}}$（大小、方向）。

解：(1) 图解法提示：图中三力为一平面汇交力系，用力多边形法则求三个力的合力，合力的大小和方向就是该绳拉力的大小和方向。

作图：如图 3-22（b）所示，取比例尺 1cm 表示 5kN，任选一点 O，以 O 点为起点作力多边形 OABC，封闭边 OC 即代表合力 $\boldsymbol{F}_{\mathrm{T}}$，量得 OC = 5.74cm，则 $F_{\mathrm{T}} = 5 \times 5.74 = 28.7\mathrm{kN}$，指向如图所示。

(2) 数解法：取环为研究对象，在三个力的汇交点建立直角坐标。由合力投影定理得

$$F_{\mathrm{T}x} = \Sigma F_x = 21 + 15\cos 60^\circ$$

$$= 21 + 7.5 = 28.5(\mathrm{kN})$$

$$F_{\mathrm{T}y} = \Sigma F_y = 10 - 15\sin 60^\circ$$

$$= 10 - 12.99 = -2.99(\mathrm{kN})$$

$$F_{\mathrm{T}} = \sqrt{F_{\mathrm{T}x}^2 + F_{\mathrm{T}y}^2} = \sqrt{28.5^2 + (-2.99)^2}$$

$$= 28.66(\text{kN})$$

$$\alpha = \text{tg}^{-1}\left|\frac{F_{Ty}}{F_{Tx}}\right| = \text{tg}^{-1}\left|\frac{-2.99}{28.5}\right|$$

$$= 5.99° \approx 6°$$

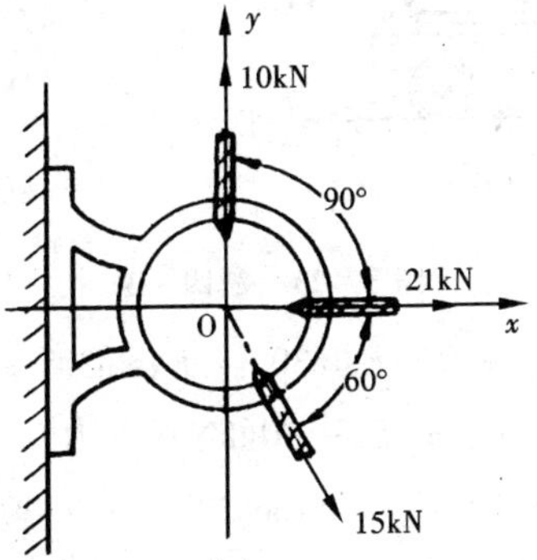

(a)

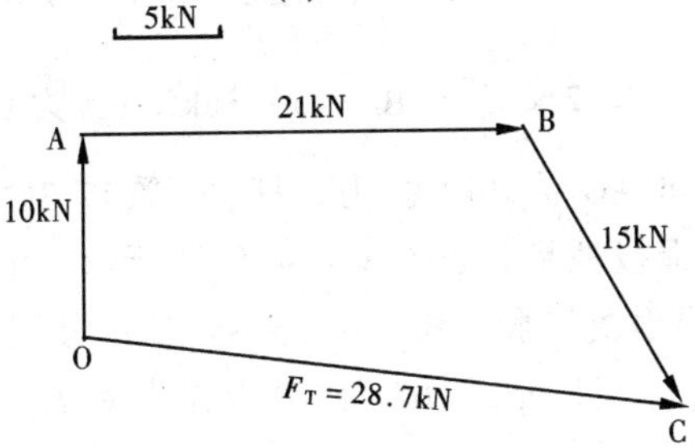

(b)

图 3－22　题四－2

答：绳的拉力 $\boldsymbol{F}_T$ 为 28.66kN，力的方向与 x 轴的夹角 α 为 6°，指向第四象限。

3. 汽车起重机如图 3－23（a）所示，当吊起重力 $G = 10\text{kN}$ 的重物时，求钢丝绳 AO 和杆 BO 所受的力（杆重不计）。

解：已知重物为 G，则吊重物的绳受的拉力 $\boldsymbol{F} = G$。取 O 点为研究对象，画受力图。$\boldsymbol{F}$、$\boldsymbol{F}_A$、$\boldsymbol{F}_B$ 为一平面汇交力系。在汇交点 O 建立直角坐标，如图 3－23（b）所示。列平衡方程

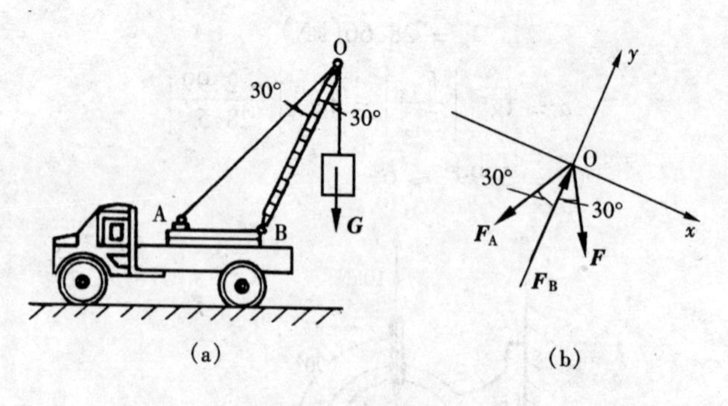

图 3－23　题四－3

$$\Sigma F_x = 0 \quad F\sin30^\circ - F_A\sin30^\circ = 0$$

$$F_A = F = 10(\text{kN})(\text{压力})$$

$$\Sigma F_y = 0 \quad F_B - F_A\cos30^\circ - F\cos30^\circ = 0$$

$$F_B = F_A\cos30^\circ + F\cos30^\circ = 2\cos30^\circ F$$

$$= 2 \times \frac{\sqrt{3}}{2} \times 10 = 17.3(\text{kN})(\text{拉力})$$

答： 钢丝绳 AO 受 10kN 拉力，杆 BO 受 17.3kN 压力。

*4. 钢丝绳拔桩装置如图 3－24（a）所示。钢丝绳 AB 段和 BD 段分别是铅垂线与水平线，BC 段和 ED 段分别与铅垂线及水平线的夹角为 α，且 $\text{ctg}\alpha = 10$。如 D 点拉力为 F，求作用在桩上 A 点的拉力。

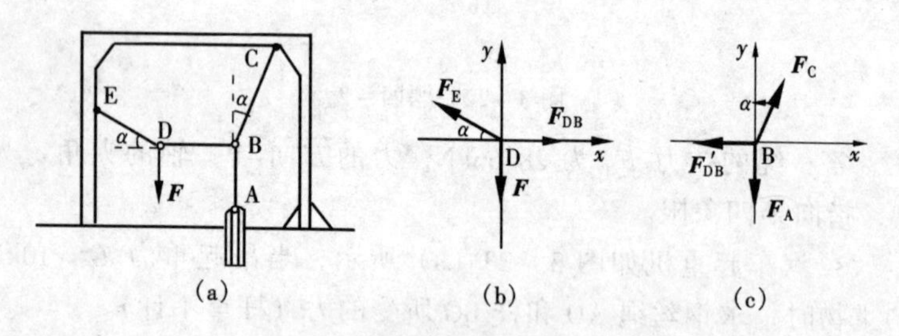

图 3－24　题四－4

解：（1）取 D 点为研究对象，画受力图，建立直角坐标，

如图 3－24（b）所示，列平衡方程

$$\Sigma F_x = 0 \quad F_{DB} - F_E\cos\alpha = 0 \qquad ①$$

$$\Sigma F_y = 0 \quad F_E\sin\alpha - F = 0 \qquad ②$$

由②式得

$$F_E = \frac{F}{\sin\alpha} \qquad ③$$

将式③代入式①得

$$F_{DB} = F_E\cos\alpha = \frac{F}{\sin\alpha}\cos\alpha = F\text{ctg}\alpha = 10F$$

（2）取 B 点为研究对象，画受力图，建立直角坐标，如图 3－24（c）所示，列平衡方程

$$\Sigma F_x = 0 \quad -F'_{DB} + F_C\sin\alpha = 0 \qquad ④$$

$$\Sigma F_y = 0 \quad F_C\cos\alpha - F_A = 0 \qquad ⑤$$

由 ④ 式得

$$F_C = \frac{F'_{DB}}{\sin\alpha} \qquad ⑥$$

将式⑥代入式⑤得

$$F_A = F_C\cos\alpha = \frac{F'_{DB}}{\sin\alpha}\cdot\cos\alpha = F_{DB}\text{ctg}\alpha$$

$$= 10F \times 10 = 100F(\text{拉力})$$

答：作用在桩上 A 点的拉力为 100F。

5. 图 3－25（a）所示水平杆 AB，A 端为固定铰链，C 点用绳索系于墙上，已知铅垂力 $F = 1200$N，如不计杆重，求绳子的拉力及铰链 A 的约束反力。

解：取杆 AB 为研究对象，画受力图，建立直角坐标，如图 3－25（b）所示，列平衡方程

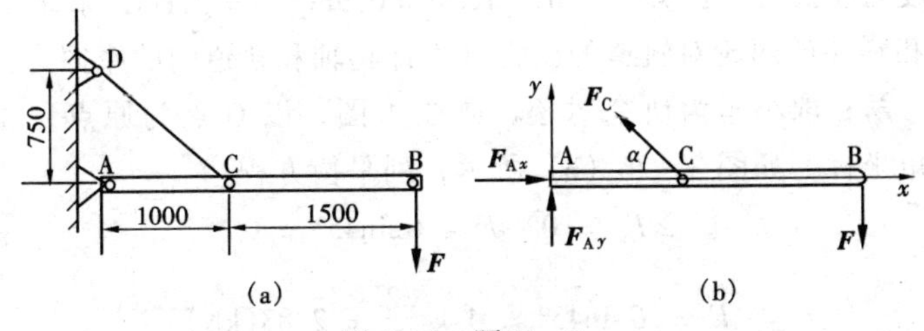

图 3-25　题四－5

$$\Sigma M_A(F) = 0 \quad 1000F_C\sin\alpha - 2500F = 0$$

由图中几何条件得

$$\sin\alpha = \frac{750}{\sqrt{750^2 + 1000^2}} = \frac{750}{1250} = \frac{3}{5}$$

$$\cos\alpha = \frac{1000}{\sqrt{750^2 + 1000^2}} = \frac{1000}{1250} = \frac{4}{5}$$

$$F_C = \frac{2.5F}{\sin\alpha} = \frac{2.5 \times 1200}{\frac{3}{5}} = 5000(\text{N})$$

$$\Sigma F_x = 0 \quad F_{Ax} - F_C\cos\alpha = 0$$

$$F_{Ax} = F_C\cos\alpha = 5000 \times \frac{4}{5}$$

$$= 4000(\text{N})$$

$$\Sigma F_y = 0 \quad F_{Ay} + F_C\sin\alpha - F = 0$$

$$F_{Ay} = F - F_C\sin\alpha = 1200 - 5000 \times \frac{3}{5}$$

$$= -1800(\text{N})$$

答：绳子的拉力 F_C 为 5000N，铰链 A 的约束反力为 $F_{Ax} = 4000\text{N}$（→）、$F_{Ay} = 1800\text{N}$（↓）。

6. 图 3－26（a）所示，载重料斗重力 $G = 4\text{kN}$，沿 $\alpha = 45°$的斜坡匀速提升，已知 $a = 0.8\text{m}$、$b = 0.9\text{m}$、$c = 0.1\text{m}$，求牵引力 $\boldsymbol{F}$ 和料斗的两轮对轨道的压力（不计轮轴和轨道间的摩擦力）。

解：取小车为研究对象，画受力图，以 O 点为原点，建立直角坐标，如图 3－26（b）所示，列平衡方程

$$\Sigma F_x = 0 \quad F - G\sin 45° = 0 \qquad ①$$

$$F = G\sin 45° = 4 \times \frac{\sqrt{2}}{2} = 2.83(\text{kN})$$

$$\Sigma F_y = 0 \quad F_A + F_B - G\cos 45° = 0 \qquad ②$$

$$\Sigma M_o(F) = 0 \quad F_B b - F_C - F_A a = 0 \qquad ③$$

由式②得 $F_A = G\cos 45° - F_B$ ④

将式④代入式③得 $F_B b - Fc - (G\cos 45° - F_B)a = 0$

$$F_B = \frac{Fc + aG\cos 45°}{a + b}$$

$$= \frac{2.83 \times 0.1 + 0.8 \times 4 \times 0.707}{0.8 + 0.9}$$

$$= 1.50(\text{kN})$$

$$F_A = G\cos 45° - F_B = 4 \times \frac{\sqrt{2}}{2} - 1.50$$

$$= 1.33(\text{kN})$$

答：牵引力 $F = 2.83\text{kN}$，两轮对轨道的压力分别是 1.5kN 和 1.33kN。

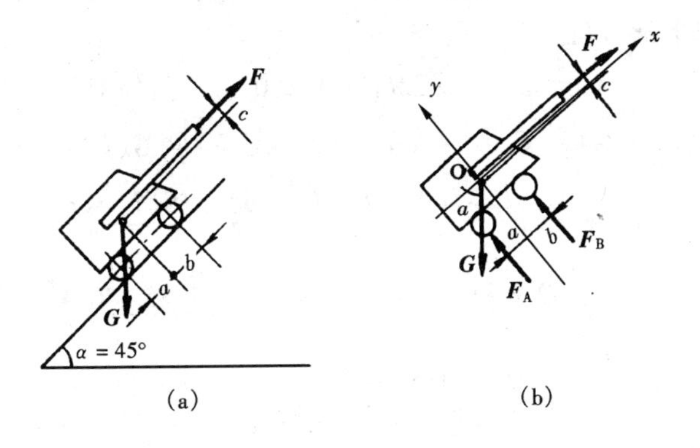

图 3-26 题四-6

7. 如图 3-27 所示某液压式汽车起重机全部固定部分（包括汽车自重）总重力 $G_1 = 60\text{kN}$，旋转部分总重力 $G_2 = 20\text{kN}$，$a = 1.4\text{m}$，$b = 0.4\text{m}$，$l_1 = 1.85\text{m}$，$l_2 = 1.4\text{m}$。试求：

（1）当 $d = 3\text{m}$，起吊重力 $G = 50\text{kN}$ 时，支撑腿 A、B 所受地面约束反力；

（2）当 $d = 5\text{m}$ 时，为了保证起重机不致倾斜，问最大起吊重力为多大？

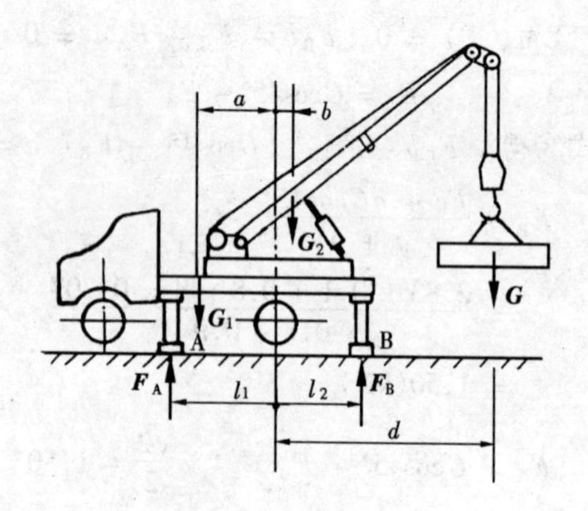

图 3-27　题四-7

解：（1）以汽车起重机为研究对象，画受力图，此时轮胎不受力，A、B 两支撑腿受法向反力 F_A、F_B。

列平衡方程

$$\Sigma M_A(F) = 0$$

$$F_B(l_1 + l_2) - G_1(l_1 - a) - G_2(l_1 + b) - G(l_1 + d) = 0$$

$$F_B = \frac{G_1(l_1 - a) + G_2(l_1 + b) + G(l_1 + d)}{l_1 + l_2}$$

$$= \frac{60 \times (1.85 - 1.4) + 20 \times (1.85 + 0.4)}{1.85 + 1.4}$$

$$+ \frac{50 \times (1.85 + 3)}{1.85 + 1.4}$$

$$= \frac{314.5}{3.25} = 96.77(\text{kN})$$

$$\Sigma F_y = 0$$

$$F_A + F_B - G_1 - G_2 - G = 0$$

$$F_A = G_1 + G_2 + G - F_B = 60 + 20 + 50 - 96.77$$

$$= 33.23(\text{kN})$$

答：A、B 支撑腿受力分别为 33.23kN 和 96.77kN；

（2）汽车即将倾斜时，只有 B 点支撑受力，A 点不受力，列平衡方程

$$\Sigma M_B(F) = 0$$

$$G_1(l_2 + a) + G_2(l_2 - b) - G(d - l_2) = 0$$

$$G = \frac{G_1(l_2 + a) + G_2(l_2 - b)}{d - l_2}$$

$$= \frac{60 \times (1.4 + 1.4) + 20 \times (1.4 - 0.4)}{5 - 1.4}$$

$$= \frac{188}{3.6} = 52.2(\text{kN})$$

答： 当 $d = 5\text{m}$ 时，最大起重量为 52.2kN。

*8. 分别求图 3－28（a）、（b）所示悬臂梁固定端的约束反力。梁上作用力 $\boldsymbol{F}$ 和力偶矩 T 为已知（梁自重不计）。

解：（a）图：取梁 AB 为研究对象，作受力图。

$$\Sigma F_x = 0 \qquad F_{Ax} = 0$$

$$\Sigma F_y = 0 \qquad F_{Ay} - F = 0$$

$$F_{Ay} = F$$

$$\Sigma M_A(F) = 0 \quad T - F \times \frac{l}{2} - T_A = 0$$

$$T_A = T - \frac{Fl}{2}$$

答：（a）图固定端约束反力 $F_{Ax} = 0$，$F_{Ay} = F$（↑），$T_A = T - \frac{Fl}{2}$；

（b）图：取梁 AB 为研究对象，作受力图。

$$\Sigma F_x = 0 \qquad F_{Ax} = 0$$

$$\Sigma F_y = 0 \qquad F_{Ay} + F - F = 0$$

$$F_{Ay} = 0$$

$$\Sigma M_A(F) = 0$$

$$-T_A - Fl + F \times \frac{l}{2} = 0$$

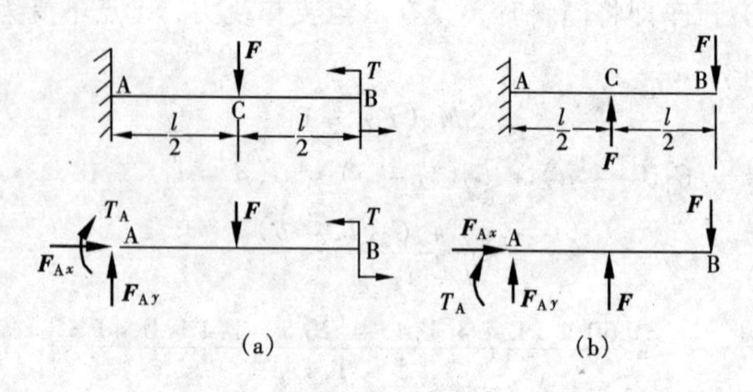

图 3-28 题四-8

$$T_A = -Fl + \frac{Fl}{2} = -\frac{Fl}{2}$$

答：（b）图固定端约束反力 $F_{Ax}=0$，$F_{Ay}=0$，$T_A=-\frac{Fl}{2}$。T_A 为负值，说明 T_A 的转向与图中假设相反。

9. 图 3-29（a）为两端外伸梁，在两端分别受 $\boldsymbol{F}$、$2\boldsymbol{F}$ 力作用，求 A、B 支座的约束反力（梁自重不计）。

解：取梁 AB 为研究对象，画受力图，如图 3-29（b）所示。

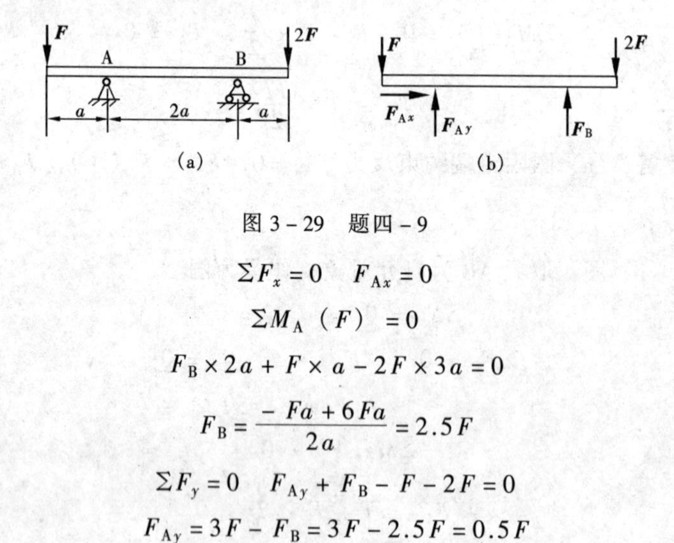

图 3-29 题四-9

$$\Sigma F_x = 0 \quad F_{Ax} = 0$$

$$\Sigma M_A(F) = 0$$

$$F_B \times 2a + F \times a - 2F \times 3a = 0$$

$$F_B = \frac{-Fa + 6Fa}{2a} = 2.5F$$

$$\Sigma F_y = 0 \quad F_{Ay} + F_B - F - 2F = 0$$

$$F_{Ay} = 3F - F_B = 3F - 2.5F = 0.5F$$

答： A、B 支座的约束反力为 $F_{Ax}=0$，$F_{Ay}=0.5F$，$F_B=2.5F$。

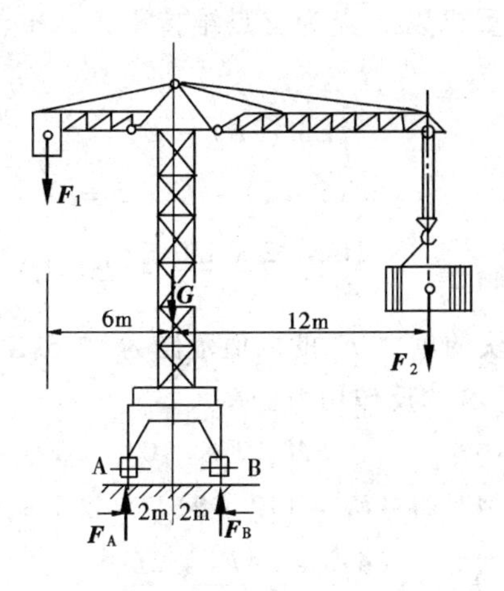

图 3－12　题四－10

*10. 图 3－12 所示的一可沿轨道移动的塔式起重机，若机身自重 $G=150$kN，作用线通过塔架中心，最大起重力 $F_2=40$kN，其他尺寸不变，即最大悬臂长为 12m，轨道 AB 的间距为 4m，平衡块重力 F_1 到机身中心线距离为 6m。试求：

（1）能保证起重机在满载和空载时都不致翻倒的平衡块的重力 F_1；

（2）当平衡块重力 $F_1=20$kN，而起重机满载时，求轨道对轮子 A、B 的反作用力。

解： 取起重机为研究对象，画受力图。

（1）求 $\boldsymbol{F}_1$ 的取值范围

满载时起重机以 B 点为支点维持平衡，A 点不受力，F_1 取最小值

$$\Sigma M_B(F)=0$$

$$F_1\times(6+2)+G\times 2-F_2\times(12-2)=0$$

$$F_1=\frac{10F_2-2G}{8}=\frac{10\times 40-2\times 150}{8}$$

$$= \frac{100}{8} = 12.5(\text{kN})$$

空载时起重机以 A 点为支点维持平衡，B 点不受力，F_2 取最大值

$$\Sigma M_A(F) = 0$$

$$F_1 \times (6-2) - G \times 2 = 0$$

$$F_1 = \frac{2G}{4} = \frac{2 \times 150}{4} = 75(\text{kN})$$

答：平衡块的重力 F_1 的取值范围为 $12.5\text{kN} < F_1 < 75\text{kN}$；

（2）求 A、B 的反作用力：

$$\Sigma M_A(F) = 0$$

$$4F_1 + 4F_B - (12+2)F_2 - 2G = 0$$

$$F_B = \frac{-4F_1 + 14F_2 + 2G}{4}$$

$$= \frac{-4 \times 20 + 14 \times 40 + 2 \times 150}{4}$$

$$= 195(\text{kN})$$

$$\Sigma M_B(F) = 0$$

$$8F_1 + 2G - 4F_A - 10F_2 = 0$$

$$F_A = \frac{8F_1 + 2G - 10F_2}{4}$$

$$= \frac{8 \times 20 + 2 \times 150 - 10 \times 40}{4} = 15(\text{kN})$$

答：轨道对 A、B 轮的反作用力分别为 $F_A = 15\text{kN}$、$F_B = 195\text{kN}$。

第四章　摩　　擦

一、填空题

1. 摩擦

2. 静　滑动　最大静

3. 静摩擦　滑动摩擦

4. 材料　表面粗糙程度

5. 自锁

6. 大于　摩擦角

7. $F = \mu F_N$

8. 大

二、判断题

1. √

2. √　×

3. √

4. ×

5. √

6. ×　√

三、选择题

1.（2）

2.（1）、（4）、（5）　（2）、（3）

3.（1）

4.（3）

5.（2）、（6）、（10）

6.（2）

7.（3）

8.（4）

9.（1）

四、绘图题

画出图 4－17（1）中各指定物体的受力图。

答：受力图见图 4－17（2）。

五、计算题

1. 如图 4－18（a）所示，一长为 8m、重力为 $G_1 = 400$N 的梯子斜靠于墙上，并与地面成 60°倾角。已知梯子与墙的摩擦系数为 $\mu_1 = 0.5$，如果一个重力为 $G_2 = 600$N 的工人在梯子的最高

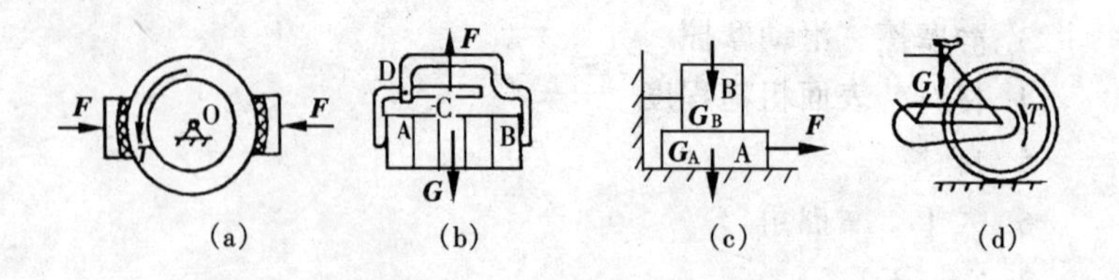

图 4－17（1） 题四

（a）制动轮 O；（b）砖夹；（c）物块 A、B；

（d）自行车后轮

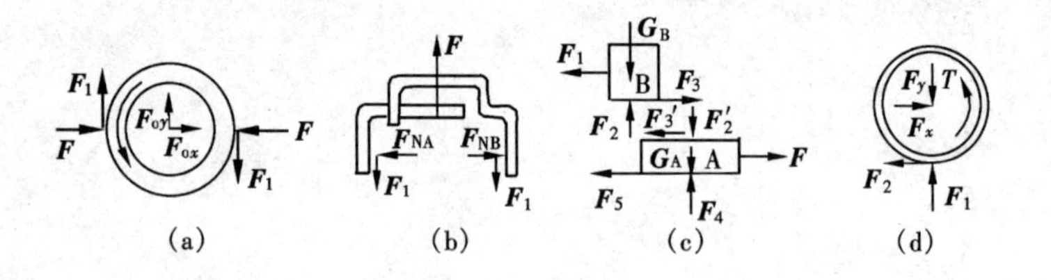

图 4－17（2） 题四

点工作，问梯子与地面间的摩擦系数 μ_2 最小应为何值才不致发生危险？

解：（1）取梯子为研究对象，画受力图，见图 4－18（b）。

（2）根据图中几何条件：$BD = AB\cos60° = 8\cos60° = 4\text{m}$，$AD$

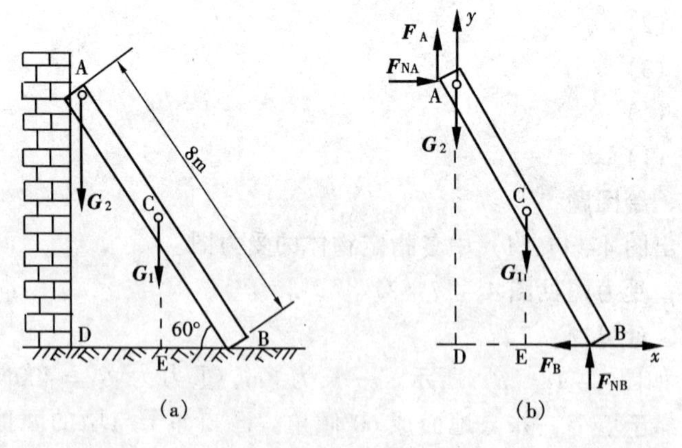

图 4－18 题五－1

$= AB\sin60° = 8\sin60° = 6.93\text{m}$，$BE = 4\cos60° = 2\text{m}$。

（3）列平衡方程：

$\Sigma M_B(F) = 0$

$G_2 \cdot BD + G_1 \cdot BE - F_{NA} \cdot AD - F_A \cdot BD = 0$

$$F_A = \mu_1 F_{NA}$$

即 $$600 \times 4 + 400 \times 2 - 6.93 F_{NA} - 4 F_A = 0 \quad ①$$

$$F_A = 0.5 F_{NA} \quad ②$$

将式②代入式①得

$$600 \times 4 + 400 \times 2 - 6.93 F_{NA} - 4 \times 0.5 F_{NA} = 0$$

$$F_{NA} = \frac{3200}{8.93} = 358.34\ (\text{N})$$

$$F_A = 0.5 \times 358.34 = 179.17\ (\text{N})$$

由 $\Sigma F_x = 0$ 得

$$F_B = F_{NA} = 358.34\text{N}$$

由 $\Sigma F_y = 0$ 得

$$F_A + F_{NB} - G_2 - G_1 = 0$$

$$F_{NB} = G_2 + G_1 - F_A = 600 + 400 - 179.17 = 820.83(\text{N})$$

$$\mu_2 = \frac{F_B}{F_{NB}} = \frac{358.34}{820.83} = 0.44$$

答： 梯子与地面间的摩擦系数 μ_2 最小应为 0.44 才不致发生危险。

2. 如图 4－19（a）所示，重力为 $G = 600\text{N}$ 的箱子置于水平地面上，箱子与地面的摩擦系数 $\mu = 0.2$，用与水平成 30°角的力 F 去拉它，当 F 为多大时，箱子才开始滑动？若用与水平成 30°角的力 F 去推它，如图 4－19（b）所示，F 最小应多大？

解：（1）对于（a）图，取物块为研究对象，画受力图如图 4－19（c）所示。

列平衡方程

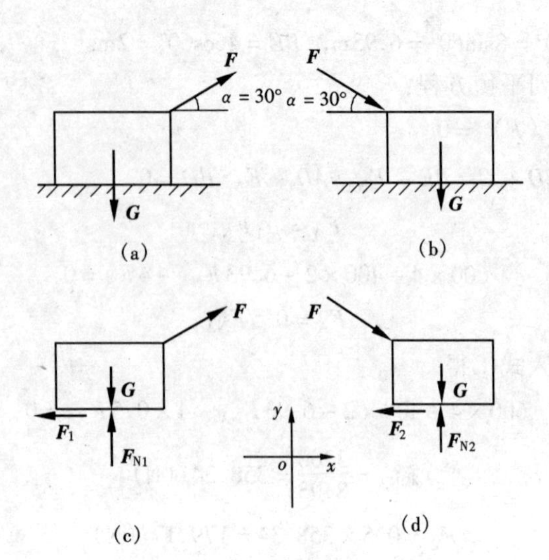

图 4-19　题五-2

$$\Sigma F_x = 0 \quad F\cos30° - F_1 = 0 \qquad ①$$

$$\Sigma F_y = 0 \quad F_{N_1} - G + F\sin30° = 0 \qquad ②$$

$$F_1 = 0.2F_{N_1} \qquad ③$$

将式③代入式①得　$F\cos30° - 0.2F_{N_1} = 0$

$$F_{N_1} = \frac{F\cos30°}{0.2} = 4.33F \qquad ④$$

将式④代入式②得　$4.33F - G + F\sin30° = 0$

$$F = \frac{G}{4.83} = \frac{600}{4.83} = 124.22\text{（N）}$$

（2）对于（b）图，取物块为研究对象，画受力图，见图 4-19（d）。

列平衡方程

$$\Sigma F_x = 0 \quad F\cos30° - F_2 = 0 \qquad ⑤$$

$$\Sigma F_y = 0 \quad F_{N_2} - G - F\sin30° = 0 \qquad ⑥$$

$$F_2 = 0.2F_{N_2} \qquad ⑦$$

将式⑦代入式⑤得　$F\cos30° - 0.2F_{N_2} = 0$

$$F_{N_2} = \frac{F\cos30°}{0.2} = 4.33F \qquad ⑧$$

将式⑧代入式⑥得　$4.33F - G - F\sin30° = 0$

$$F = \frac{G}{4.33 - 0.5} = \frac{600}{3.83} = 156.66\text{（N）}$$

答：拉箱子最小用力为124.22N，推箱子最小用力则为156.66N。

*3. 在地面C上放一重力为2kN的物体A，在A上放一重为1kN的物体B，物体B被一与地面成30°的绳ED拉住，如图4-20（a）所示。已知A与B间摩擦系数$\mu_{AB} = 0.4$，A与C的摩擦系数$\mu_{AC} = 0.5$。问力F需要多大时才能把A物体抽出来。

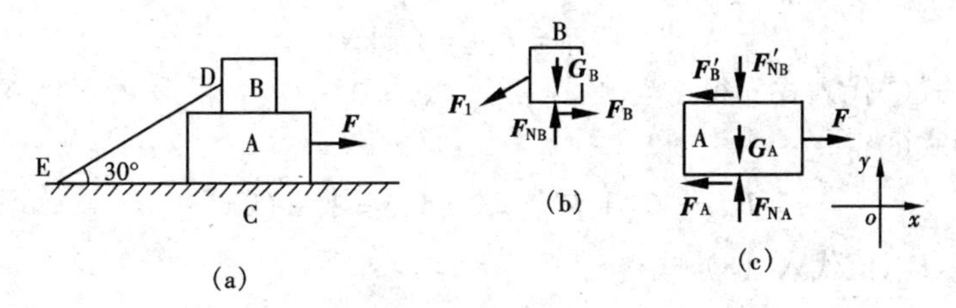

图4-20　题五-3

解：(1) 取物块B为研究对象，画受力图，如图4-20（b）所示。

列平衡方程：$\Sigma F_x = 0 \quad F_B - F_1\cos30° = 0$　①

$$\Sigma F_y = 0 \quad F_{NB} - G_B - F_1\sin30° = 0 \qquad ②$$

$$F_B = \mu_{AB}F_{NB} \qquad ③$$

将式③代入式①得　$\mu_{AB}F_{NB} - F_1\cos30° = 0$　④

将式② × cos30° - 式④ × sin30°得

$$F_{NB}\cos30° - G_B\cos30° - F_{NB}\mu_{AB}\sin30° = 0$$

$$F_{NB} = \frac{G_B \cos 30°}{\cos 30° - \mu_{AB} \sin 30°}$$

$$= \frac{1 \times 0.866}{0.866 - 0.4 \times 0.5} = 1.3(\text{kN})$$

$$F_B = \mu_{AB} F_{N_B}$$

$$= 0.4 \times 1.3 = 0.52(\text{kN})$$

（2）取物块 A 为研究对象，画受力图，如图 4－20（c）所示。

列平衡方程：$\Sigma F_x = 0 \quad F - F'_B - F_A = 0$ ⑤

$\Sigma F_y = 0 \quad F_{NA} - F'_{NB} - G_A = 0$ ⑥

$F_A = \mu_{AC} F_{NA}$ ⑦

式中 $F'_B = F_B = 0.52\text{kN}$,

$F'_{NB} = F_{NB} = 1.3\text{kN}$

将式⑦代入式⑤得 $F - F'_B - \mu_{AC} \cdot F_{NA} = 0$ ⑧

由式⑥得

$$F_{NA} = G_A + F'_{NB} = 2 + 1.3 = 3.3 \ (\text{kN})$$

将 F_{NA}值代入（8）式得

$$F = F'_B + \mu_{AC} F_{NA}$$

$$= 0.52 + 0.5 \times 3.3 = 2.17(\text{kN})$$

答：当 F 最少等于 2.17kN 时才能将 A 物块抽出来。

*4. 重力为 G 的物体放在倾角为 α 的斜面上，物体与斜面间的摩擦系数为 μ。如在物体上有一作用力 F，此力与斜面的夹角

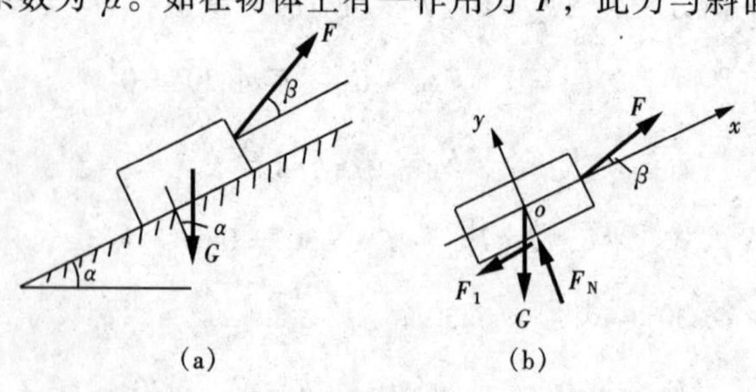

图 4－21　题五－4

为 β（图 4－21，a），求（1）拉动物体时的力 F，（2）当 β 角为何值时，此力最小（力 F 的最小值可用字符 $F_{\min}$表示）。

解：（1）取物体为研究对象，画受力图（图 4－21，b）。

列平衡方程：$\Sigma F_x = 0 \quad F\cos\beta - F_1 - G\sin\alpha = 0$ ①

$\Sigma F_y = 0 \quad F\sin\beta + F_N - G\cos\alpha = 0$ ②

$$F_1 = \mu F_N \quad ③$$

将式③代入式①得

$$F\cos\beta - \mu F_N - G\sin\alpha = 0 \quad ④$$

将式② × μ + 式④得

$$\mu F\sin\beta - \mu G\cos\alpha + F\cos\beta - G\sin\alpha = 0$$

$$F = \frac{G\ (\mu\cos\alpha + \sin\alpha)}{\mu\sin\beta + \cos\beta}$$

（2）当 $\beta = 0°$时

$F_1 = G\ (\mu\cos\alpha + \sin\alpha)$

当 $\beta = 90°$时

$$F_2 = \frac{G\ (\mu\cos\alpha + \sin\alpha)}{\mu}$$

因为 $\mu < 1$，显然 $F_1 < F_2$。

答：（1）拉动物体时的力 F 为$\dfrac{G\ (\mu\cos\alpha + \sin\alpha)}{\mu\sin\beta + \cos\beta}$，（2）当 $\beta = 0°$时，$F_{\min} = G\ (\mu\cos\alpha + \sin\alpha)$，值最小。

5. 铁索桥的铁索末端固定于混凝土基础中，如图 4－22（a）所示。设混凝土块的重力 $G = 50\text{kN}$，与土壤之间的静摩擦系数 $\mu = 0.6$，铁索与水平线成夹角 $\alpha = 20°$。求混凝土开始滑动时的拉力 F 值。

解：取混凝土块为研究对象，画受力图，如图 4－22（b）所示。

列平衡方程：　$\Sigma F_x = 0 \quad F\cos\alpha - F_1 = 0$ ①

$\Sigma F_y = 0 \quad -G + F\sin\alpha + F_N = 0$ ②

$$F_1 = \mu F_N \quad ③$$

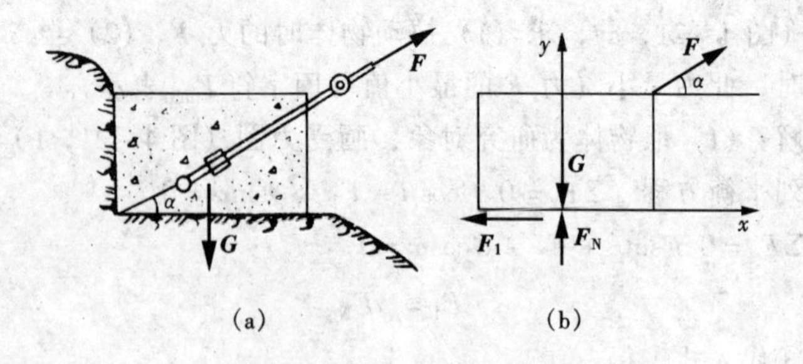

图 4－22　题五－5

将式③代入式①得

$$F\cos\alpha - \mu F_N = 0 \quad ④$$

将式② × μ + 式④得

$$-\mu G + \mu F\sin\alpha + F\cos\alpha = 0$$

$$F = \frac{\mu G}{\mu\sin\alpha + \cos\alpha} = \frac{0.6\times 50}{0.6\sin 20° + \cos 20°}$$

$$= 26.20\ (\text{kN})$$

答： 混凝土开始滑动时的拉力 $F = 26.20\text{kN}$。

*6. 砖夹的宽度为 25cm，曲杆 AHB 和 HCED 在 H 点铰接。被提起的砖的重力 $G = 125\text{N}$，提砖的力 F 作用在砖块的中心线上，尺寸如图 4－23（a）所示。如砖夹与砖间的摩擦系数 $\mu = 0.5$，求距离 b 为多大时才能把砖夹起。

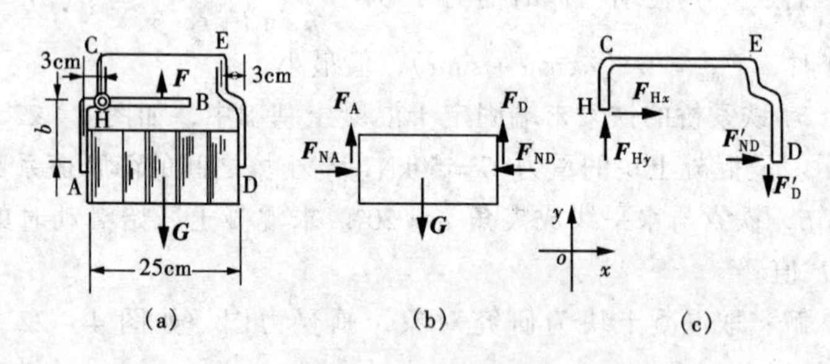

图 4－23　题五－6

解：（1）取砖块为研究对象，画受力图，如图 4－23（b）所示。

列平衡方程： $\Sigma F_x=0 \quad F_{NA}-F_{ND}=0$ ①

$$\Sigma F_y=0 \quad F_A+F_D-G=0 \quad ②$$

$$F_A=\mu F_{NA} \quad ③$$

由对称性知 $$F_A=F_D=\frac{G}{2}$$

$$F_{NA}=\frac{F_A}{\mu}=\frac{\frac{1}{2}G}{\mu}$$

$$=\frac{0.5G}{0.5}=G$$

$$F_{ND}=F_{NA}=G$$

（2）取砖夹曲杆 HCED 为研究对象，画受力图，如图 4－23（c）所示。

图中 $F'_D=F_D=0.5G$，$F'_{ND}=F_{ND}=G$

$$\Sigma M_H(F)=0$$

$$-F'_D\times(25-3)+F'_{ND}b=0$$

$$b=\frac{22F'_D}{F'_{ND}}=\frac{22\times0.5G}{G}=11\ (\text{cm})$$

答：距离 $b=11\text{cm}$ 时才能把砖夹起。

第五章 重 心

一、填空题

1. 吸引

2. 称重 悬挂

3. 对称轴 合力矩

4. $x_C=\frac{\Sigma Ax}{\Sigma A}$、$y_C=\frac{\Sigma Ay}{\Sigma A}$ 形

5. $x_C=\frac{\Sigma Gx}{\Sigma G}$、$y_C=\frac{\Sigma Gy}{\Sigma G}$、$z_C=\frac{\Sigma Gz}{\Sigma G}$

二、判断题

1. √

2. ×

3. ×　×

4. √

5. √　×

三、选择题

1. (2)

2. (2)

3. (1)、(3)

四、计算题

1. 试求图 5-16 图形形心的位置（图中单位为 mm）。

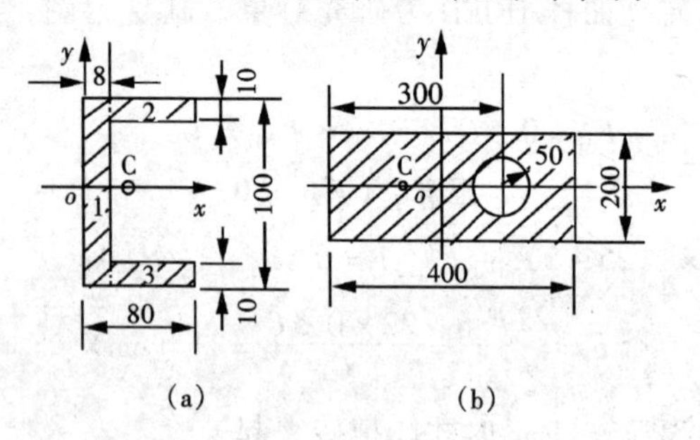

图 5-16　题四-1

解：（a）图：将图形划分成三部分，建立坐标计算

$A_1 = 8 \times 100 = 800\ (\text{mm}^2)$，$x_1 = 4\text{mm}$，$y_1 = 0$

$A_2 = 10 \times 72 = 720\ (\text{mm}^2)$，$x_2 = 8 + 72 \times \frac{1}{2} = 44\text{mm}$，$y_2 = 45\text{mm}$

$A_3 = 10 \times 72 = 720\ (\text{mm}^2)$，$x_3 = 44\text{mm}$，$y_3 = -45\text{mm}$

$$x_C = \frac{\Sigma Ax}{\Sigma A} = \frac{800 \times 4 + 720 \times 44 + 720 \times 44}{800 + 720 + 720}$$

$$= \frac{66560}{2240} = 29.71\ (\text{mm})$$

$$y_C = \frac{\Sigma Ay}{\Sigma A} = \frac{800 \times 0 + 720 \times 45 - 720 \times 45}{800 + 720 + 720} = 0$$

答：(a) 图的形心位置在 $x_C=29.71\text{mm}$，$y_C=0$ 处；

(b) 图：将图形看成是矩形减去圆形，建立坐标计算

$A_1=400\times200=80000\ (\text{mm}^2)$，$x_1=0$，$y_1=0$

$A_2=-\pi R^2=-3.14\times50^2=-7850\ (\text{mm}^2)$，

$$x_2=100\text{mm},\quad y_2=0$$

$$x_C=\frac{\Sigma Ax}{\Sigma A}=\frac{80000\times0-7850\times100}{80000-7850}$$

$$=\frac{-785000}{72150}=-10.88\ (\text{mm})$$

$$y_C=\frac{\Sigma Ay}{\Sigma A}=\frac{80000\times0-7850\times0}{80000-7850}=0$$

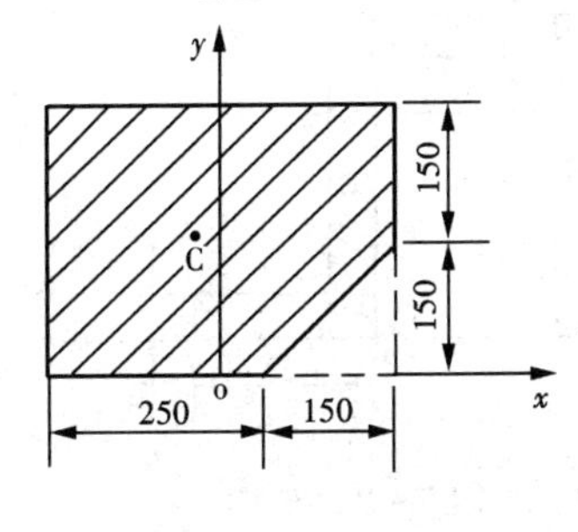

图 5-17 题四-2

答：(b) 图的形心位置在 $x_C=-10.88\text{mm}$，$y_C=0$ 处。

2. 矩形面积截去一角，如图 5-17 所示。求其形心位置（图中单位为 mm）。

解：将图形看成是矩形减去等腰三角形，建立坐标：

$$A_1=400\times300=120000\ (\text{mm}^2)$$

$$x_1=0,\quad y_1=150\text{mm}$$

$$A_2=-\frac{1}{2}\times150^2=-11250\ (\text{mm}^2)$$

$$x_2=50+150\times\frac{2}{3}=150\text{mm},\quad y_2=150\times\frac{1}{3}=50\text{mm}$$

$$x_C=\frac{\Sigma Ax}{\Sigma A}$$

$$=\frac{120000\times0-11250\times150}{120000-11250}$$

$$=-\frac{1687500}{108750}=-15.5\ (\text{mm})$$

$$y_C=\frac{\Sigma Ay}{\Sigma A}$$

$$= \frac{120000 \times 150 - 11250 \times 50}{120000 - 11250}$$

$$= \frac{17437500}{108750} = 160.34 \text{ (mm)}$$

答： 图中形心位置在 $x_C = -15.5\text{mm}$，$y_C = 160.34\text{mm}$ 处。

3. 水坝截面形状如图 5－18 所示，求形心位置（图中单位为 m）。

解： 将水坝截面形状分成三部分，建立坐标并计算。

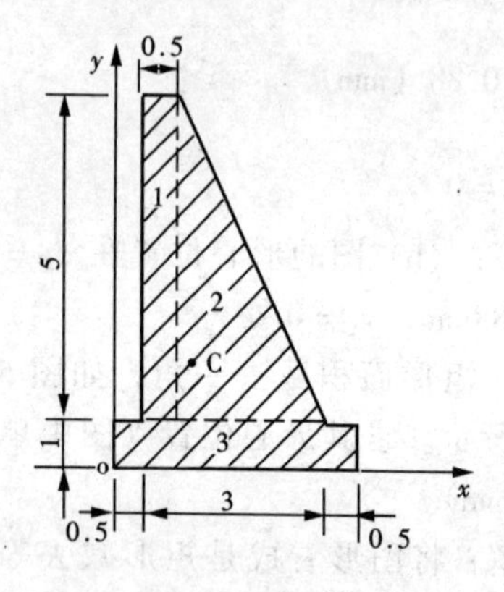

图 5－18　题四－3

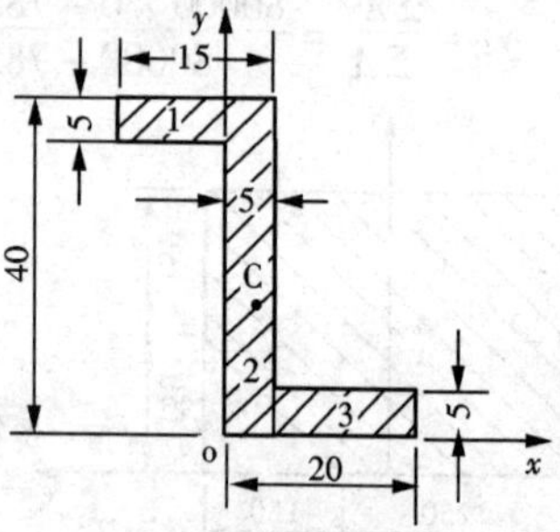

图 5－19　题四－4

$$A_1 = 0.5 \times 5 = 2.5 \text{ (m}^2\text{)}$$

$$x_1 = 0.5 + 0.25 = 0.75\text{m}$$

$$y_1 = 1 + 2.5 = 3.5\text{m}$$

$$A_2 = 0.5 \times 2.5 \times 5 = 6.25 \text{ (m}^2\text{)}$$

$$x_2 = 1 + \frac{1}{3} \times 2.5 = 1.83\text{m}$$

$$y_2 = 1 + \frac{1}{3} \times 5 = 2.67\text{m}$$

$$A_3 = 1 \times 4 = 4 \text{ (m}^2\text{)}, \quad x_3 = 2\text{m}, \quad y_3 = 0.5\text{m}$$

$$x_C = \frac{\Sigma Ax}{\Sigma A}$$

$$= \frac{2.5 \times 0.75 + 6.25 \times 1.83 + 4 \times 2}{2.5 + 6.25 + 4}$$

$$= \frac{21.31}{12.75} = 1.67\ (\text{m})$$

$$y_C = \frac{\Sigma Ay}{\Sigma A}$$

$$= \frac{2.5 \times 3.5 + 6.25 \times 2.67 + 4 \times 0.5}{2.5 + 6.25 + 4}$$

$$= \frac{27.44}{12.75} = 2.15\ (\text{m})$$

答：水坝截面形心位置在 $x_C = 1.67\text{m}$，$y_C = 2.15\text{m}$ 处。

4. 图 5－19 所示为 Z 形截面型钢，求其形心位置（图中单位为 cm）。

解：将 Z 形截面分成三部分，建立坐标并计算。

$A_1 = 5 \times 10 = 50\ (\text{cm}^2)$，$x_1 = -5\text{cm}$，$y_1 = 40 - 2.5 = 37.5\text{cm}$

$A_2 = 5 \times 40 = 200\ (\text{cm}^2)$，$x_2 = 2.5\text{cm}$，$y_2 = 20\text{cm}$

$A_3 = 5 \times 15 = 75\ (\text{cm}^2)$，$x_3 = 5 + 7.5 = 12.5\text{cm}$

$y_3 = 2.5\text{cm}$

$$x_C = \frac{\Sigma Ax}{\Sigma A}$$

$$= \frac{-50 \times 5 + 200 \times 2.5 + 75 \times 12.5}{50 + 200 + 75}$$

$$= \frac{1187.5}{325} = 3.65\ (\text{cm})$$

$$y_C = \frac{\Sigma Ay}{\Sigma A}$$

$$= \frac{50 \times 37.5 + 200 \times 20 + 75 \times 2.5}{50 + 200 + 75}$$

$$= \frac{6062.5}{325} = 18.65\ (\text{cm})$$

答：Z 形截面型钢形心位置在 $x_C = 3.65\text{cm}$，$y_C = 18.65\text{cm}$ 处。

第六章　静力学在工程中的应用

一、填空题

1. 挂钩

2. 相等　吊索张开的角度（或吊索的长短）

3. 吊点选择不当

4. 节　螺栓

5. 压

6. 最大　逐渐减小

二、判断题

1. ×

2. ×

3. ×

4. ×

5. √

6. ×

7. √、×

8. √

三、绘图、计算题

1. 图 6－29（a）所示为分叉起吊，若物重 $G=40\text{kN}$，吊钩高 $h=1.8\text{m}$，两吊鼻间的距离为 $l=1\text{m}$。试用图解法分析两吊鼻上所受的力。

解：（1）分析：取重物为研究对象，画受力图。物体上作用了 $\boldsymbol{F}_{\text{B}}$，$\boldsymbol{F}_{\text{D}}$ 和 $\boldsymbol{G}$ 三个力且平衡。由于物体重心居中，吊鼻对称，

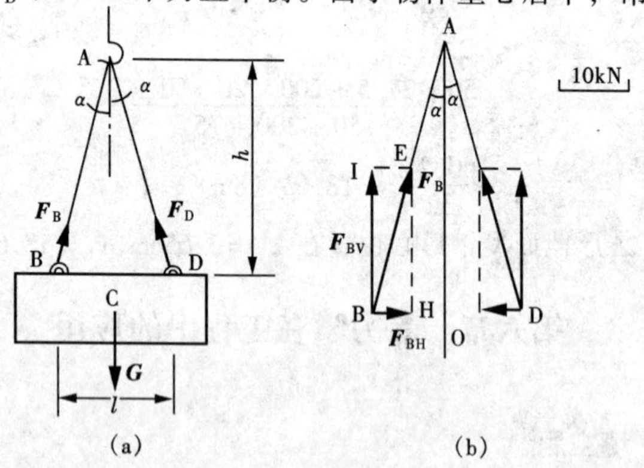

图 6－29　题三－1

所以两吊鼻受力对称。现分析 $\boldsymbol{F}_{B}$。$\boldsymbol{F}_{B}$ 可分解为垂直分力和水平分力 F_{BV}、F_{BH}，$F_{BV}=\frac{1}{2}G=20\text{kN}$。$\boldsymbol{F}_{B}$ 与垂线夹角为 α，$\text{tg}\alpha=\frac{\frac{1}{2}l}{h}=\frac{\frac{1}{2}\times 1}{1.8}=\frac{0.5}{1.8}0.278$，所示 $\alpha=16°$。

（2）作图，如图 6－29（b）所示：

1）任取一点 A，过 A 作铅垂线 AO、射线 AB，使∠BAO = α = 16°

2）取比例尺，1cm 表示 10kN。过 B 点向上作垂线，量取 BI = 2cm，BI 代表 $\boldsymbol{F}_{BV}$。

3）以 BI 为矩形的一条直角边，以 BA 线为矩形对角线的方向作矩形，量得对角线 BE = 2.1cm，水平直角边 BH = 0.65cm。矢量 BE 表示绳受拉力 F_{B} 为 10 × 2.1 = 21kN，BH 表示吊鼻受水平拉力 F_{BH}为 10 × 0.65 = 6.5kN。

4）由于吊鼻对称，所以两吊鼻受力对称相等。

答：两吊鼻受垂直拉力为 20kN，水平拉力为 6.5kN。

2. 图 6－28（a）中，若 G = 30kN、F = 10kN，试用图解法求吊绳所受的力。

解：吊绳所受的力为 $\boldsymbol{G}$ 与 $\boldsymbol{F}$ 的合力。

作图：[见图 6－28（b）]

1）取比例尺 1cm 表示 10kN。

2）任取一点 O，过 O 点作垂线 OA，量取 OA = 3cm，表示力 $\boldsymbol{G}$，再作 45°方向射线 OB，量取 OB = 1cm，表示力 $\boldsymbol{F}$。

3）以 OB、OA 为邻边作平行四边形，对角线 OC 代表 $\boldsymbol{G}$、$\boldsymbol{F}$ 的合力，量得 OC = 3.8cm，表示绳受力为 38kN。

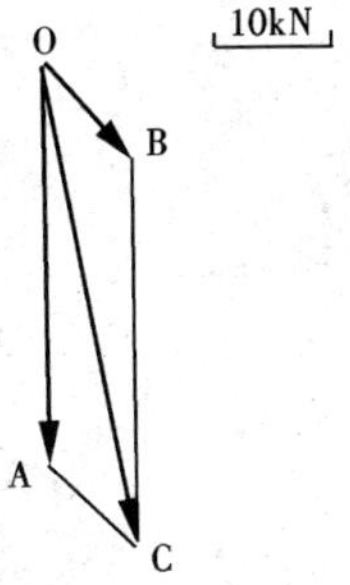

图 6－28（b） 题三－2

答：吊绳所受的力为 38kN。

3. 指出图 6－30 所示各桁架内力为零的杆件。

答：依次用数字标注桁架 1 格杆的杆号。（a）图：零杆为 7、

8 杆。

（b）图：零杆为 3、5、7、9、11 杆。

（c）图：零杆为 1、4、5、9、13、17、21、22、25 杆。

（d）图：零杆为 5、9、13、14 杆。

4. 用节点法计算图 6－30（b）所示各杆的内力。

解：（1）标注各节点号和杆号。

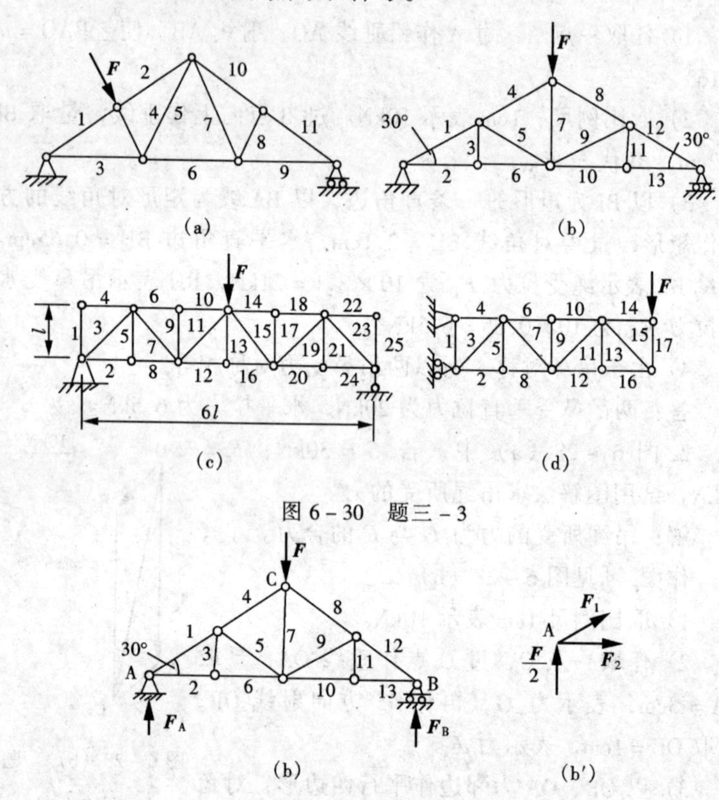

图 6－30　题三－3

图 6－30（b）　题三－4

（2）求支反力：由对称性得 $F_A = F_B = \dfrac{F}{2}$。

（3）判断零杆：3、5、7、9、11 为零杆。

（4）由于对称，只需计算杆 1、2、4、6 的内力。

取节点 A，如图 6－30（b′）所示，列平衡方程：

$$\Sigma F_y=0 \quad \frac{F}{2}+F_1\sin30°=0$$

$$F_1=-F$$

$$\Sigma F_x=0 \quad F_1\cos30°+F_2=0$$

$$F_2=-F_1\cos30°=\frac{\sqrt{3}}{2}F$$

$$F_4=F_1=-F，\ F_6=F_2=\frac{\sqrt{3}}{2}F$$

所以 $$F_1=F_4=F_{12}=F_8=-F\text{（压力）}$$

$$F_2=F_6=F_{13}=F_{10}=\frac{\sqrt{3}}{2}F\text{（拉力）}$$

答：杆 1，4，8，12 的内力为压力 F；杆 2，6，10，13 的内力为拉力$\frac{\sqrt{3}}{2}F$。

5. 用截面法计算图 6－30（c）所示 a、b、c 杆的内力。

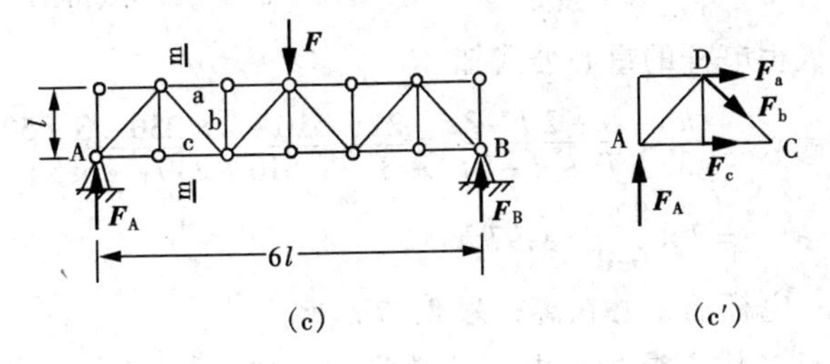

图 6－30（c） 题三－5

解：(1) 求支反力：

由于对称得，$\boldsymbol{F}_A=\boldsymbol{F}_B=\frac{\boldsymbol{F}}{2}$。

(2) 沿 m－m 面把桁架截开，如图 6－30（c′）所示，列平衡方程

由 $\Sigma M_D(F)=0 \quad -F_A l+F_c l=0$

$$F_c = F_A = \frac{F}{2}$$

$\Sigma M_C(F) = 0 \quad -F_A \times 2l - F_a l = 0$

$$F_a = -2F_A = -F$$

$\Sigma F_y = 0 \quad F_A - F_b \cos 45° = 0$

$$F_b = \frac{F_A}{\cos 45°} = \sqrt{2}\frac{F}{2} = \frac{\sqrt{2}}{2}F$$

答： 杆 a 的内力为压力 F；杆 b 的内力为拉力$\frac{\sqrt{2}}{2}F$；杆 c 的内力为拉力$\frac{F}{2}$。

6. 已知拔梢混凝土电杆的根径 $D = 510\text{mm}$，高 $h = 21\text{m}$，壁厚 $t = 50\text{mm}$，锥度 $\lambda = 1/75$。求此杆的重心。

解： $\lambda = \frac{D-d}{h}$

$d = D - \lambda h = 510 - \frac{1}{75} \times 21000 = 510 - 280 = 230$（mm）

由拔梢电杆的重心公式知

$$x_C = \frac{h}{3} \times \frac{D+2d-3t}{D+d-2t} = \frac{21}{3} \times \frac{510+2\times230-3\times50}{510+230-2\times50}$$

$$= 7 \times \frac{820}{640} = 8.97\text{（m）}$$

答： 电杆的重心在离杆根 8.97m 处。

7. 已知拔梢混凝土电杆的梢径 $d = 100\text{mm}$，高 $h = 18\text{m}$，壁厚 $t = 50\text{mm}$，锥度 $\lambda = 1/75$。求此杆的重心。

解：

$D = d + \lambda h = 100 + \frac{1}{75} \times 18000 = 340$（mm）

$$x_C = \frac{h}{3} \times \frac{D+2d-3t}{D+d-2t} = \frac{18}{3} \times \frac{340+2\times100-3\times50}{340+100-2\times50}$$

$$= 6 \times \frac{390}{340} = 6.88\text{（m）}$$

答： 电杆的重心在离杆根 6.88m 处。

第七章　直杆的拉伸与压缩

一、填空题

1. 破坏

2. 刚度　稳定性

3. 刚度

4. 稳定性

5. 弹性　破坏

6. 轴向拉伸或压缩

7. 10^6　1

8. 正应力　拉伸　压缩

9. 弹性模量　变形　10^6

10. 屈服极限　塑性

11. 强度极限　断裂

12. 屈服　断裂

13. 安全工作

14. 选择截面尺寸　确定杆件的许用荷载

15. 正

16. 实际挤压面积　高　直径

17. $\tau = \frac{F_Q}{A_j} \leqslant [\tau]$　$\sigma_{jy} = \frac{F_{jy}}{A_{jy}} \leqslant [\sigma_{jy}]$

二、判断题

1. ×

2. √　×

3. ×　×

4. √　×

5. √　×

6. ×

7. √　×　×

8. ✓ ×

9. ×

10. ✓

11. × ✓

12. ✓ ✓ ×

13. ✓

14. ×

15. ×

三、选择题

1.（3）

2.（4）

3.（2）（1）

4.（2）

5.（4）

6.（2）

7.（2）

8.（2）

9.（3）（6）

10.（2）

11.（3）

12.（4）

13.（1）

14.（2）

15.（2）（2）（5）（8）（11）

四、绘图题

1. 试在图 7－27 两坐标系内分别绘出低碳钢拉伸和压缩试验的 $\sigma-\varepsilon$ 曲线，并标出曲线上各特征点及其对应的应力。

答：$\sigma-\varepsilon$ 曲线见图 7－27。

2. 试在图 7－28 坐标系内同时绘出铸铁拉伸和压缩试验的 $\sigma-\varepsilon$ 曲线（要求：拉伸为实线，压缩为虚线），并标出各曲线上的特征应力点。

答： $\sigma-\varepsilon$ 曲线见图 7－28。

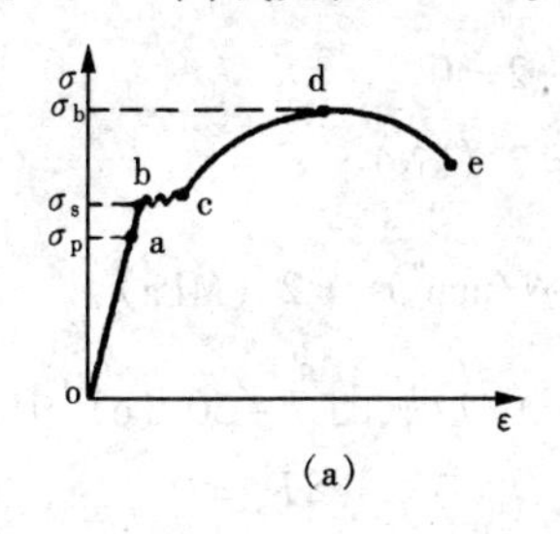

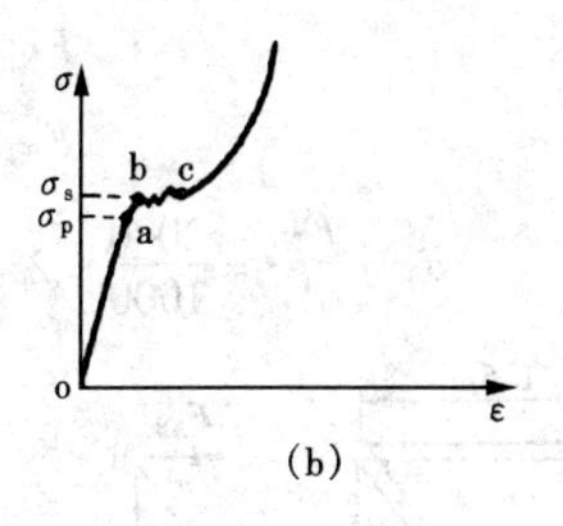

图 7－27　题四－1

(a) 拉伸；(b) 压缩

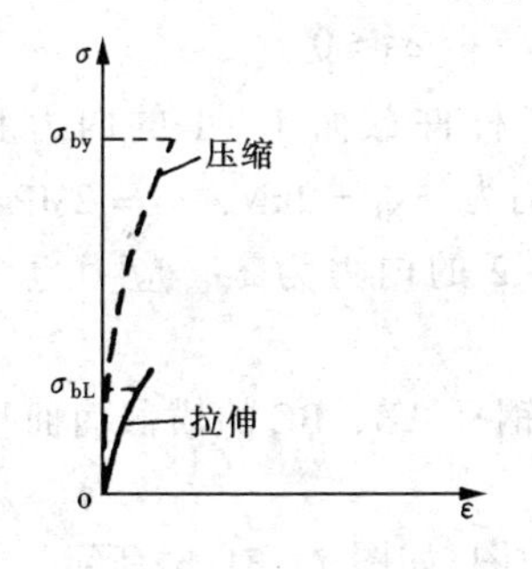

图 7－28　题四－2

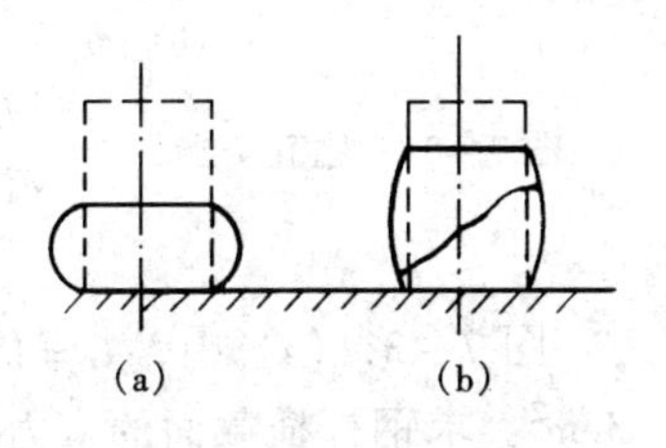

图 7－29　题四－3

(a) 低碳钢；(b) 铸铁

3. 图 7－29 虚线表示圆柱形压缩试件原状，已知图（a）为低碳钢，图（b）为铸铁。试用实线在图上画出试件受力压缩至破坏时的示意形状。

答： 试件破坏时的示意形状见图 7－29。

五、计算题

1. 分别求图 7－30 所示杆件截面 1－1、2－2 上的内力和应力。已知 $A_1=10\text{cm}^2$，$A_2=15\text{cm}^2$（杆重不计）。

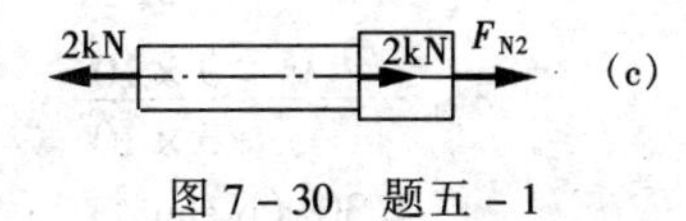

图 7－30　题五－1

解：(1) 从图 7－30 (b) 中可知：

$$\Sigma F_x = 0$$

$$F_{N1} - 2 = 0$$

$$F_{N1} = 2\ (\text{kN})$$

$$\sigma_1 = \frac{F_{N1}}{A_1} = \frac{2000}{1000} = 2\ (\text{N/mm}^2) = 2\ (\text{MPa})$$

(2) 从图 7－30 (c) 中可知：

$$\Sigma F_x = 0$$

$$F_{N2} + 2 - 2 = 0$$

$$F_{N2} = 0$$

$$\sigma_2 = 0$$

答：杆件截面 1－1 的内力和应力分别为 $F_{N1} = 2\text{kN}$、$\sigma_1 = 2\text{MPa}$，截面 2－2 的内力为零，应力也为零。

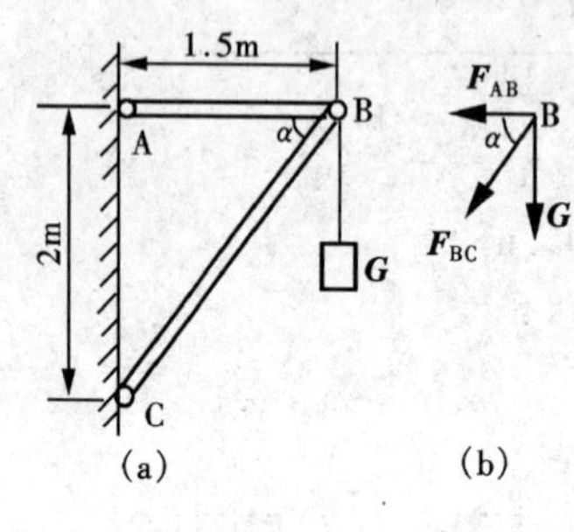

图 7－31　题五－2

2. 图 7－31 (a) 中，$G = 12\text{kN}$，钢杆 AB、BC 的横截面面积 $A = 3\text{cm}^2$。求钢杆横截面的应力。

解：取节点 B 为研究对象，画受力图，如图 7－31(b)所示。

$$\sin\alpha = \frac{2}{\sqrt{2^2 + 1.5^2}} = \frac{2}{2.5} = 0.8$$

$$\cos\alpha = \frac{1.5}{\sqrt{2^2 + 1.5^2}} = \frac{1.5}{2.5} = 0.6$$

$$\Sigma F_y = 0 \quad -F_{BC}\sin\alpha - G = 0$$

$$F_{BC} = -\frac{G}{\sin\alpha} = -\frac{12}{0.8} = -15\ (\text{kN})\ (压力)$$

$$\Sigma F_x = 0 \quad -F_{AB} - F_{BC}\cos\alpha = 0$$

$$F_{AB} = -F_{BC}\cos\alpha = 15 \times 0.6 = 9\ (\text{kN})\ (拉力)$$

$$\sigma_{AB} = \frac{F_{AB}}{A} = \frac{9 \times 10^3}{3 \times 10^2}$$

$$= 30\ (\text{N/mm}^2) = 30\ (\text{MPa})\ (拉应力)$$

$$\sigma_{BC}=\frac{F_{BC}}{A}=\frac{-15\times10^3}{3\times10^2}$$

$$=-50\ (N/mm^2)\ =-50\ (MPa)\ (压应力)$$

答： 钢杆 AB 横截面拉应力为 30MPa 拉应力、BC 杆横截面压应力为 50MPa。

3. 装物的木箱用绳索起吊，设绳索的直径 $d=4cm$，许用应力 $[\sigma]=10MPa$，木箱重力 $G=10kN$（图 7－32），试问：

（1）绳索的强度是否足够？

（2）绳索直径 d 应为多少最为经济？

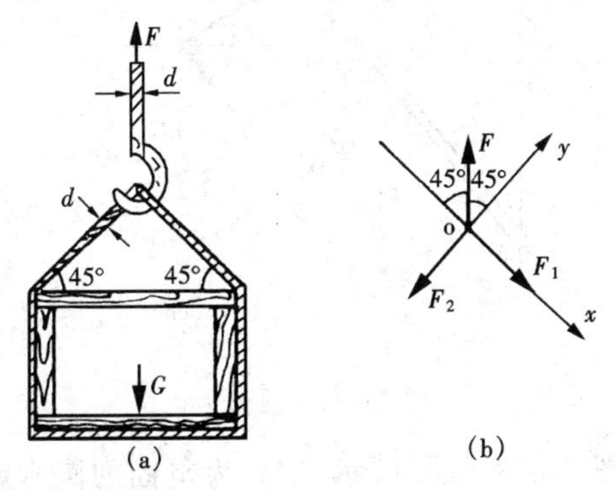

图 7－32 题五－3

解： 由题意知 $F=G=10kN$

取 o 点为研究对象，画受力图，建立直角坐标，如图 7－32（b）所示。

（1）$\Sigma F_x=0 \quad F_1-F\cos45°=0$

$$F_1=F\cos45°=10\cos45°=7.07\ (kN)$$

由对称性得 $F_2=F_1=7.07\ (kN)$

因为 $F_1<F$，所以，应以 F 力代入强度条件公式

$$\sigma=\frac{F}{A}=\frac{10\times10^3}{\frac{\pi}{4}\times40^2}=7.96\ (N/mm^2)$$

$$=7.96\ (MPa)\ <10MPa$$

$$\sigma<[\sigma]$$

答： 绳索的强度足够；

（2）$\frac{F_1}{A} \leqslant [\sigma]$，即 $\frac{F_1}{A} = \frac{F_1}{\frac{\pi d^2}{4}} = \frac{4F_1}{\pi d^2} \leqslant [\sigma]$

$$d \geqslant \sqrt{\frac{4F_1}{\pi [\sigma]}} = \sqrt{\frac{4 \times 10 \times 10^3}{3.14 \times 10}} = 36 \text{（mm）}$$

答： 取 $d = 36\text{mm}$ 的绳索最为经济。

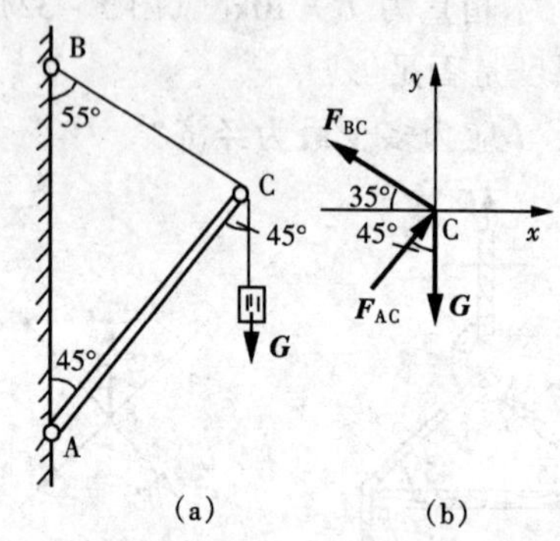

图 7－33　题五－4

＊4. 如图 7－33（a）所示，AC 为坚固的圆木起重桅杆，$d = 8\text{cm}$，$[\sigma]_1 = 10\text{MPa}$，BC 为钢丝绳，其截面面积为 175.4mm^2，考虑到起重安全及动荷载的影响，取钢丝绳的 $[\sigma]_2 = 80\text{MPa}$。试求起重机的许可荷载 G。

解：（1）确定 BC 绳、AC 杆的受力与荷载 G 之间的关系。

选 C 点为研究对象，画受力图（图 7－33，b）。由平衡方程式知：

$$\Sigma F_x = 0 \quad -F_{BC}\cos35° + F_{AC}\cos45° = 0 \qquad (1)$$

$$\Sigma F_y = 0 \quad F_{BC}\sin35° + F_{AC}\sin45° - G = 0 \qquad (2)$$

式（2）－式（1）得　$F_{BC}\sin35° - G + F_{BC}\cos35° = 0$

$$F_{BC} = \frac{G}{\sin35° + \cos35°} = \frac{G}{0.5736 + 0.8192} = 0.718G$$

将上式代入式（1）得

$$F_{AC}=\frac{\cos35°}{\cos45°}F_{BC}=\frac{0.8192}{0.7071}\times0.718G=0.832G$$

（2）求许可荷载 G：

由 BC 绳强度条件知 $\frac{F_{BC}}{A_2}\leqslant[\sigma]_2$

即 $$\frac{0.718G_2}{A_2}\leqslant[\sigma]_2$$

$$G_2\leqslant\frac{[\sigma]_2A_2}{0.718}=\frac{80\times175.4}{0.718}=19543\text{（N）}\approx19.54\text{（kN）}$$

由 AC 杆强度条件知 $\frac{F_{AC}}{A_1}\leqslant[\sigma]_1$

即 $$\frac{0.832G_1}{\pi\times40^2}\leqslant[\sigma]_1$$

$$G_1\leqslant\frac{40^2\pi[\sigma]_1}{0.832}=\frac{1600\times3.14\times10}{0.832}$$

$$=60384(\text{N})$$

$$\approx60.38(\text{kN})$$

G 取小值，即 $G=G_2=19.54$（kN）

答：起重机的许可荷载为19.54kN。

5. 钢杆长度 $l=2\text{m}$，横截面面积 $A=2\text{cm}^2$，受到的拉力 $F=30\text{kN}$。问这个钢杆将伸长多少（设 $E=2\times10^5\text{MPa}$）？

解：

$$\Delta l=\frac{F_Nl}{EA}=\frac{30\times10^3\times2\times10^3}{2\times10^5\times2\times10^2}=1.5\text{（mm）}$$

答：钢杆将伸长1.5mm。

6. 如果一直径为25mm，长6m的钢杆，在拉伸时其绝对伸长为3mm。问杆中受到的内力是多少（$E=2\times10^5\text{MPa}$）？

解：因为 $$\Delta l=\frac{F_Nl}{EA}=\frac{F_Nl}{E\times\frac{\pi d^2}{4}}=\frac{4F_Nl}{E\pi d^2}$$

所以 $$F_N=\frac{\Delta lE\pi d^2}{4l}=\frac{3\times2\times10^5\times3.14\times25^2}{4\times6\times10^3}$$

$= 49062\ (\mathrm{N}) \approx 49\ (\mathrm{kN})$

答：杆中受到的内力是49kN。

第八章　圆 轴 扭 转

一、填空题

1. 扭矩　切应力
2. 平　不变
3. 不变　增大一倍
4. 外边缘　零
5. 极惯性矩　4
6. $\Delta L = F_N L / EA$
7. 单位长度的扭转角　rad/m

二、判断题

1. ×
2. ×
3. ×
4. √　×
5. √　×

三、选择题

1. (1) (3) (5)
2. (3)
3. (3)
4. (1)
5. (1)
6. (3) (2)
7. (2)

四、计算题

*1. 有一实心轴，两端受到外力偶矩 $T = 14\mathrm{kN \cdot m}$ 的作用，轴的直径 $d = 10\mathrm{cm}$，长度 $l = 100\mathrm{cm}$，$G = 8 \times 10^4\mathrm{MPa}$。试计算：

(1) 轴截面上最大的切应力；

(2) 轴的扭转角；

(3) 截面上 A 点的切应力（图 8 - 14）

（提示：$\tau_A = \dfrac{T_n \rho}{I_p}$，式中 ρ 是 A 点到圆心的距离）。

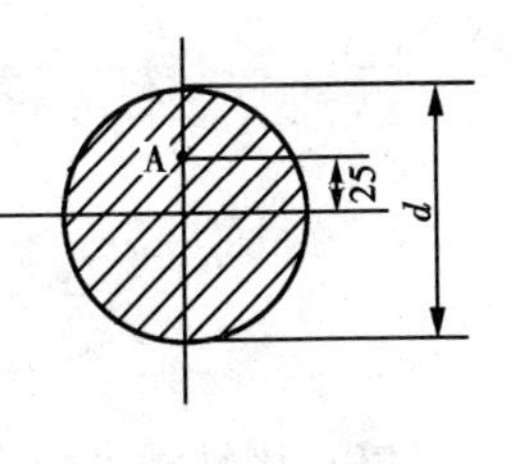

图 8 - 14　题四 - 1

解：（1）$T_n = T = 14\text{kN}\cdot\text{m}$

$$I_p = \frac{\pi d^4}{32} \approx 0.1 d^4,$$

$$W_p = \frac{\pi d^3}{16} \approx 0.2 d^3$$

$$\tau_{max} = \frac{T_n}{W_p} = \frac{14 \times 10^3 \times 10^3}{0.2 \times 100^3} = 70 \text{（MPa）}$$

答：轴截面上最大的切应力为 70MPa；

（2）$$\theta = \frac{T_n}{GI_p} = \frac{14 \times 10^6}{8 \times 10^4 \times 0.1 \times 100^4}$$

$$= \frac{14}{8 \times 10^5} = 1.75 \times 10^{-5} \text{（rad/mm）}$$

$$= 1.75 \times 10^{-2} \text{（rad/m）}$$

答：轴的扭转角为 1.75×10^{-2}rad/m；

（3）$$\tau_A = \frac{T_n \rho}{I_p} = \frac{14 \times 10^6 \times 25}{0.1 \times 100^4}$$

$$= 35 \text{（MPa）}$$

答：轴截面上 A 点的切应力为 35MPa。

2. 某齿轮实心轴上只有两个齿轮（一个主动轮，一个从动轮），已知轴的转速 $n = 945\text{r/min}$，传递功率 $P = 5\text{kW}$，轴的直径 $d = 22\text{mm}$，$[\tau] = 40\text{MPa}$。试校核轴的强度。

解：$T = 9550 \dfrac{P}{n} = 9550 \times \dfrac{5}{945} = 50.5 \text{（N}\cdot\text{m）}$

由于轴上只有两个齿轮，所以整个轴上受的扭矩均为 50.5N·m，$T_n = T = 50.5\text{N}\cdot\text{m}$。

$$\tau = \frac{T_n}{W_p} = \frac{T_n}{0.2d^3}$$

$$= \frac{50.5 \times 10^3}{0.2 \times 22^3} = 23.7(\text{MPa})$$

$$\tau < [\tau]$$

答：该轴满足强度条件。

3. 某万吨轮的主机到螺旋桨的传动轴直径 $D = 430\text{mm}$，如轴的 $[\tau] = 50\text{MPa}$，轴的转速 $n = 120\text{r/min}$，问它允许传递的功率可达多少 kW？

解：$\tau = \dfrac{T_n}{W_p} = \dfrac{9550\dfrac{P}{n}}{0.2d^3} = \dfrac{9550P}{0.2d^3 n} \leqslant [\tau]$

$$P \leqslant \frac{[\tau] \times 0.2d^3 n}{9550} = \frac{50 \times 0.2 \times 430^3 \times 120}{9550}$$

$$= 9990408\ (\text{W}) \approx 9990\ (\text{kW})$$

答：轴允许传递的功率可达 9990kW。

第九章　弯　　曲

一、填空题

1. 平面　梁
2. 简支　外伸
3. 固定端　铰支座
4. 均布荷载　集中力偶
5. 正
6. $\dfrac{FL}{4}$　$\dfrac{FL}{6}$　$\dfrac{FL}{8}$
7. 正　拉
8. $\dfrac{\pi d^4}{64}$　$\dfrac{\pi d^3}{32}$
9. $\dfrac{a^4}{12}$　$\dfrac{a^3}{6}$

10. Wz

二、判断题

1. √
2. ×
3. ×
4. √
5. × √
6. √ √ ×
7. ×
8. ×
9. ×
10. √

三、选择题

1. (3)(5)(9)
2. (3)
3. (1)
4. (1)(2)(3)(4)
5. (3)
6. (4)
7. (1)
8. (2)(6)
9. (1)
10. (3)

四、绘图题

1. 试绘制图 9－37 所示梁 AB 的弯矩图。

解：

(1) 计算支座反力

$$\Sigma M_A = 0 \quad F_B \times L - F \times \frac{3}{4} L = 0$$

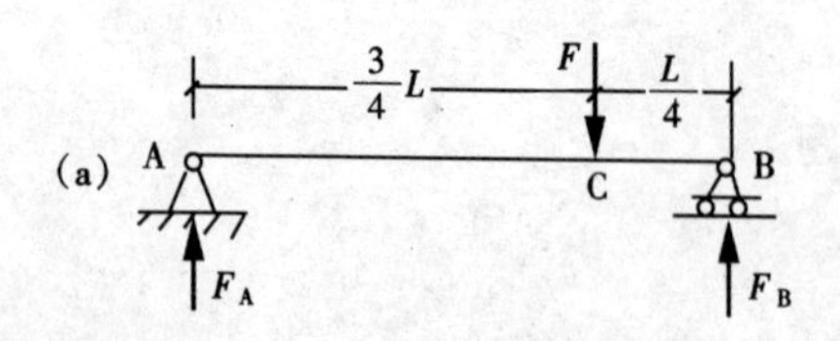

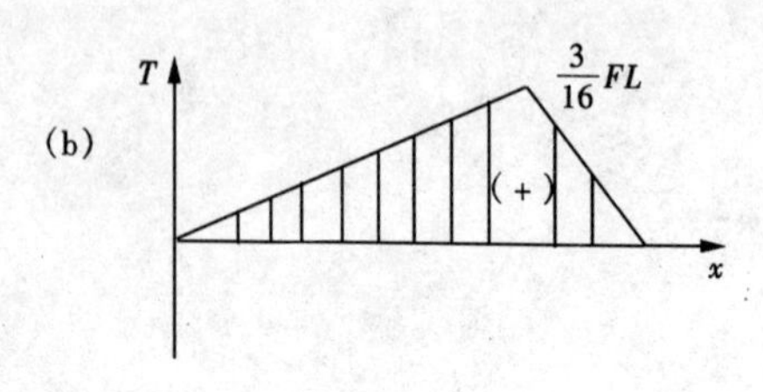

图 9－37

$$F_B = \frac{\frac{3}{4}FL}{L} = \frac{3}{4}F$$

$$\Sigma M_B = 0 \quad -F_A \times L + F \times \frac{L}{4} = 0$$

$$F_A = \frac{1}{4}F$$

(2) 计算控制点的弯矩值。

由于梁上荷载是集中力，所以只要求出控制点的 T 值，即可画出弯矩图。

设 A 点为坐标原点，各控制点到原点的距离为 x

A 点：$x = 0$，$T_A = F_A \times 0 = 0$

C 点：$x = \frac{3}{4}L \quad T_C = F_A \times \frac{3}{4}L = \frac{F}{4} \times \frac{3}{4}L = \frac{3}{16}FL$。

B 点：$x = L \quad T_B = F_A \times L - F \times \frac{1}{4}L = \frac{F}{4} \times L - \frac{F}{4}L = 0$。

(3) 画弯矩图，如图 9－37 (b) 所示。

2. 试绘出图 9－38 所示悬臂梁 AB 的弯矩图

解：(1) 求支座反力

$$\Sigma F_x = 0 \quad F_{Bx} = 0$$

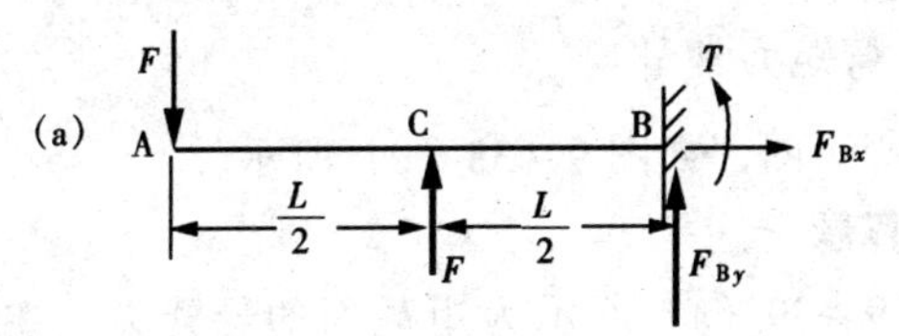

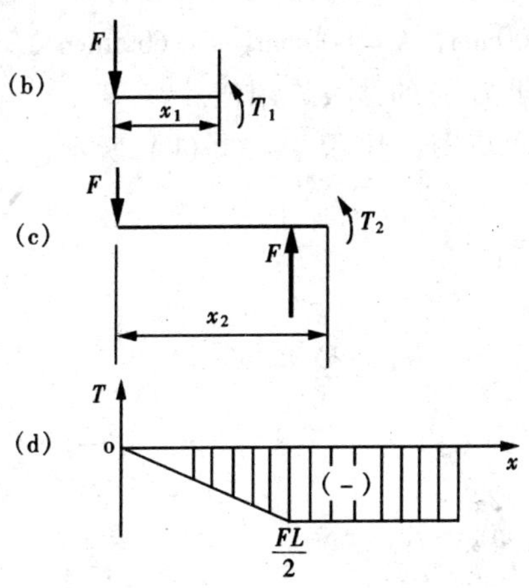

图 9－38

$$\Sigma F_y = 0 \quad F_{By} + F - F = 0 \quad F_{By} = 0$$

$$\Sigma M_A = 0 \quad T + F \times \frac{L}{2} = 0 \quad T = -\frac{FL}{2}$$

（2）列弯矩方程

AC 段［图 9－38（b）］ $T_1 + Fx_1 = 0 \quad T_1 = -Fx_1$

CB 段［图 9－38（c）］

$$T_2 + Fx_2 - F\left(x_2 - \frac{L}{2}\right) = 0$$

$$T_2 = -\frac{FL}{2}$$

（3）计算控制点的弯矩值。

A 点　$x = 0 \quad T_A = -F \times 0 = 0$

C 点　$x = \frac{L}{2} \quad T_C = -F \times \frac{L}{2} = -\frac{FL}{2}$

BC段　弯矩为常量 $-\frac{FL}{2}$

（4）画弯矩图，如图9－38（d）所示。

五、计算题

1. 如图9－39（a）所示为矩截面的悬臂梁，在B端受力 F 作用。已知 $b=200\text{mm}$，$h=600\text{mm}$，$l=6000\text{mm}$，梁的许用应力 $[\sigma]=120\text{MPa}$，求力 F 的最大许用值。

解：（1）画弯矩图，如图9－39（b）所示，危险截面在A截面，$T_{max}=FL$。

（2）确定许用荷载

$$\sigma=\frac{T_{max}}{W_z}=\frac{Fl}{\frac{bh^2}{6}}=\frac{6Fl}{bh^2}\leqslant[\sigma]$$

$$F\leqslant\frac{[\sigma]\ bh^2}{6l}$$

$$=\frac{120\times200\times600^2}{6\times6000}$$

$$=240000\text{（N）}=240\text{（kN）}$$

答：力 F 的最大许用值为240kN。

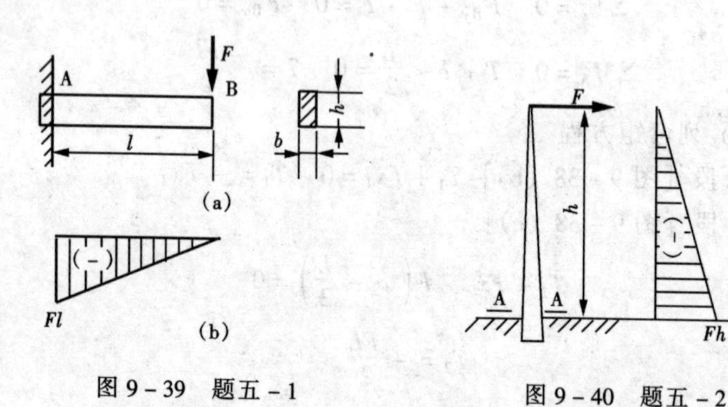

图9－39　题五－1

图9－40　题五－2

2. 试设计图9－40所示圆木杆的A－A截面尺寸。已知导线沿水平方向拉力的合力 $F=1.04\text{kN}$，作用点距A－A截面的距离 $h=8.8\text{m}$，许用应力 $[\sigma]=12\text{MPa}$。

解：(1) 画弯矩图，求 A－A 截面处弯矩。

$$T_A = Fh$$

(2) 确定截面尺寸。

$$\sigma = \frac{T_A}{W_z} = \frac{Fh}{\frac{\pi d^3}{32}} = \frac{32Fh}{\pi d^3} \leqslant [\sigma]$$

$$d \geqslant \sqrt[3]{\frac{32Fh}{\pi[\sigma]}} = \sqrt[3]{\frac{32 \times 1.04 \times 10^3 \times 8.8 \times 10^3}{3.14 \times 12}}$$
$$= 198\ (\text{mm})$$

答：圆木杆 A－A 截面直径应为 200mm。

3. 扳手旋紧螺母时受力情况如图 9－41 所示。已知 $l = 130\text{mm}$，$l_1 = 100\text{mm}$，$b = 6\text{mm}$，$h = 18\text{mm}$，$F = 300\text{N}$，扳手许用应力 $[\sigma] = 120\text{MPa}$。试核算扳手手柄部分的强度。

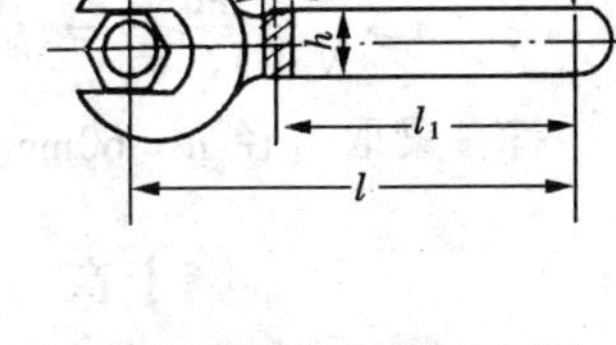

图 9－41　题五－3

解：(1) 画弯矩图，求手柄危险截面处 B 点的弯矩。

$$T_B = Fl_1$$

(2) 校核强度。

$$\sigma_B = \frac{T_B}{W_z} = \frac{Fl_1}{\frac{bh^2}{6}} = \frac{6Fl_1}{bh^2} = \frac{6 \times 300 \times 100}{6 \times 18^2}$$
$$= 92.59\ (\text{MPa})$$

$$\sigma_B \leqslant [\sigma]$$

答：扳手手柄部分，强度足够。

4. 图 9－42 所示为圆截面外伸梁，已知 $a = 0.4\text{m}$，荷载 $F = 8.4\text{kN}$，材料许用应力 $[\sigma] = 160\text{MPa}$，试确定此梁的直径 d。

解：画弯矩图，求最大弯矩。

$$T_{max} = Fa$$

$$\sigma = \frac{T_{\max}}{W_z} = \frac{Fa}{0.1d^3} \leqslant [\sigma]$$

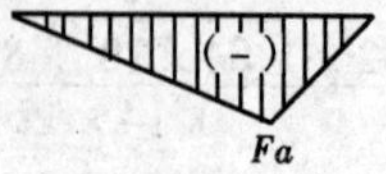

图 9－42　题五－4

$$d \geqslant \sqrt[3]{\frac{Fa}{0.1[\sigma]}} = \sqrt[3]{\frac{8.4 \times 10^3 \times 400}{0.1 \times 160}} = 59.4\ (\text{mm})$$

答： 梁取直径 $d = 60\text{mm}$。

第十章　压杆的稳定计算

一、填空题

1. 稳定
2. 弯曲
3. 承载
4. 不稳定　临界
5. $\dfrac{\pi^2 EI}{(\mu L)^2}$
6. $\sigma = \dfrac{F}{A} \leqslant [\sigma_{cr}]$
7. 截面形状　压杆的长度　支承条件
8. 不稳定　稳定

二、判断题

1. ✓
2. ×
3. ×

4. ×

5. ×

6. √

7. √

8. √

三、选择题

1. (3)

2. (1)

四、计算题

1. 一木压杆，直径 $d=50\text{mm}$，杆长 $L=1\text{m}$，一端固定，一端自由，$E=0.1\times10^5\text{MPa}$，试求此杆的临界应力和临界力。

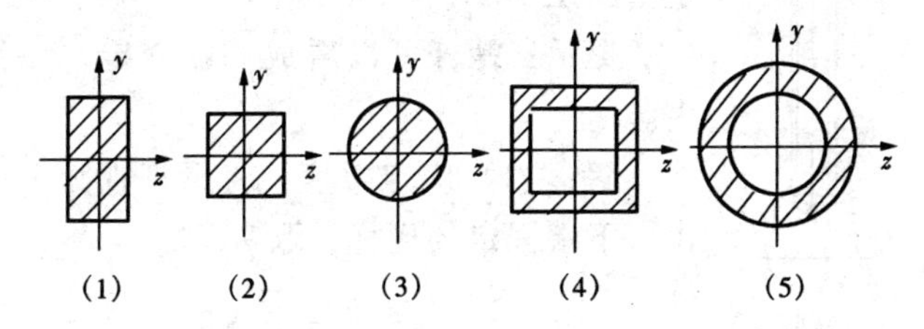

图 10－7　题三－3

解：(1) 分析：计算临界力前，首先要计算柔度 λ，判断它属于哪一类压杆。

因为惯性半径 $i^2=\dfrac{I}{A}=\dfrac{\dfrac{\pi d^4}{64}}{\dfrac{\pi d^2}{4}}=\dfrac{d^2}{16}$

所以 $i=\dfrac{d}{4}$，由于一端固定、一端自由，$\mu=2$。

$$\lambda=\frac{\mu l}{i}=\frac{\mu l}{\dfrac{d}{4}}=\frac{4\mu l}{d}=\frac{4\times2\times1000}{50}=160$$

$$\lambda>75$$

故此杆为细长杆，可采用欧拉公式计算。

(2) 求临界应力 σ_{cr}：

$$\sigma_{cr}=\frac{\pi^2 E}{\lambda^2}=\frac{\pi^2\times 0.1\times 10^5}{160^2}=3.85\ (\text{MPa})$$

（3）求临界力 F_{cr}

$$F_{cr}=\sigma_{cr}\cdot A=3.85\times\frac{\pi\times 50^2}{4}=7559\ (\text{N})$$

$$=7.559\ (\text{kN})$$

答：此杆的临界力为7.559kN，临界应力为3.85MPa。

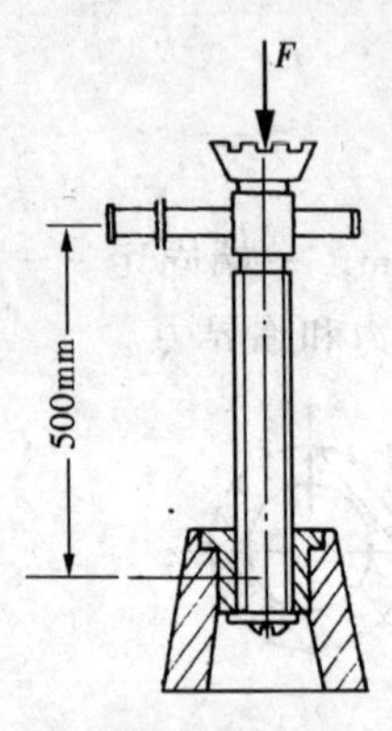

图10－8　题四－2

＊2. 一螺旋千斤顶，螺杆由合金钢制成，取［σ］＝120MPa，螺纹内径 $d=32$mm，最大顶升高度 $h=500$mm。当顶起重力 $F=30$kN时，取安全系数 $K=3$，问螺杆是否稳定（图10－8）。

提示：螺杆可以看成一端固定，一端自由。

解：（1）确定柔度：将螺杆视为上端自由、下端固定的压杆，取 $\mu=2$。

$$i=\frac{d}{4}=\frac{32}{4}=8$$

$$\lambda=\frac{\mu l}{i}=\frac{2\times 500}{8}=125$$

$$\lambda>100$$

所以是细长杆。

（2）从教材表10－2中查得：当 $\lambda=130$ 时，$\phi=0.40$。所以，当 $\lambda=125$ 时，取 $\phi\approx 0.40$

（3）计算临界应力：因为安全系数 $K=3$，所以

$$[\sigma_{cr}]=\frac{\phi\,[\sigma]}{K}=\frac{0.4\times 120}{3}=16\ (\text{MPa})$$

（4）计算螺杆承受的实际应力：

$$\sigma=\frac{F}{\frac{\pi}{4}d^2}=\frac{4F}{\pi d^2}=\frac{4\times 30\times 10^3}{3.14\times 32^2}=37.32\ (\text{MPa})$$

$$\sigma>[\sigma_{cr}]$$

答：此螺杆是不稳定的。

*3. 图 10-9 所示为托架，承受荷载 $G = 20\text{kN}$，已知 AB 杆的外径 $D = 50\text{mm}$，内径 $d = 40\text{mm}$，两端铰接，材料为 Q235 钢，$E = 2.1 \times 10^5\text{MPa}$。若取安全系数 $K = 2$，试问 AB 杆是否稳定。

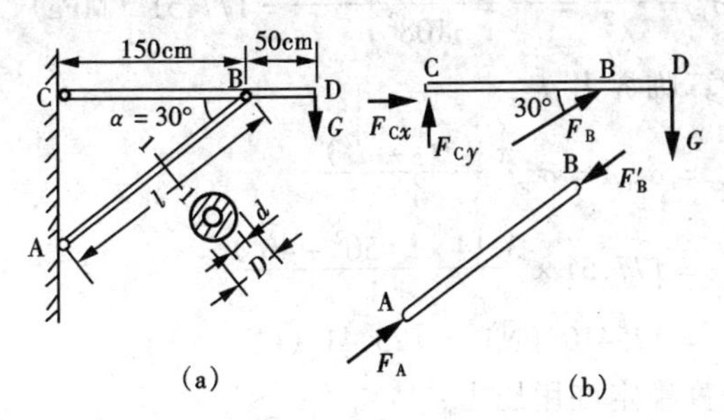

图 10-9　题四-3

解：(1) 求 AB 杆的内力：由图 10-9 (b) 可知

$\Sigma M_C(F) = 0$

$$-G \times 2000 + F_B \sin30^\circ \times 1500 = 0$$

$$F_B = \frac{G \times 2000}{\sin30^\circ \times 1500} = \frac{20 \times 10^3 \times 2000}{0.5 \times 1500}$$
$$= 53333\ (\text{N}) = 53\ (\text{kN})$$

$$F'_B = F_B = 53\ (\text{kN})$$

(2) 求 AB 杆的柔度：

$$i = \sqrt{\frac{I}{A}} = \sqrt{\frac{\frac{\pi}{64}(D^4 - d^4)}{\frac{\pi}{4}(D^2 - d^2)}} = \frac{1}{4}\sqrt{(D^2 + d^2)}$$

$$= \frac{1}{4}\sqrt{50^2 + 40^2} = 16\ (\text{mm})$$

杆长 $l = \dfrac{1500}{\cos30^\circ} = \dfrac{1500}{0.866} = 1732\ (\text{mm})$

由于 AB 杆两端铰接，取 $\mu = 1$。

$$\lambda = \frac{\mu l}{i} = \frac{1 \times 1732}{16} = 108$$

$$\lambda > 100$$

所以 AB 杆为细长杆。

（3）计算临界应力 σ_{cr}：

$$\sigma_{cr} = \frac{\pi^2 E}{\lambda^2} = \frac{3.14^2 \times 2.1 \times 10^5}{108^2} = 177.51\ (\text{MPa})$$

（4）计算临界力 F_{cr}：

$$F_{cr} = \sigma_{cr} A = \sigma_{cr} \frac{\pi\ (D^2 - d^2)}{4}$$

$$= 177.51 \times \frac{3.14 \times\ (50^2 - 40^2)}{4}$$

$$= 125410\ (\text{N}) = 125.41\ (\text{kN})$$

（5）计算稳定许用压力：

$$[F_{cr}] = \frac{F_{cr}}{K} = \frac{125.41}{2} = 62.7\ (\text{kN})$$

$$[F_{cr}] > F'_B = 53\ (\text{kN})$$

答： AB 杆是稳定的。

附录二　杆件基本变形与强度条件

基本变形	内力				应力			强度条件	说明
	名称	表示符号	单位	正、负号	名称	表示符号	单位		
拉伸与压缩	轴力	F	N kN	拉伸(+) 压缩(-)	正应力	σ	Pa(N/m²) MPa(N/mm²)	$\sigma=\frac{F}{A}\leqslant[\sigma]$ 细长压杆： $\sigma_{cr}=\frac{F}{A}\leqslant\phi[\sigma]$	A——横截面积 $[\sigma]$——许用应力 σ_{cr}——压杆的临界应力 ϕ——压杆的折减系数
剪切	切力	F_Q	N kN		切应力	τ	Pa(N/m²) MPa(N/mm²)	$\tau=\frac{F_Q}{A_j}\leqslant[\tau]$	A_j——剪切面积 $[\tau]$——许用切应力
扭转	扭矩	T_n	N·m kN·m	(+) (-)	切应力	τ	Pa(N/m²) MPa(N/mm²)	$\tau_{max}=\frac{T_n}{W_p}\leqslant[\tau]$	W_p——抗扭截面系数 实心圆轴： $W_p=\frac{\pi d^3}{16}\approx0.2d^3$ 空心圆轴： $W_p=\frac{\pi D^3}{16}(1-\alpha^4)\approx0.2D^3(1-\alpha^4)$
弯曲	弯矩	T	N·m kN·m	(+) (-)	正应力	σ	Pa(N/m²) MPa(N/mm²)	$\sigma_{max}=\frac{T}{W_2}\leqslant[\sigma]$	W_z——抗弯截面系数 实心圆轴： $W_z=\frac{\pi d^3}{32}\approx0.1d^3$ 空心圆轴： $W_z=\frac{\pi D^3}{32}(1-\alpha^4)\approx0.1D(1-\alpha^4)$ y z h b 矩形：$W_z=\frac{bh^2}{6}$，$W_y=\frac{hb^2}{6}$

附录三　法定计量单位与旧工程计量单位换算

量的名称	量的符号	法定单位	旧工程单位	换算关系
力	F	N（牛）或 kN（千牛）	kgf（千克力）	1kgf = 9.8N
重力	G			
力矩	M	N·m（牛米）或 kN·m（千牛米）	kgf·m（千克力米）	1kgf·m = 9.8N·m
转矩，力偶矩	T			
正应力	σ	Pa（帕）或 MPa（兆帕）	kgf/cm^2（千克力/厘米^2）	$1kgf/cm^2 = 9.8\times10^4Pa = 9.8\times10^{-2}MPa$
切应力	τ			

注　$1Pa = 1N/m^2$；$1MPa = 1N/mm^2$；$1MPa = 10^6Pa$。

参 考 资 料

1 郑州工学院土木建筑工程系《静力学》编写组．建筑结构基本知识丛书 静力学．北京：中国建筑工业出版社，1977

2 劳动部培训司组织编写．全国技工学校机械类通用教材 工程力学．第2版．北京：中国劳动出版社，1990